HTML5炼成记

——Web前端开发（HTML5+CSS3+JavaScript）12堂必修课

德胜高新教育／编著

中国青年出版社

序言
Preface

你与Web前端开发达人只有很短的距离

本书有哪些特色？

市场上大多数讲解HTML的书都有以下特点：

讲解内容多，案例老旧，显得呆板；

几乎整本书都是代码，眼花缭乱；

随书附盘，海量赠送，很多凑数。

本书具有以下特质，让你相见恨晚！

从问题出发，专业讲解，实用性超强；

文字轻松，图解丰富，贴近实战；

多方位互动，没有很长的代码；

关键代码突出显示，让你更容易抓住重点；

书中代码标红部分表示实现效果的方法，标绿部分表示效果变更的属性值。

通过本书你能学会什么？

网页的框架制作、HTML 5的新增知识点、新型表单的制作方法、

网页中的绘图方法、定位及拖放等；

给网页添加样式的方法、动画的制作、网页的自适应、

图片文字的各种流行样式的制作方法；

为网页设计特效的方法、轮播图的制作方法原理、表单中的特效运用方法等一系列实用知识点；

在介绍各个知识点时，采用了更为通俗易懂的描述方式，

做到简洁而不空洞、详细而不烦琐，且都是在网页设计中经常使用的知识点；

全书采用彩色印刷、简洁大方的排版方式，选用的实例也都非常精美；

在保证学会的前提下，追求多方法操作，为了配合正文讲解，

书中还总结了一些小知识板块，以帮助读者掌握更多的知识内容。

本书适合谁看?

从未接触过前端的且有兴趣学习的读者，请购买！

有一定的网页设计基础，想迈入前端设计行列却不想花天价参加培训的美工，请购买！

刚毕业的大学生，想多学一门技术为以后工作打下基础的同学，请购买！

想成为前端高手需要长期不懈的学习，因此我们提供本书之外更多的学习资源，

请关注“德胜书坊”公众平台进行学习。

Chapter 01 一起来学HTML 5

网页绘图如此有趣

Chapter 03 生成漂亮的表单

Chapter 04 播放器的打开姿势

Chapter 05 定位自己的位置

实用的上传方式

Chapter 07 开启样式的大门

网页中的“动画片”

让浏览更轻松

重要的网页元素

01
Chapter
一起来学
HTML 5

欢迎你即将踏入前端设计的领域，前端有你更精彩。本章从了解HTML 5基础知识引领大家入门网页设计制作。

扫一扫，更
多惊喜哦

扫描二维码，关注笔者微信

HTML 5能做什么

学习完本章内容你会重新认识前端，恍然大悟，原来这些效果是这样设计的，好像也并不是很难。

什么是HTML 5？为什么学习HTML 5？学习HTML 5能做什么？广义而言的HTML 5包含了HTML、CSS和JavaScript三个部分，而不是第一印象的仅限于HTML部分而已，在CSS 3和JavaScript层面也有许多创新，让整个网页从布局到处理都更加给力。通过本章的学习大家可以了解HTML 5给我们带来了什么。

▲ 电脑端显示

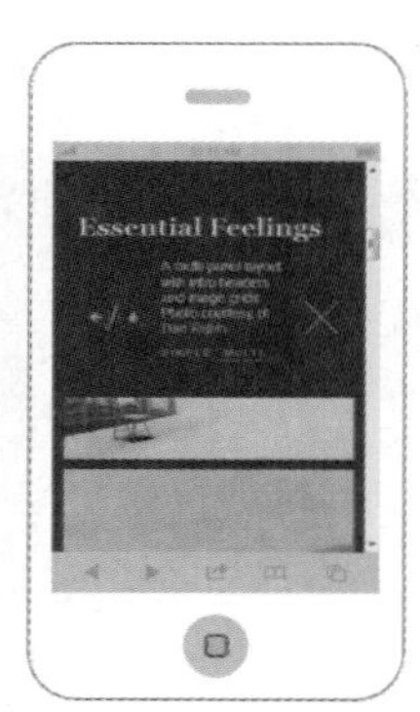

▲ 手机端显示

怎么样，很高端吧？学习HTML 5后便可以完成图中的样式设计，HTML 5中新增了很了不起的元素canvas，它的出现就像Photoshop中的画布一样，任你绘制，当然还添加了许多表单的元素，让表单功能更加强大。

下面我们一起来看一下HTML 5出现前后的导航栏的对比效果。

用户名：请输入用户名
密码：请输入密码
确认密码：请再次输入密码
姓名：请输入您的姓名
生日：年 /月/日
主页：
邮箱：
年龄：
性别：男 女
头像：选择文件 未选择任何文件

▲ HTML 5出现之前的导航栏

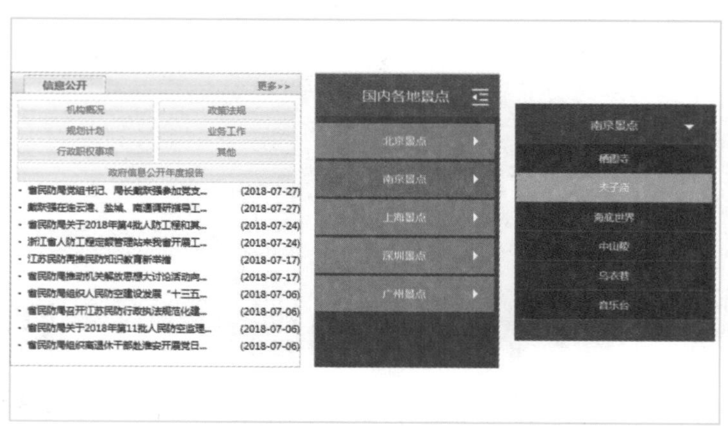

▲ 使用HTML 5设计的导航栏效果

HTML 5出现之后的表单无论是从交互性还是实用性来讲都非常棒，下图就是我们经常在网页中看到的表单样式。

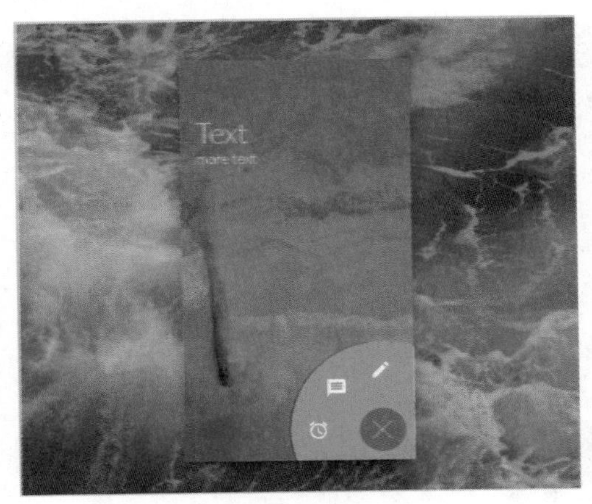

▲ 个性十足的表单效果

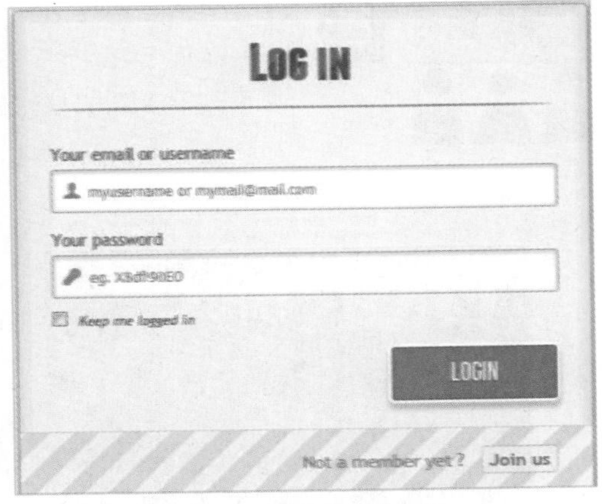

▲ 样式简单的提交型表单

在设计网页的时候会遇到颜色搭配的问题，如果有下面的调色板的话你还会担心吗?

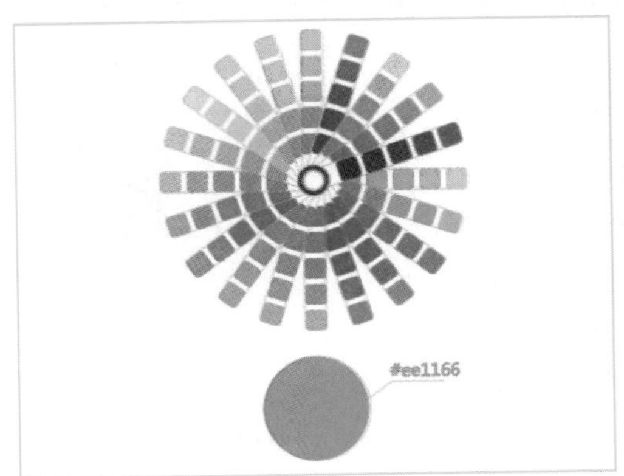

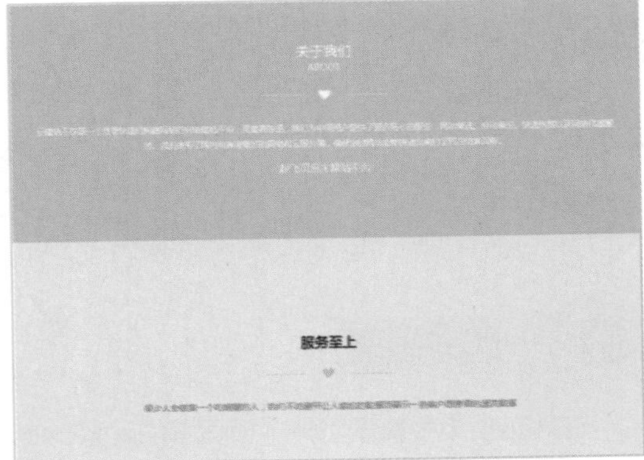

▲ 使用合适的颜色让网页效果更佳

HTML 5在实现上述改变的同时，其规范已经变得非常强大。HTML 5的规范实际上要比以往的任何版本的HTML规范都要明确。在今后，将实现HTML 5的所有功能都能够在所有不同的设备和平台上正常运行。

canvas是由HTML代码配合高度和宽度属性而定义的可绘制区域。JavaScript代码可以访问该区域，类似于其他通用的二维API，通过一套完整的绘图函数来动态生成图形。目前所有浏览器都已经支持canvas标记，现在凭借着一手熟练的canvas绘图能力甚至就已经能够找到一份不错的工作了。

怎么样，是不是已经迫不及待想要学习这些知识了呢？接下来就为大家呈现这些实用的网页设计知识。

更强大的元素

HTML 5中增加了许多元素，很实用，许多之前版本无法实现的网页效果使用HTML 5可以实现，比如下面这些设计。

▲ 使用canvas制作的游戏

▲ 蒙版的效果让图片更高级

这些还只是HTML 5的冰山一角，想了解更多HTML 5知识，可以扫描右侧二维码。

01 一起来画图

在HTML 5中新增了一个很厉害的元素canvas，一起来看看用它可以来做什么。如下图所示的五角星的效果。

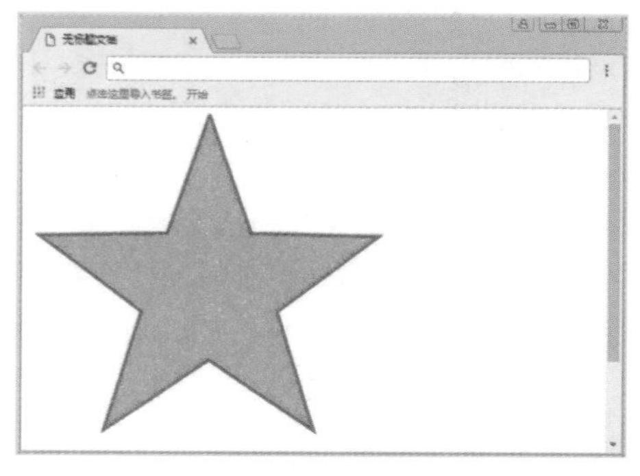

▲ 五角星效果

<canvas>标签定义图形，比如图表和其他图像，必须使用脚本来绘制图形。canvas元素是HTML 5中新增的元素，语法如下：

```
<canvas id="myCanvas" width="500" height="500"></canvas>
```

下面是在页面中绘制闪闪红星的操作方法。

```
<script>
var canvas = document.getElementById("canvas");          / 通过 canvas 标签的 ID 获取
canvas 对象 /
   var context = canvas.getContext("2d");                 / 获取 context 对象 /
   context.beginPath();
   // 设置顶点的坐标，根据顶点制定路径
   for (var i = 0; i < 5; i++) {
       context.lineTo(Math.cos((18+i*72)/180*Math.PI)*200+200,
                      -Math.sin((18+i*72)/180*Math.PI)*200+200);
       context.lineTo(Math.cos((54+i*72)/180*Math.PI)*80+200,
                      -Math.sin((54+i*72)/180*Math.PI)*80+200);
   }
   context.closePath();
   // 设置边框样式并填充颜色
   context.lineWidth="3";
   context.fillStyle = "red";
   context.strokeStyle = "green";
   context.fill();
   context.stroke();
</script>
```

这些知识只是canvas最基础的使用方法，它的功能还有很多，在以后的章节中会为大家一一展开详细介绍。

02 一个实用的表单

表单在网页中经常出现，但是怎样制作表单，在HTML 5中又新增了哪些表单元素呢？先看下面两图的表单。

在HTML 5出现之前，是没有这些提示效果的，从两图中的表单可以看出，设置的提示信息可以让用户填加更加正确的注册信息。

新型的表单不仅只有这些功能，下面为大家总结HTML 5表单的新功能。

- valueMissing：必填项为空，返回true，否则返回false，配合required属性使用。

- typeMismatch：判断输入类型是否匹配，不匹配返回true，否则返回false，配合email、number、url等类型使用。
- patternMismatch：判断正则是否通过，没通过返回true，通过返回false，配合pattern属性使用。
- toolong：判断当前元素的值的长度是否大于最大值，大于返回true，否则返回false，配合maxlength使用，但实际上如果设置maxlength，就无法输入超出长度范围的值。
- rangeUnderflow：判断当前元素值是否小于min，与min属性配合，不与max比较。
- rangeOverflow：判断当前元素值是否大于max，与max属性配合，不与min比较。
- stepMismatch：判断当前元素值是否符合step要求，与step属性配合。
- customError：使用自定义的验证错误提示信息，配合setCustomValidity()方法使用。

▲ 没有输入内容的提示

▲ 输入错误内容的提示

Tips

如果使用了setCustomValidity()方法，customError属性返回true，那么当输入正确时，不能使用上述任何一种属性验证输入是否正确，所有的验证都返回false，表单的验证逻辑将出现bug。因此，在自定义错误提示信息时，需要首先使用input.value判断输入是否为空，如果不是空值，调用input.setCustomValidity(“”)将提示信息设为空，从而屏蔽输入正确时出现的验证逻辑错误，之后再设置自定义错误提示语。

03 路痴的救星

如果你是路痴，那么你就该好好了解HTML 5中新增的强大的定位功能，熟练使用Geolocation API就能找到自己的位置。

右图所示的效果是定位功能的使用方法，定位功能（Geolocation）是HTML 5的新特性，因此只有在支持HTML 5的浏览器上运行，特别是手机，地理定位更加精确。首先检测用户设备浏览器是否支持地理定位，如果支持则获取地理信息。注意这个特性可能侵犯用户的隐私，除非用户同意，否则用户位置信息不可用，所以在访问该应用时会

▲ 定位自己的城市

提示是否允许地理定位，选择允许即可。

```
function getLocation(){
    if (navigator.geolocation){
        navigator.geolocation.getCurrentPosition(showPosition,showError);
    }else{
        alert("浏览器不支持地理定位。");
    }
}
```

上述代码是Geolocation的使用方法，若设备支持地理定位，则运行getCurrentPosition()方法。如果getCurrentPosition()运行成功，则向参数showPosition中规定的函数返回一个coordinates对象，getCurrentPosition()方法的第二个参数showError用于处理错误，它规定获取用户位置失败时运行的函数。

04 让图片可以拖拽

HTML 5中还有一个功能就是可以让文件自由拖拽。下图所示的是图片的正常显示效果和图片的拖拽效果。

▲ 图片正常显示

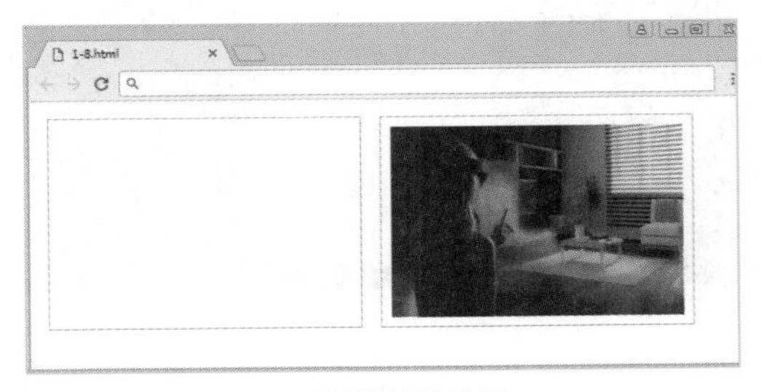

▲ 图片拖拽的效果

是不是已经跃跃欲试了呢？上面两图的效果实现的原理也不难，只需设置两个区域内容为div1和div2，接着使用下面方法就可以轻松做出拖拽的效果了：

```
var div1 = document.getElementById("div1");
var div2 = document.getElementById("div2");
```

这些只是方法的主要代码，在后面章节中会展开讲解。

通过这一小节的讲解大家对HTML 5是不是有了新的认识呢？是的，HTML 5中新增了许多语义化标签，也新增了许多实用的属性，接下来还请大家跟着作者的脚步，漫步在HTML 5的世界吧！

Section 02

更精美的样式

在对页面中的元素进行样式修改时，需要使用CSS找到页面中需要修改的元素，然后再对它们进行样式修改的操作。

▲ 发光的动态按钮

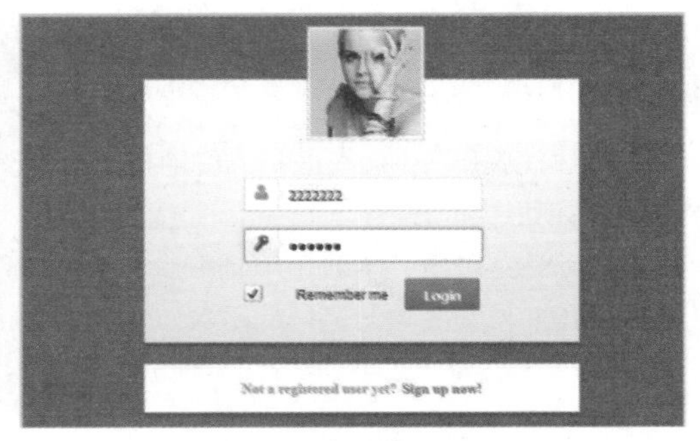

▲ 精美的登录表单

▲ 灯光的开关动画

▲ 文字特效

上面这些图中的效果都是使用CSS来实现的。扫描右侧二维码，了解CSS 3的更多知识。

01 漂亮的文字

在网页中，文本的样式也能突出网页设计的风格，一个优秀的网页设计必然少不了文本的酷炫样式。

下图所示为文字的跳动效果。

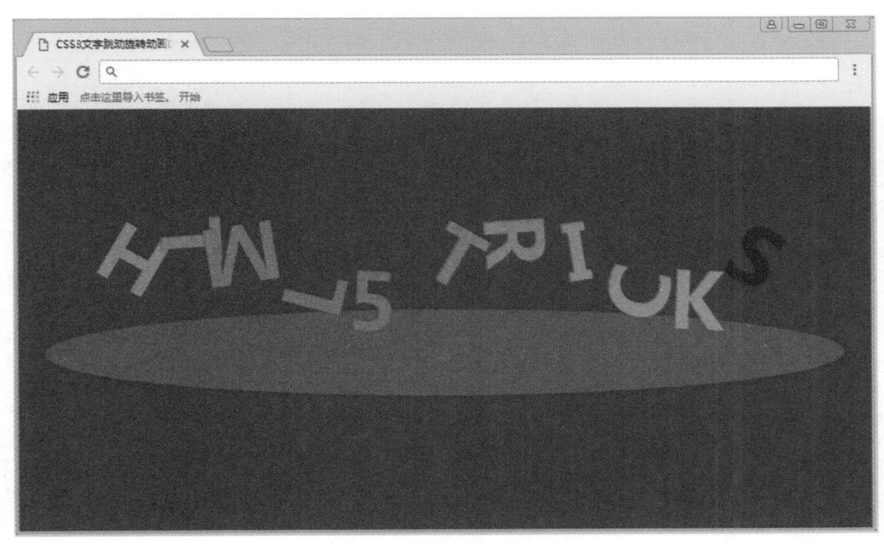

▲ 跳动的文字

上图所示的文字效果是通过CSS 3制作的，当然让其跳动也使用了JavaScript的相关功能，但是这些酷炫的文字是使用CSS制作而成的。

CSS 3的提示代码如下：

```
/:nth-child 选择属于其父元素的指定位置的子元素 /
.text span:nth-child(1) {
  color: #e61a00;
}
.text span:nth-child(2) {
  color: #cc3300;
}
.text span:nth-child(3) {
  color: #b34d00;
}
.text span:nth-child(4) {
  color: #996600;
}
.text span:nth-child(5) {
  color: olive;
}
.text span:nth-child(6) {
  color: #669900;
}
```

```
.text span:nth-child(7) {
  color: #4db300;
}
.text span:nth-child(8) {
  color: #33cc00;
}
.text span:nth-child(9) {
  color: #1ae600;
}
.text span:nth-child(10) {
  color: lime;
```

上述代码中使用了nth-child(n)的选择器，CSS 3中新增了许多选择器，后面章节中会一一展开介绍。

02 炫酷的图片

好看的图片样式对于网页的增色是毋庸置疑的，CSS可以让图片实现各种好看的样式。下图所示为一个3D照片摆台的样式。

▲ 3D照片效果照片墙

这个分层次的照片墙是怎么设计的呢，又会用到哪些属性呢？先来看一下主要代码：

```
.roll-camera {
/* 让子盒子保持 3D 效果 */
  transform-style: preserve-3d;
}
.roll-camera .move-camera {
  transform-style: preserve-3d;
  transform: translateY(0px);
/ 过渡持续时间 /
  transition: all 3s ease-in-out;
}

body.view-top-shelf .roll-camera {
  animation: zoom-roll-top 3s ease-in-out;
}
body.view-top-shelf .roll-camera .move-camera {
  transform: translateY(0px);
}

body.view-middle-shelf .roll-camera {
  animation: zoom-roll-middle 3s ease-in-out;/ 由慢到快再到慢 /
}
body.view-middle-shelf .roll-camera .move-camera {
/ 按照设定的 x,y 参数值，当值为负数时，反方向移动物体 /
  transform: translateY(-200px);
}

body.view-bottom-shelf .roll-camera {
  animation: zoom-roll-bottom 3s ease-in-out;
}
body.view-bottom-shelf .roll-camera .move-camera {
  transform: translateY(-400px);
}
```

上述代码是让图片呈现运动效果的关键，大家可以看一下用了什么属性来实现效果。

03 设置动画效果

关于动画的效果有的需要触发条件才能表现出动画的效果，有的则不需要，下图所示的效果就是没有触发时的效果和鼠标单击抽屉门的效果。

▲ 盒子的正常显示

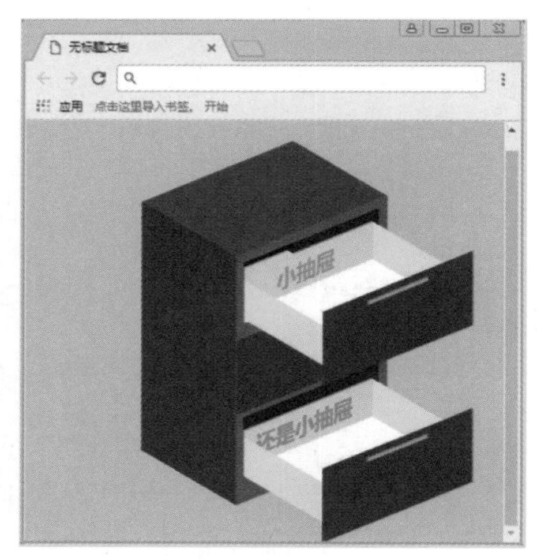

▲ 单击鼠标抽屉打开

实现效果的部分代码如下所示：

```
.chest__panel--top:after {
  background: #1a1a1a;
  -webkit-transform: translate3d(0, 0, -1px);                / 搭建 3d 环境 /
          transform: translate3d(0, 0, -1px);
}
.chest__panel--bottom {
  background: #474747;                                       / 背景颜色 /
  height: calc(var(--depth) * 1px);
  left: 0;
  top: 100%;
  -webkit-transform: translateY(-50%) rotateX(90deg);        / 旋转 90° /
          transform: translateY(-50%) rotateX(90deg);
}
.chest__panel--bottom:after {
  background: #0d0d0d;
  -webkit-transform: translate3d(0, 0, 1px);
          transform: translate3d(0, 0, 1px);
}
.chest__panel--right {
  background: #323232;
  right: 0;
  -webkit-transform: translate3d(0, 0, calc(var(--depth)    / 2 * 1px))
rotateY(-90deg);                                             / 移动速度及角度 /
```

```
        transform: translate3d(0, 0, calc(var(--depth) / 2 * 1px))
rotateY(-90deg);
  -webkit-transform-origin: right center;
          transform-origin: right center;
  width: calc(var(--depth) * 1px);
}
.chest__panel--right:after {
  background: #1a1a1a;
  -webkit-transform: translate3d(0, 0, 1px);
          transform: translate3d(0, 0, 1px);
}
```

可以看到代码中的transform元素，transform可以让普通元素有运动的效果，大家可以自己试一下。

04 自适应网页

现在的企业在建设自己的网站时都会考虑网页的自适应性，因为随着科技的发展，浏览信息已经不再局限于电脑了，很多移动设备也可以进行信息的浏览。

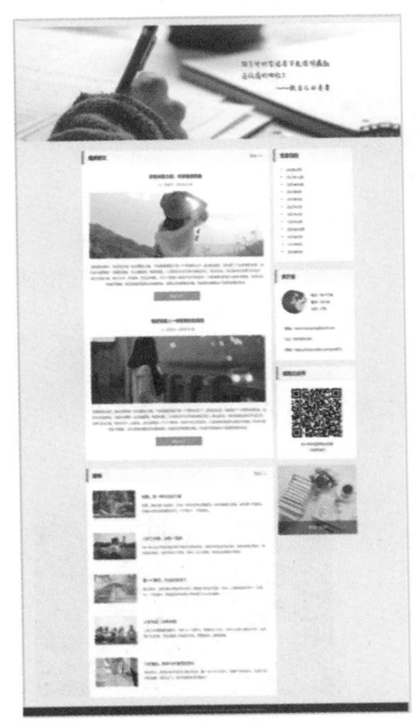

▲ PC端显示的样式

▲ 手机端显示的样式

更炫酷的特效

JavaScript脚本语言同其他语言一样，有它自身的基本数据类型、表达式、算术运算符及基本程序框架。

JavaScript提供了四种基本的数据类型和两种特殊数据类型用来处理数据和文字，而变量提供存放信息的地方，表达式则可以完成较复杂的信息处理。

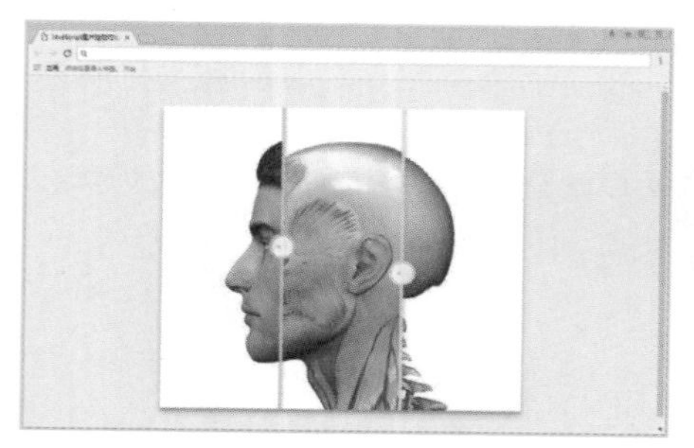
▲ JavaScript图片拖动对比

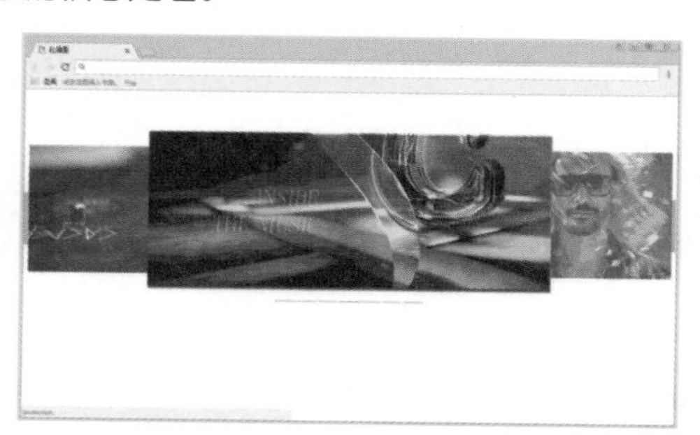
▲ JavaScript制作轮播图

扫描右侧二维码，了解JavaScript的相关知识。

01 banner是怎样制作的

网页中，banner是非常重要的宣传部分，这部分包含了该网页中的最新动态和网页中的重要信息等。

下图所示为banner部分的轮播图。

▲ 自动播放的图片

一起来看看控制效果的代码：

```
for (var i = 0, len = dots.length; i < len; i++){
(function(i){
dots[i].onclick = function () {
var dis = index - i;
if(index == 4 && parseInt(wrap.style.left)!==-3000){
dis = dis - 5;
}
//与使用 prev 和 next 相同，在最开始的照片 5 和最终的照片 1 在使用时会出现问题，导致符号和位数出错，做相应处理即可
if(index == 0 && parseInt(wrap.style.left)!== -600){
dis = 5 + dis;
}
wrap.style.left = (parseInt(wrap.style.left) + dis * 600)+"px";
index = i;
showCurrentDot();
}
})(i);
}
```

从上述代码可以看出图片的转换时间的设定方法。

02 消息的提示框

网页中的提示框在用户交互过程中扮演着非常重要的角色，消息提示框分为警告消息框、确认消息框以及更为复杂的自定义字段的消息框。这里要介绍的这款JavaScript消息提示框的功能非常强大，我们可以通过配置轻松实现各种消息提示框，而且消息框的皮肤也很漂亮。

右图所示的是单击“确认”按钮的时候出现的提示框。

在此不一一介绍，后面章节中会为大家详细讲解JavaScript的使用方法。

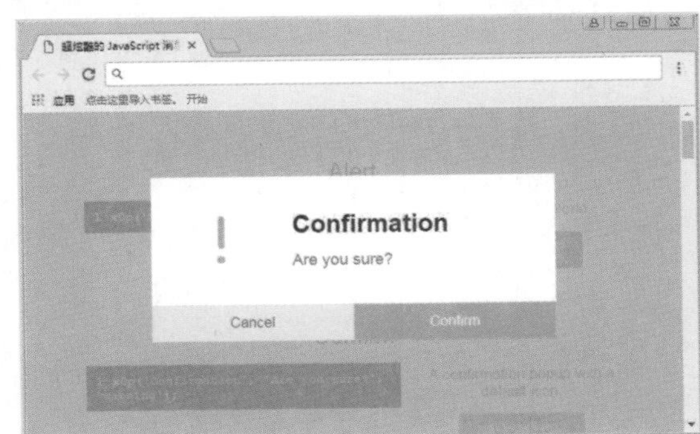

▲ 提示信息框

课后作业

本章的结尾为大家准备了一个练习题，通过前面的介绍大家一定对HTML 5的页面产生了很浓厚的兴趣，接下来根据下图展示的效果进行模仿练习吧！

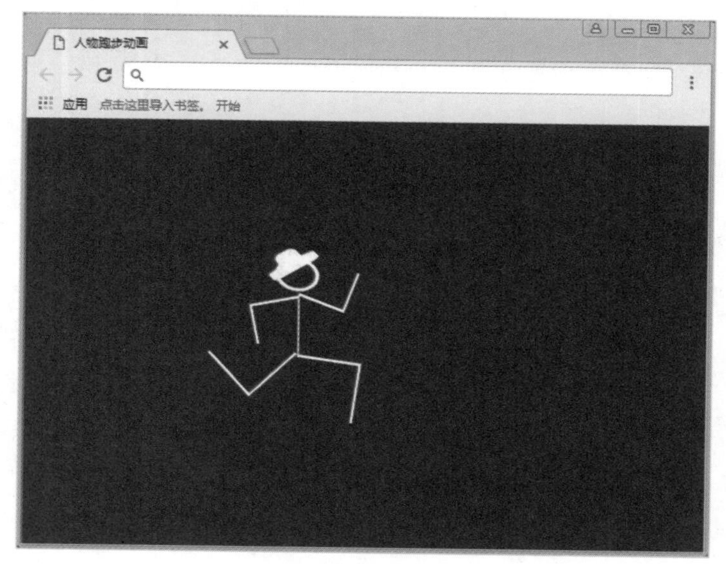

▲ 人物跑步动画

部分提示代码如下：

```
.person .part .foot {
  position: absolute;          /* 绝对定位 */
  top: 90px;                   /* 定义上部高度 */
  left: 0;                     /* 定义距离左侧位置 */
  width: 3px;                  /* 定义宽 */
  height: 3px;                 /* 定义高 */
  background-color: #ffffff;  /* 定义颜色 */
  z-index: 900;                /* 对象的层叠顺序 */
  border: 3px solid red;       /* 定义边框粗细及颜色 */
}
/* 定义运动角度及跑步速度 */
@keyframes run {
  0% {
```

```
    transform: rotate3d(0, 0, 1, -5deg);
  }
  50% {
    transform: rotate3d(0, 0, 1, 150deg);
  }
  100% {
    transform: rotate3d(0, 0, 1, -5deg);
  }
}
@keyframes bob {
  0% {
    transform: rotate3d(0, 0, 1, 5deg);
  }
  25% {
    transform: rotate3d(0, 0, 1, -30deg) skew(15deg, 0deg);
  }
  50% {
    transform: rotate3d(0, 0, 1, 5deg);
  }
  75% {
    transform: rotate3d(0, 0, 1, -30deg) skew(15deg, 0deg);
  }
  100% {
    transform: rotate3d(0, 0, 1, 20deg) skew(-15deg, 0deg);
  }
}
@keyframes pump {
  0% {
    transform: rotate3d(0, 0, 1, 80deg);
  }
  50% {
    transform: rotate3d(0, 0, 1, -70deg);
  }
  100% {
    transform: rotate3d(0, 0, 1, 80deg);
  }
}
```

请根据以上代码提示完成图中所示的动画效果。

读书笔记

Chapter
02
网页绘图
如此有趣

掌握canvas，你就能驾驭各种图形的绘制。canvas很强大，学会应用它你也会变得很强大。

扫一扫，更多惊喜哦

扫描二维码，关注笔者微信

课前预热 Warming Up 强大的canvas

这个HTML 5新增的属性会让你体会到做设计的乐趣，让图形随心所欲，下面我们就一起来感受一下吧。

canvas元素允许脚本在浏览器页面中动态地渲染点阵图像，新的HTML 5 canvas是一个原生HTML绘图簿，用于JavaScript代码，不使用第三方工具。跨所有Web浏览器的完整HTML 5支持还没有完成，但在新兴的支持中canvas已经可以在几乎所有现代浏览器上良好运行了，Windows® Internet Explorer®除外。幸运的是，一种解决方案已经开发出来，将Internet Explorer也包含进来。

在此先来见识一下canvas的魅力，看一下它能实现怎样的效果？下面几张图片都是使用canvas制作的。

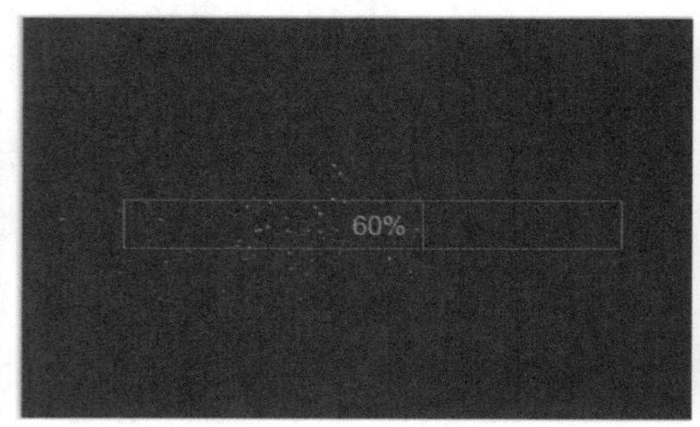

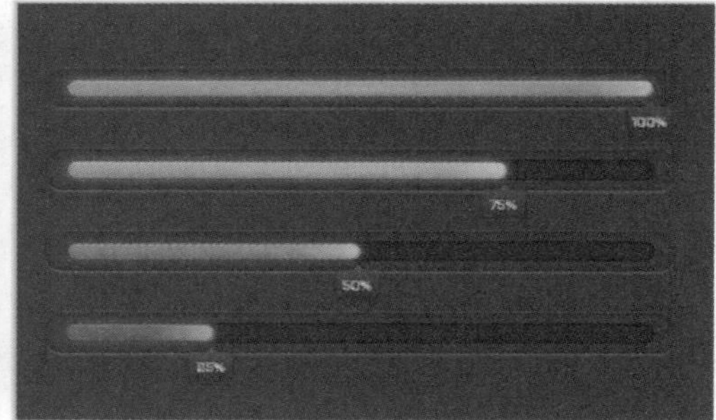

▲ canvas制作炫酷的进度条效果

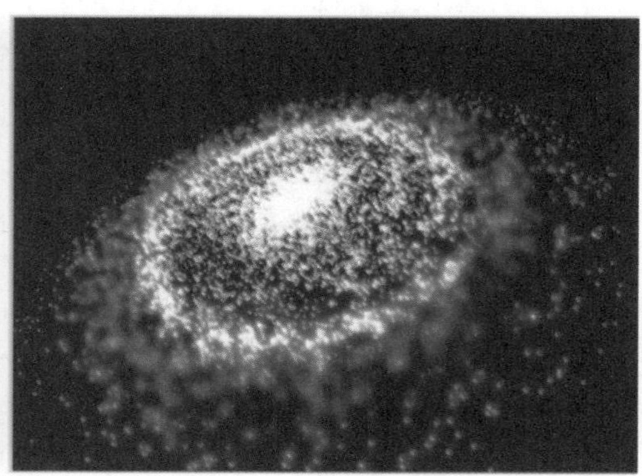

▲ canvas制作粒子效果

这些图不仅仅是一些好看的效果，图片的调色也很好看，这就是canvas的魅力所在，它不仅能完成一些不可思议的效果，更提供了让设计者能更加方便地调整颜色的功能。

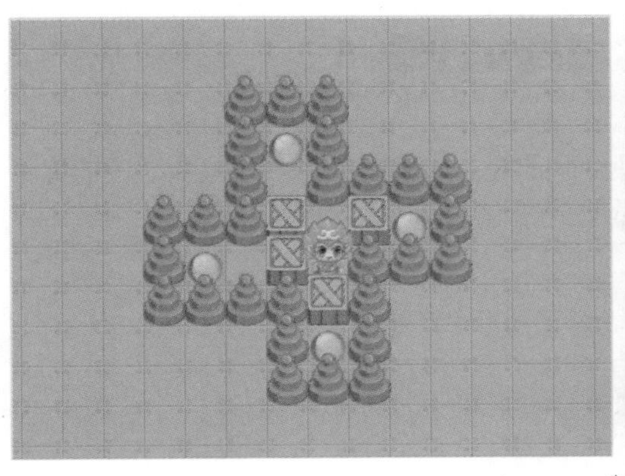

▲ canvas制作的小游戏

▲ canvas制作简约的时钟效果

▲ 地球的自转效果

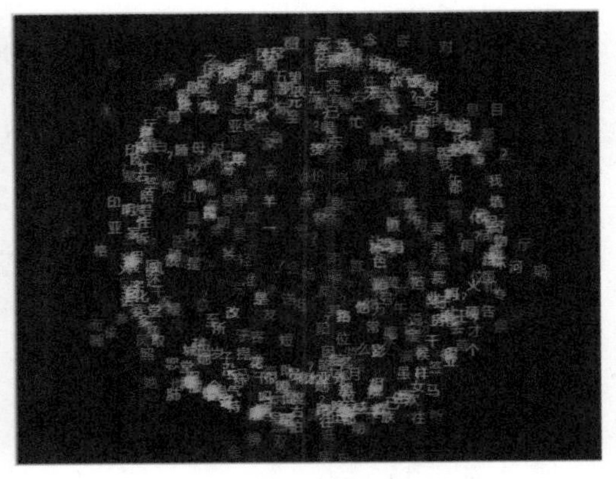

▲ 文字的球形环绕

当然还有很多好看的效果，canvas的强大也远远不止这些，接下来就带领大家一起领略canvas的风采。为了达到一定的学习效果，本章将通过案例的形式进行讲解，读者可以从案例中学习使用canvas绘制路径、描边等一些基础操作，还可以了解一些函数的使用方法。

Section 01

潜心修行canvas

<canvas></canvas>是HTML 5新增的标签，它也有自己的属性、方法和事件，JavaScript能够调用它进行绘图。

下图所示为一个实时的时钟表盘，下面将一步步实现这个效果。

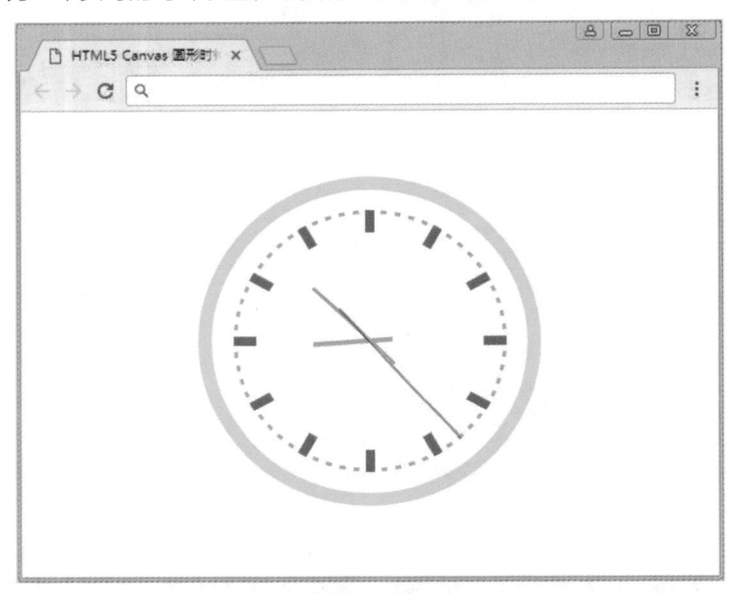

▲ 可运动的时钟表盘

01 圆形表盘

先来分析一下表盘，表盘为圆形，而且是空心的，绘制圆形的语法如下：

```
context.arc(x,y,radius,starAngle,endAngle,anticlockwise)
```

上述语法中括号里的每个值的含义如下：

- x：圆心的x坐标。
- y：圆心的y坐标。
- straAngle：开始角度。
- endAngle：结束角度。
- anticlockwise：是否逆时针，（true）为逆时针，（false）为顺时针。

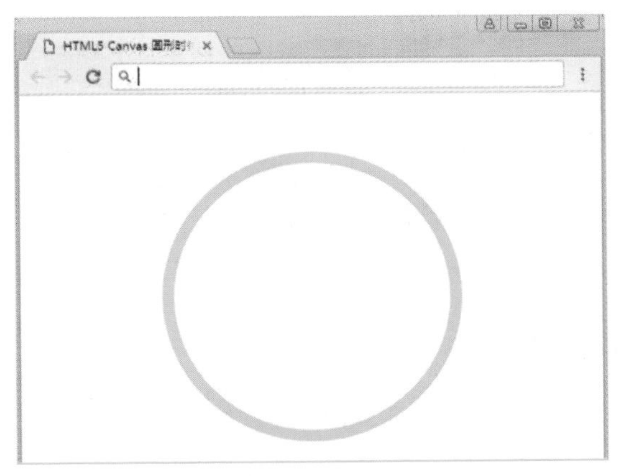

▲ 绘制圆形

制作圆形表盘

```
c.beginPath();
c.strokeStyle = "pink";
c.arc(0,0,145,0,Math.PI*2);
c.lineWidth =12 ;
c.stroke();
c.closePath();
```

上述代码中的“c”是contex的缩写，context是一个封装了很多绘图功能的对象，获取这个对象的方法如下:

```
var context=canvas.getContext("2d");
```

而canvas元素绘制图像的时候有两种方法，分别是:

```
context.fill()                          // 填充
context.stroke()                        // 绘制边框
```

在进行图形绘制前，要设置好绘图的样式：

```
context.fillStyle                          // 填充的样式
context.strokeStyle                        // 边框样式
```

上述代码中的c.lineWidth =12; 表示描边的宽度。

02 分针、时针和秒针

表盘中少不了分针、时针和秒针，可以把它们看成三条直线，那么怎样绘制直线呢？我们接着往下看，下图所示即为三个表针。

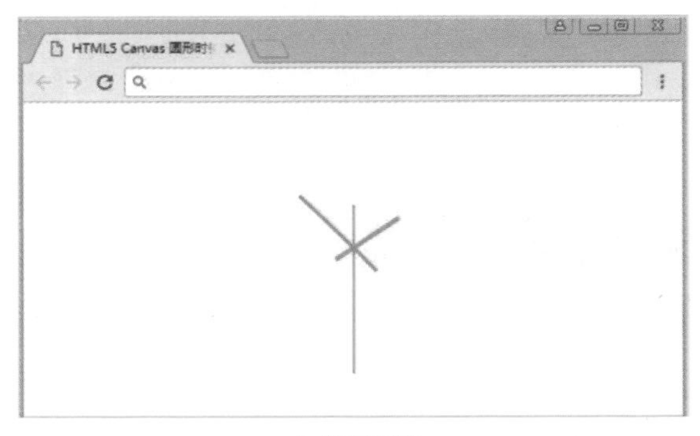

▲ 绘制直线

制作表针

```
// 画时针
c.beginPath();                             // 开始绘制
c.save();                                  // 将当前状态压入
c.strokeStyle = "yellowgreen";             // 填充颜色
c.lineWidth = 4 ;                          // 边框宽度
c.moveTo(-20,0);                           // 线起始位置
c.lineTo(50,0);                            // 结束点
c.stroke();                                // 描边效果
c.restore();                               // 将当前状态弹出栈
```

```
c.closePath();                              // 结束绘制
// 画分针
c.beginPath();
c.save();
c.strokeStyle = "springgreen";
c.lineWidth = 3 ;
c.moveTo(-30,0);
c.lineTo(70,0);
c.stroke();
c.restore();
c.closePath();
// 画秒针
c.beginPath();
c.save();
c.strokeStyle = "red";
c.lineWidth = 2 ;
c.moveTo(-40,0);
c.lineTo(120,0);
c.stroke();
c.restore();
c.closePath();
c.restore();
```

从上述代码中（c.moveTo=context.moveTo）可以分析出画直线需要运用下面的方法：

```
c.moveTo=context.moveTo
```

- context.moveTo(x,y)
- context.lineTo(x,y)

括号里面的值x表示x坐标，y表示y坐标。

每次画线都从moveTo的点到lineTo的点，如果没有moveTo，那么第一次lineTo的效果和moveTo一样。每次lineTo后如果没有moveTo，那么下次lineTo的开始点为前一次lineTo的结束点。

03 时间刻度线

制作完表盘和指针，钟表还要有刻度线，刻度线的画法不难，只要把它们看成一条条直线就可以了，难的是怎么把刻度线平均分配到表盘中，下图所示的就是表盘的刻度线。

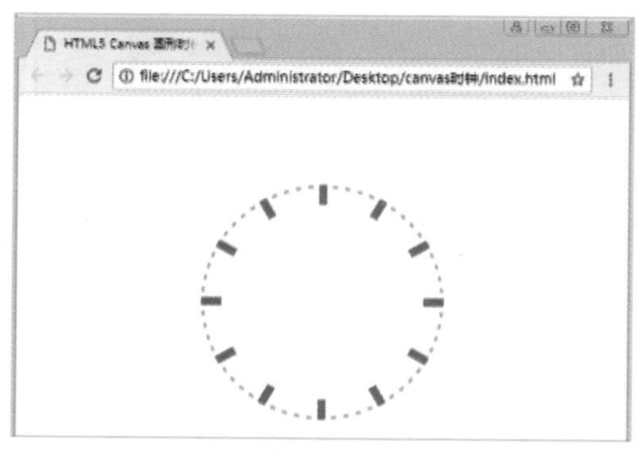

▲ 绘制表盘刻度

制作时间刻度线


```
//分钟刻度线
for(var i=0;i<60;i++){                     //画60个刻度线
c.beginPath();                             //开始绘制
c.strokeStyle = "yellowgreen";
c.lineWidth = 5 ;                          //线段宽度
c.moveTo(117,0);
c.lineTo(120,0);
c.stroke();
c.rotate(Math.PI/30);                      //每个6deg画一个分钟刻度线
c.closePath();
}
//时钟刻度线
for(var i=0;i<12;i++){                     //画12个刻度线
c.beginPath();
c.strokeStyle = "green";
c.lineWidth = 8 ;
c.moveTo(100,0);
c.lineTo(120,0);
c.stroke();
c.rotate(Math.PI/6);                       //每个30deg画一个时钟刻度线
c.closePath();
```

前面分析了画表盘刻度的难点在于怎样把这些刻度按一定的角度均分，对此我们在代码中加入了下面的函数：

```
for(var i=0;i<12;i++){                    // 画 12 个刻度线
c.rotate(Math.PI/6);                      // 每个 30deg 画一个时钟刻度线
for(var i=0;i<60;i++){                    // 画 60 个刻度线
c.rotate(Math.PI/30);                     // 每个 6deg 画一个分钟刻度线
```

如果不加上述函数，显示的效果如下图所示。

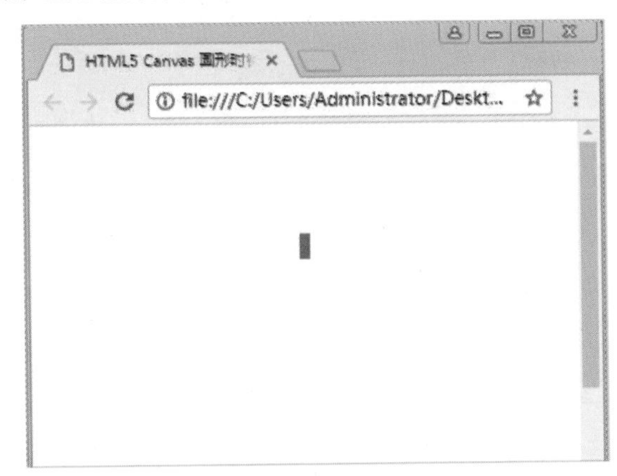

▲ 不加for函数的表盘效果

04 看看几点了

前面的步骤讲解了钟表中各种元素的画法，接下来就是怎样让时钟动起来，如下图所示。

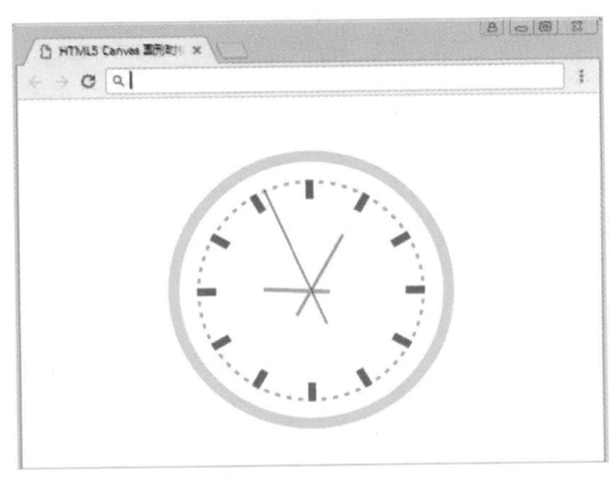

▲ 正常运转的时钟效果

计时开始

```
var myCanvas = document.getElementById('myCanvas');
var c = myCanvas.getContext('2d');
function clock(){
c.clearRect(0,0,400,400);
var data = new Date();                    //获取现在时间
var sec =data.getSeconds();               //获取秒
var min =data.getMinutes();               //获取分钟
var hour=data.getHours();                 //获取小时
c.save();
c.translate(200,200);
c.rotate(-Math.PI/2);
//分钟刻度线
for(var i=0;i<60;i++){                    //画 60 个刻度线
c.beginPath();
c.strokeStyle = "yellowgreen";
c.lineWidth = 5 ;
c.moveTo(117,0);
c.lineTo(120,0);
c.stroke();
c.rotate(Math.PI/30);                     //每个 6deg 画一个分钟刻度线
c.closePath();
}
//时钟刻度线
for(var i=0;i<12;i++){                    //画 12 个刻度线
c.beginPath();
c.strokeStyle = "green";
c.lineWidth = 8 ;
c.moveTo(100,0);
c.lineTo(120,0);
c.stroke();
c.rotate(Math.PI/6);                      //每个 30deg 画一个时钟刻度线
c.closePath();
```

```
}
// 外表盘
c.beginPath();
c.strokeStyle = "pink";
c.arc(0,0,145,0,Math.PI*2);
c.lineWidth = 12 ;
c.stroke();
c.closePath();
// 画时针
hour = hour>12?hour-12:hour;
//console.log(hour);
c.beginPath();
c.save();
// 设置旋转角度，参数是弧度，角度 0-360 弧度角度 *Math.PI/180
c.rotate(Math.PI/6*hour+Math.PI/6*min/60+Math.PI/6*sec/3600);
c.strokeStyle = "yellowgreen";
c.lineWidth = 4 ;
c.moveTo(-20,0);
c.lineTo(50,0);
c.stroke();
c.restore();
c.closePath();
// 画分针
//console.log(min);
c.beginPath();
c.save();
c.rotate(Math.PI/30*min+Math.PI/30*sec/60);
c.strokeStyle = "springgreen";
c.lineWidth = 3 ;
c.moveTo(-30,0);
c.lineTo(70,0);
c.stroke();
c.restore();
c.closePath();
// 画秒针
c.beginPath();
c.save();
c.rotate(Math.PI/30*sec);
c.strokeStyle = "red";
```

```
c.lineWidth = 2 ;
c.moveTo(-40,0);
c.lineTo(120,0);
c.stroke();
c.restore();
c.closePath();
c.restore();
}
clock();
setInterval(clock,1000);
```

代码中标红部分是让表动起来的关键代码，其含义如下：

```
var hour=data.getHours();
// 将 24 小时进制转为 12 小时，且为浮点型
c.rotate(Math.PI/6*hour+Math.PI/6*min/60+Math.PI/6*sec/3600);
// 设置旋转角度，参数是弧度，角度 0-360 弧度角度 *Math.PI/180
```

图像好看的样式

canvas不仅可以绘制图形，还可以为图片添加很多有用的样式，可以放大图片的局部效果，还可以制作图片的背景效果。

▲ 对图片应用裁剪效果

▲ 制作粒子文字效果

在设计时为了突出图片中部分内容，经常会对图片中的这部分内容作一些效果，让它在网页中更加亮眼。

▲ 未修饰图片的显示效果

01 让图片更加高级

在网页中如果想让设计更加突出，往往会对图片进行裁剪或者给图片添加一些新的元素。下面来看下图所示的样式，是不是比未作修饰时更好看了。

▲ 对图片作了效果说明

动动手 Try it

修饰图片

```
window.onload = function(){
var picture_c      = document.getElementById("picture");
var ctx_picture = picture_c.getContext("2d");
// 页面背景图片
img = new Image();
img.src = "MS5.png";                                    // 随便给一张图片测试就行
img.onload = function() {
var iw = img.width;
var ih = img.height;
// 设置 canvas 的宽等于图片宽，这样移动端（比例显示）的图片就能全部显示
picture_c.width = iw;
picture_c.height = ih;
// 开始一个新的绘制路径
ctx_picture.beginPath();
// 设置路径起点坐标
ctx_picture.moveTo(0, 0);
// 绘制直线线段到坐标点 (60, 50)
ctx_picture.lineTo(0, ih);
ctx_picture.lineTo(iw, ih);
ctx_picture.lineTo(iw, ih*0.1831775700934579);
//ctx_picture.lineTo(iw - 37, 0);
ctx_picture.lineTo(iw*0.8617594254937163, 0);
// 先关闭绘制路径。注意，此时将使用直线连接当前端点和起始端点。
ctx_picture.closePath();
// 剪切
ctx_picture.clip();
ctx_picture.drawImage(img,0,0,iw,ih,0,0,iw,ih);
//ctx_picture.setAntiAlias(true);
```

代码中标红部分有一个公式：

context.drawImage(image,sx,sy,sw,sh,dx,dy,dw,dh)，表示选取图像的一部分矩形区域进行绘制。

代码中值的含义如下。

- image：Image对象var img=new Image(); img.src="url(...)";。
- sx：图像上的x坐标。
- sy：图像上的y坐标。
- sw：矩形区域的宽度。
- sh：矩形区域的高度。
- dx：画在canvas的x坐标。
- dy：画在canvas的y坐标。
- dw：画出来的宽度。
- dh：画出来的高度。

Tips

裁剪图片小技巧

裁剪成其他样式还有以下公式：

❶ context.drawImage(image,x,y)

- image：Image对象var img=new Image(); img.src="url(...)";
- x：绘制图像的x坐标。
- y：绘制图像的y坐标。

❷ context.drawImage(image,x,y,w,h)

- image：Image对象var img=new Image(); img.src="url(...)";
- x：绘制图像的x坐标。
- y：绘制图像的y坐标。
- w：绘制图像的宽度。
- h：绘制图像的高度。

02 观看图片的局部

图片的局部效果就是让图片或者文字显示得更加清晰，在图片中有些远景效果需要局部观看，如下面两图的效果。

▲ 原图所示效果

▲ 查看局部图的效果

动动手 Try it

图片的局部显示

```
// 拉伸矩形开始
function rubberbandStart(x,y){
mousedown.x=x;
mousedown.y=y;
rubberbandRectangle.left=mousedown.x;
rubberbandRectangle.top=mousedown.y;
moveRubberbandDiv();
showRubberbandDiv();
dragging=true;
}
// 矩形拉伸过程中
function rubberbandStretch(x,y){
rubberbandRectangle.left=x<mousedown.x?x:mousedown.x;
rubberbandRectangle.top=y<mousedown.y?y:mousedown.y;
rubberbandRectangle.width=Math.abs(x-mousedown.x);
rubberbandRectangle.height=Math.abs(y-mousedown.y);
// 改变矩形框所在图层的左上角坐标
moveRubberbandDiv();
// 改变矩形框所在图层的宽、高
resizeRubberbandDiv();
}
// 矩形框拉伸结束
function rubberbandEnd(){
// 获取 canvas 元素的边界框
var bbox=canvas.getBoundingClientRect();
try{
// 开始剪切的 x 坐标
context.drawImage(canvas, rubberbandRectangle.left - bbox.left,
// 开始剪切的 y 坐标
rubberbandRectangle.top - bbox.top,
// 被剪切图像的宽度
rubberbandRectangle.width,
// 被剪切图像的高度
```

```
rubberbandRectangle.height,
//要使用的图像的宽度或者高度
80, 80, rubberbandRectangle.width, rubberbandRectangle.height);
}
catch(e){
}
resetRubberbandRectangle();
rubberbandDiv.style.width = 0;
rubberbandDiv.style.height = 0;
hideRubberbandDiv();
dragging = false;
}
//改变矩形框的左上角坐标
function moveRubberbandDiv(){
rubberbandDiv.style.top=rubberbandRectangle.top+'px';
rubberbandDiv.style.left=rubberbandRectangle.left+'px';
}
//改变矩形框的宽、高
function resizeRubberbandDiv(){
rubberbandDiv.style.width=rubberbandRectangle.width+'px';
rubberbandDiv.style.height=rubberbandRectangle.height+'px';
}
//显示矩形框所在图层
function showRubberbandDiv(){
//display 不但隐藏控件，而且被隐藏的控件不再占用显示时占用的位置
//visibility 隐藏的控件仅仅是将控件设置成不可见，控件仍然占据原来的位置
rubberbandDiv.style.display='inline';
}
```

代码中标色部分是剪切图像，并在画布上定位被剪切的部分，含义如下：

- rubberbandRectangle.left - bbox.left：开始剪切的x坐标。
- rubberbandRectangle.top - bbox.top：开始剪切的y坐标。
- rubberbandRectangle.width：被剪切图像的宽度。
- rubberbandRectangle.height：被剪切图像的高度。
- rubberbandDiv.style.width = 0：在画布上放置图像的 x 坐标位置。
- rubberbandDiv.style.height = 0：在画布上放置图像的 y 坐标位置。
- rubberbandRectangle.width：要使用的图像的宽度（伸展或缩小图像）。
- rubberbandRectangle.height：要使用的图像的高度（伸展或缩小图像）。

03 给图片添加“蒙版”

微信对话框大家都熟悉，在聊天的时候会出现一个小三角的朝向，以便区分是谁发的信息，在Photoshop中可以借助蒙版来完成效果，那么使用canvas怎样实现这样的效果呢？

下面两图是原图与做了蒙版效果图的对比。

▲ 原图所示的效果

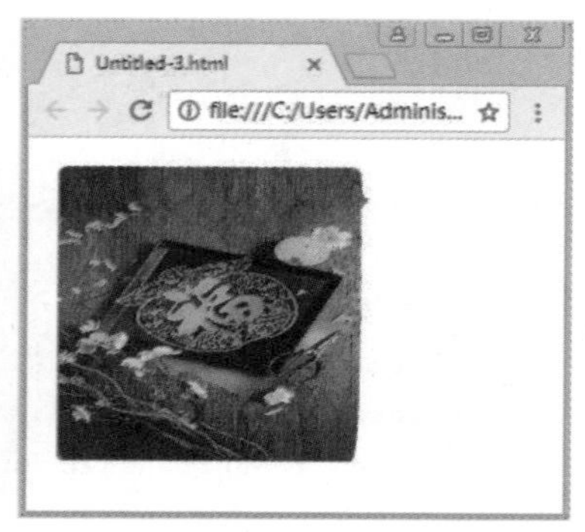

▲ 给图像添加“蒙版”的效果

微信聊天框效果

```
var image=new Image();
image.src='tupian.jpg';
image.onload=function(){
var canvas=document.createElement('canvas');
// 设置宽
canvas.width=206;
// 设置高
canvas.height=200;
context=canvas.getContext('2d');
// 绘制线的起点
context.moveTo(0, 6);
context.lineTo(0, 200-6);
// 绘制曲线
context.quadraticCurveTo(0, 200, 6, 200);
context.lineTo(200-6, 200);
```

```
context.quadraticCurveTo(200, 200, 200, 100-6);
context.lineTo(200,27);
context.lineTo(200+5,22);
context.lineTo(200,17);
context.lineTo(200, 6);
context.quadraticCurveTo(200, 0, 200-6, 0);
context.lineTo(6, 0);
context.quadraticCurveTo(0, 0, 0, 6);
//线的宽
context.lineWidth=0.5;
context.stroke();
context.clip();
context.drawImage(image,0,0,206,200);
document.body.appendChild(canvas);
```

从代码中可以看出，使用quadraticCurveTo方法绘制，关键在于确定曲线的三个点：起点、控制点和终点。

Tips

绘制圆角的其他方法

四个边的圆角使用context.lineJoin='round'方法实现，除了round还有bevel（斜角）和miter（尖角），默认miter。

04 图片的立体显示

在设计网页的时候，为了让图片的显示效果更加立体，我们通常会给图片添加阴影效果，下面是原图与添加阴影图的对比效果。

▲ 原图效果

▲ 给图片添加阴影的效果

图片的阴影效果

```
function draw(){
    var canvas=document.getElementById("draw");
    if(!canvas||!canvas.getContext) return;
    var oContext=canvas.getContext("2d");
    oContext.shadowColor="#666";          // 阴影颜色
    oContext.shadowBlur=12;               // 阴影模糊程度
    oContext.shadowOffsetX=9;             //X 轴偏移量
    oContext.shadowOffsetY=12;            //Y 轴偏移量
    var image=new Image();
    image.src="yinying.png";              // 图片路径
    image.onload=function(){
        oContext.drawImage(image,0,0);
    }
}
draw();
```


代码中绿色的部分可以设置阴影的颜色和扩展值。

文字、边框、图片的阴影效果

设置如右图所示的样式，主要的属性包括：shadowColor、shadowBlur、shadowOffsetX、shadowOffsetY。其中shadowColor定义阴影颜色样式，shadowBlur定义阴影模糊系数，shadowOffsetX定义阴影X轴偏移量，shadowOffsetY定义阴影Y轴偏移量。

扫描右侧二维码获取代码。

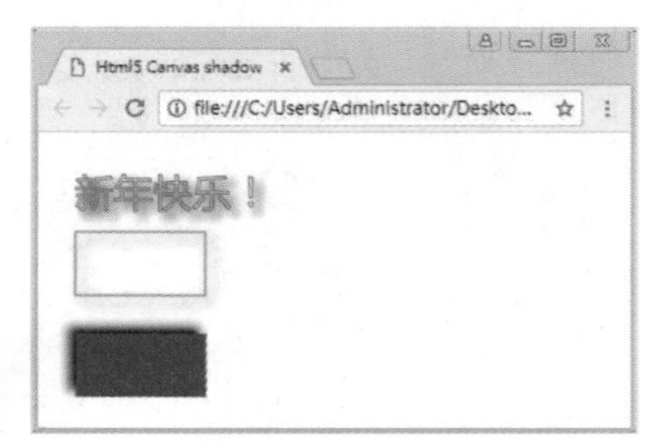

▲ 文字、边框、图片的阴影效果

图形的各种效果

在设计中，经常看到图形的各种效果，比如图形变形、图形的颜色渐变以及图形的组合样式。

下面要讲解的就是怎样设置这些效果。以下图所示的矩形为例进行讲解。

▲ 一个简单的矩形可以变出很多花样

虽然现在这个矩形很普通，一会儿我们就让它变出花样来。
canvas还可以画出各种各样的图形，扫码右侧二维码了解详情。

01 螺旋形旋转

如果对坐标进行变换，就可以实现图形的变形处理，使用图形上下文对象的rotate方法对图形进行旋转。

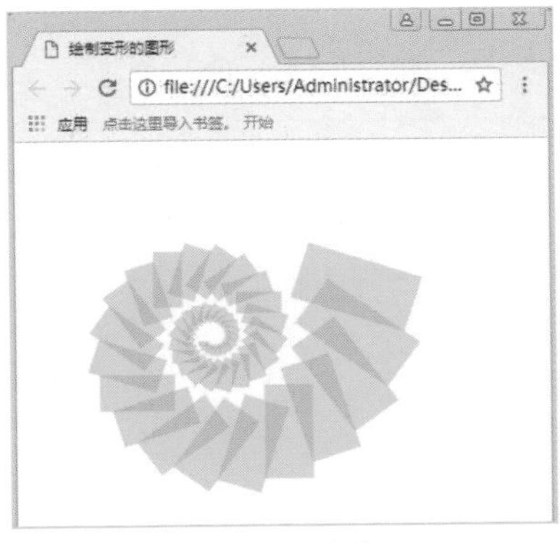

▲ 顺时旋转针效果

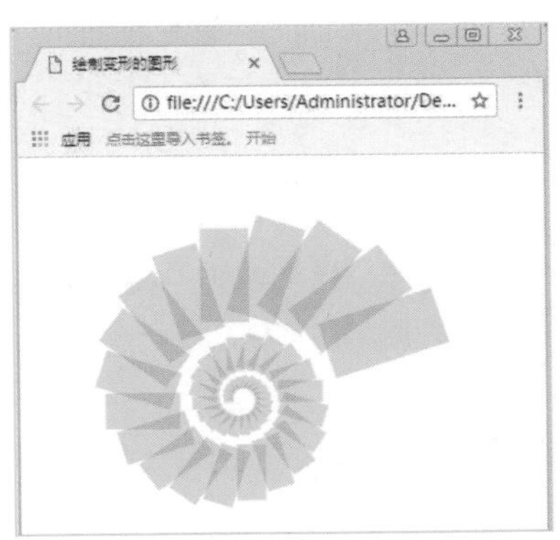

▲ 逆时针旋转效果

动动手 Try it

螺旋旋转图形

```
function draw(id)
{
var canvas = document.getElementById(id);
if (canvas == null)
return false;
var context = canvas.getContext('2d');
context.fillStyle ="#fff";                  // 设置背景色为白色
context.fillRect(0, 0, 400, 300);           // 创建一个画布
//  图形绘制
context.translate(200,50);
context.fillStyle = 'rgba(255,0,0,0.25)';
for(var i = 0;i < 50;i++)
{
context.translate(25,25);                   // 图形向左、向下各移动 25
context.scale(0.95,0.95);                   // 图形缩放
context.rotate(Math.PI / 10);               // 图形旋转
context.fillRect(0,0,100,50);
}
}
```

对坐标的变换处理，有如下三种方式。

1. 平移

移动图形的绘制主要是通过translate方法来实现的，定义方法如下：

```
Context. Translate(x,y);
```

translate方法使用两个参数：x表示将坐标轴原点向左移动若干个单位，默认情况下为像素；y表示将坐标轴原点向下移动若干个单位。

2. 缩放

使用图形上下文对象的scale方法对图像缩放，定义方法如下：

```
Context.scale(x,y);
```

scale方法使用两个参数：x是水平方向的放大倍数，y是垂直方向的放大倍数。将图形缩小的时候，将这两个参数设置为0~1之间的小数就可以了，例如0.1是指将图形缩小十分之一。

3. 旋转

使用图形上下文对象的rotate方法对图形进行旋转，定义方法如下：

```
Context.rotate(angle);
```

rotate方法接受一个参数angle，angle是指旋转的角度，旋转的中心点是坐标轴的原点。旋转是以顺时针方向进行的，想要逆时针旋转时将angle设定为负数就可以了。

02 两种渐变设置

渐变是指两种或两种以上的颜色之间的平滑过渡。对于canvas来说，渐变也是可以实现的。在canvas中可以实现两种渐变效果，即线性渐变和径向渐变。

▲ 线性渐变效果

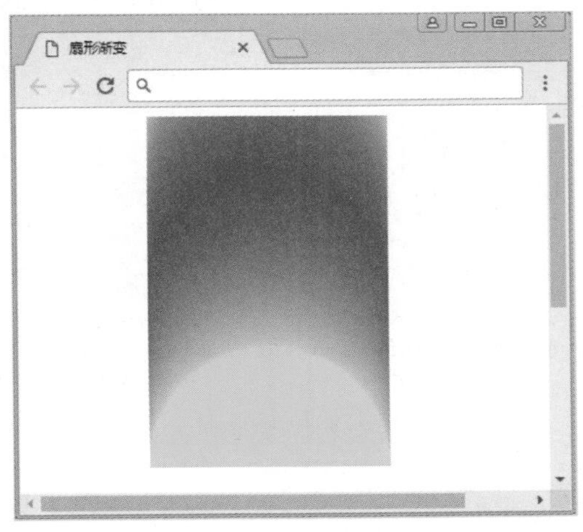

▲ 径向渐变效果

图形的渐变设置

```
// 线性渐变
var canvas=document.getElementById("canvas");
```

```
var context=canvas.getContext("2d");
// 这是创建的一个像素为 400，由左到右的线性渐变
var grad=context.createLinearGradient(0,0,400,0);
//var grad=context.createLinearGradient(0,0,0,300);
//var grad=context.createLinearGradient(0,0,400,300);
grad.addColorStop(0,"red");
grad.addColorStop(0.5,"pink");
grad.addColorStop(1,"yellow");
context.fillStyle=grad;
context.fillRect(0,0,400,300);

// 径向渐变
var canvas=document.getElementById("canvas");
var context=canvas.getContext("2d");
var grad=context.createRadialGradient(200,0,100,200,300,100);
//var grad=context.createRadialGradient(0,0,30,200,300,100);
grad.addColorStop(0,"pink");
grad.addColorStop(0.5,"green");
grad.addColorStop(1,"pink");
context.fillStyle=grad;
context.fillRect(0,0,400,300);
```


代码中三个关键点含义如下：

```
var grad=context.createLinearGradient(0,0,400,0);
```

代码表示由左到右的线性渐变。

```
var grad=context.createRadialGradient(200,0,100,200,300,100);
```

6个参数依次代表：200为渐变开始的圆心横坐标，0为渐变开始圆的圆心纵坐标，100为开始圆的半径，200为渐变结束圆的圆心横坐标，300为渐变结束圆的圆心纵坐标，100为结束圆的半径。

```
grad.addColorStop(0,"red");
grad.addColorStop(0.5,"pink");
grad.addColorStop(1,"yellow");
```

一个渐变可以有两种或更多种的色彩变化。沿着渐变方向颜色可以在任何地方变化。要增加一种颜色变化，需要指定它在渐变中的位置。渐变位置可以在0和1之间任意取值。

03 当图形重叠时

一个图形重叠绘制在另一个图形上面，但是图形中能够被看到的部分完全取决于以哪种方式进行组合，这时需要使用到canvasAPI的图形组合技术，在HTML 5中，只要用图形上下文对象的globalCompositeOperation属性就能自己决定图形的组合方式。四种图形的组合方式如下图所示。

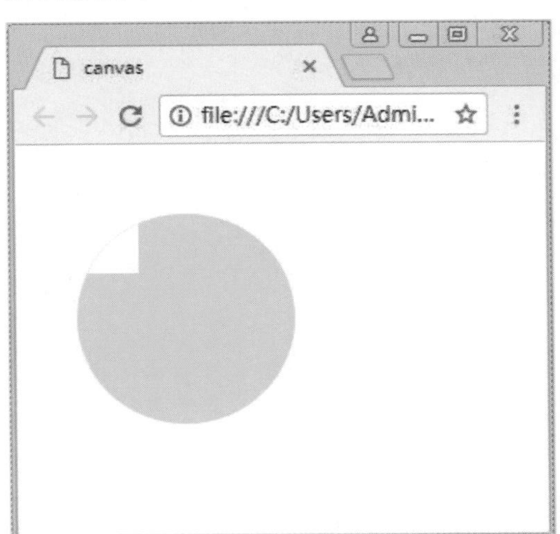

▲ 图形的组合效果①

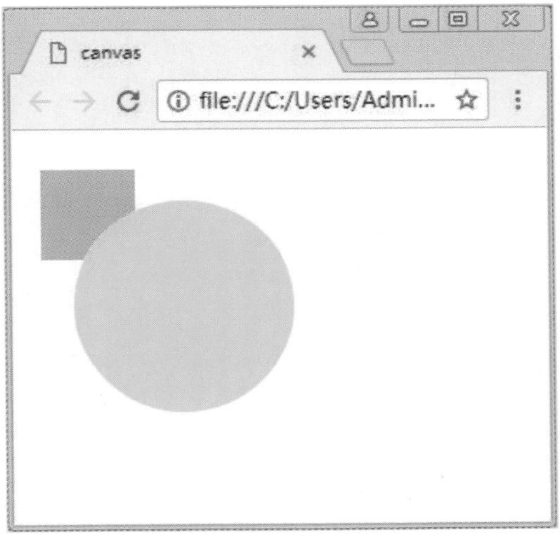

▲ 图形的组合效果②

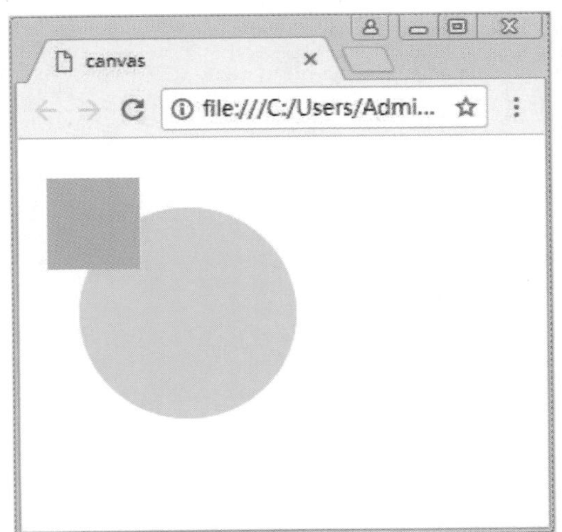

▲ 图形的组合效果③

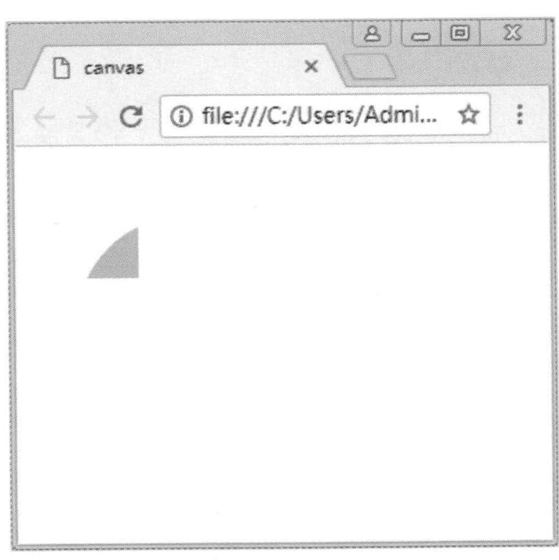

▲ 图形的组合效果④

动动手 Try it

组合图形的绘制

```
function draw() {
        var canvas = document.getElementById("mycanvas");
        if (canvas == null)
         return false;
        var context = canvas.getContext("2d");
        var oprtns = new Array(
        "source-over",
        "destination-over",
        "source-in",
        "destination-in",
        "source-out",
        "destination-out",
        "source-atop",
        "destination-atop",
        "lighter",
        "xor",
        "copy"
        );
        var i = 0;// 组合效果编号
        // 结合 setinterval 动态显示组合
        var interal = setInterval(function () {
            if (i == 10) {
                i=0;
            }
            else {
                i++;
            }
            // 颜色矩形
            context.fillStyle = "yellowgreen";
            context.fillRect(10, 10, 60, 60);
            // 设置组合方式
            context.globalCompositeOperation = oprtns[i];
```

```
            // 设置新图形（红色圆形）
            context.beginPath();
            context.fillStyle = "pink";
            context.arc(100, 100, 70, 0, Math.PI * 2, false);
            context.fill();
        }, 2000);
    }
    window.onload=draw;
```

以上四个图在这段代码中都能实现，代码中标红部分表示含义如下。

- source-over（默认值）：在原有图形上绘制新图形。
- destination-over：在原有图形下绘制新图形。
- source-in：显示原有图形和新图形的交集，新图形在上，所以颜色为新图形的颜色。
- destination-in：显示原有图形和新图形的交集，原有图形在上，所以颜色为原有图形的颜色。
- source-out：只显示新图形非交集部分。
- destination-out：只显示原有图形非交集部分。
- source-atop：显示原有图形和交集部分，新图形在上，所以交集部分的颜色为新图形的颜色。
- destination-atop：显示新图形和交集部分，新图形在下，所以交集部分的颜色为原有图形的颜色。
- lighter：原有图形和新图形都显示，交集部分作颜色叠加。
- xor：重叠部分不显示。
- copy：只显示新图形。

课后作业

在本章开始绘制了传统的时钟，那么本章的最后作一个科技感很强的时钟样式，下图所示的时钟效果是不是很有科技感？

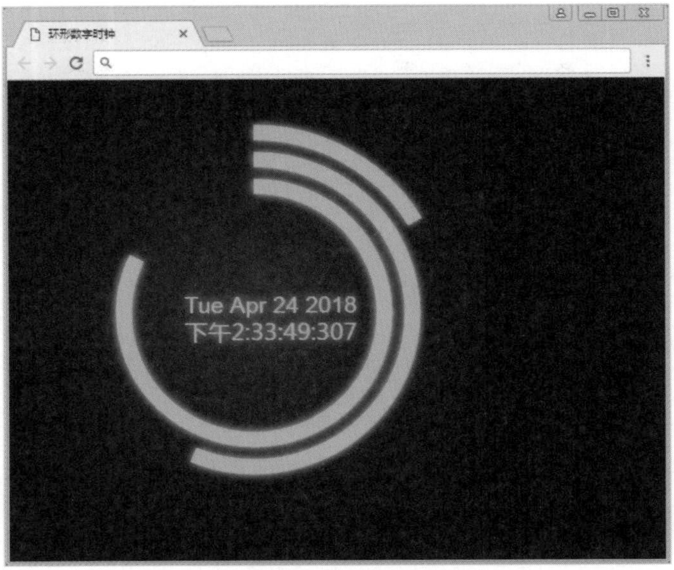

▲ 科技感时钟效果

分析：

首先我们看到的是三条半圆形的形状，分别代表单根表针，最里面的是秒针，且每根表针都是转到圆形的时候自动变成一个点，循环往复。

给一段提示代码：

```
// 设置小时
ctx.beginPath();
ctx.arc(250,250,200, degToRad(270), degToRad
((hrs*30)-90));
ctx.stroke();
// 设置分钟
ctx.beginPath();
ctx.arc(250,250,170, degToRad(270), degToRad
((smoothmin*6)-90));
ctx.stroke();
// 设置每秒
ctx.beginPath();
ctx.arc(250,250,140, degToRad(270), degToRad
((smoothsec*6)-90));
ctx.stroke();
```

想要获取全部代码请关注“德胜书坊”公众号。

Chapter 03 生成漂亮的表单

学完上一章是不是收获颇丰？有没有激起你的兴趣呢？坚持学习吧我的伙伴，否则谁能保障你的明天？

扫描二维码，关注笔者微信

课前预热 Warming Up

怎样让表单变漂亮

一个好看的网站怎么能少了表单的点缀呢？新增的属性就像变魔术一样可以把表单从呆板变得智能且漂亮。

表单在网页设计中占有很重要的地位，比如导航栏中的下拉表单、联系我们页面中的提交表单等，设计一个好看的表单可以让网页更加出彩。

先来看下面四张图，都是用HTML 5中的表单的属性设计的，是不是感觉很高大上。

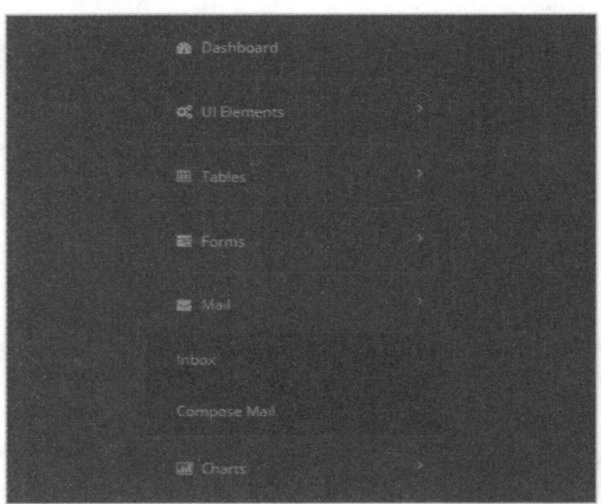

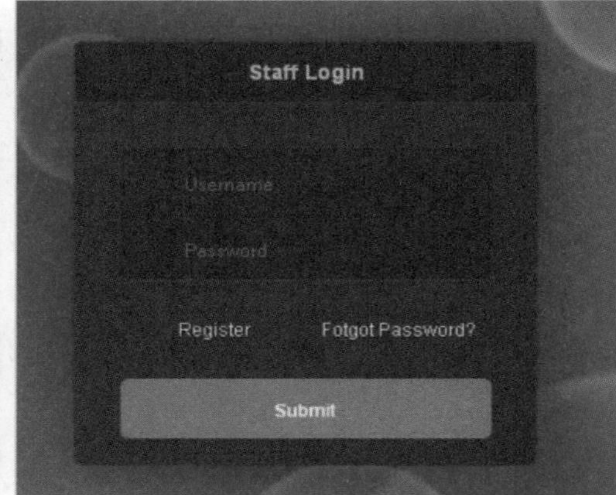

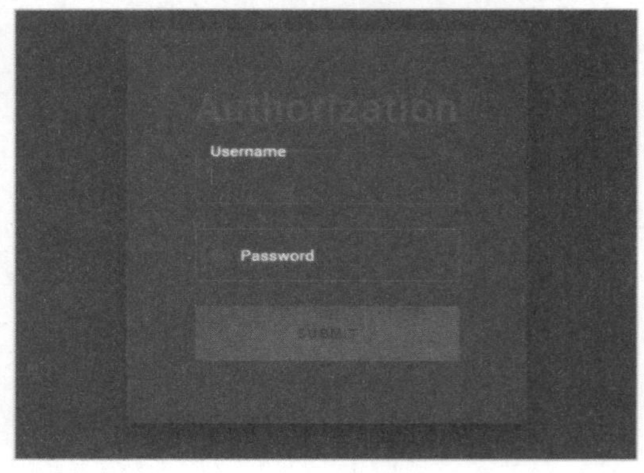

▲ 使用HTML 5绘制的表单

而在HTML 5出现之前我们只能用下面这样的样式设计表单。

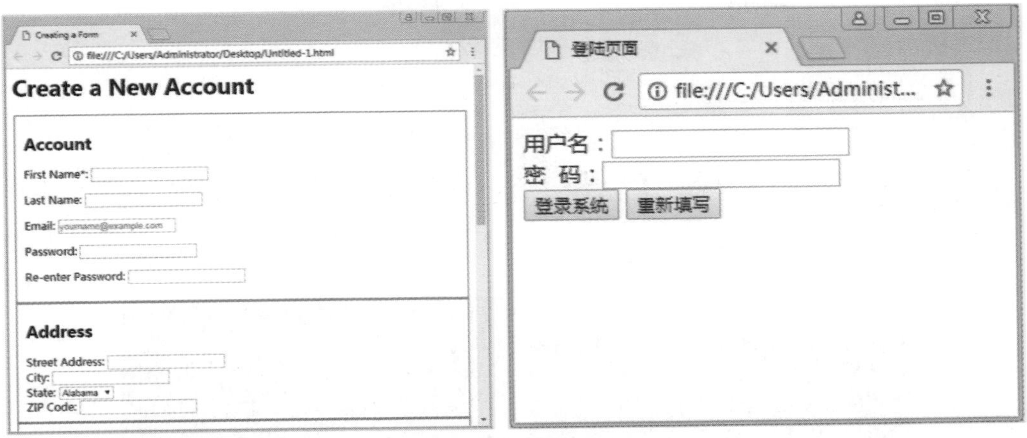

▲ HTML中的表单

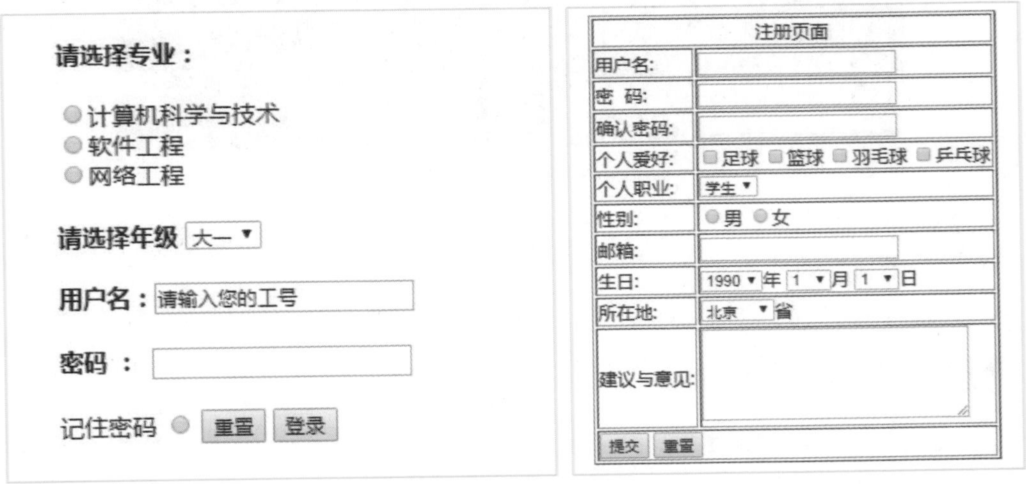

▲ 老旧的登录表单和注册表单

对比之后有什么感想吗？是不是觉得之前的表单丑爆了？那就一起学习本章的知识吧，学完之后你也能做出高大上的表单了！

表单是HTML 5最大的改进之一，HTML 5表单大大改进了表单的功能，改进了表单的语义化。对于Web全段开发者而言，HTML 5表单大大提高了工作效率。

在HTML 5中，添加了一些新的表单元素，这些元素能够更好地帮助完成开发工作，同时也能更好地满足客户的需求，HTML 5新增的特性和新增的输入控件一样，不管目标浏览器是否支持新增特性，都可以放心使用，这主要是因为现在大多数浏览器在不支持这些特性时会忽略它们，而不是报错。

下面就一起学习一下这些新的表单元素吧！

一起制作表单

在之前的设计中，登录表单和注册表单不能在同一页面中出现，使用HTML 5则可以将注册表单和登录表单整合到同一页面中，大大节省了资源。

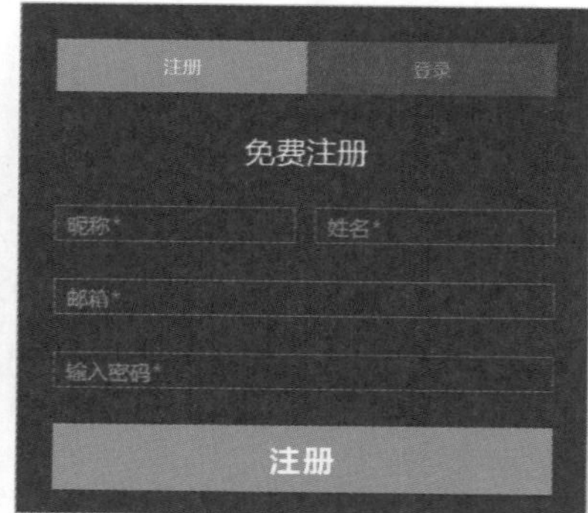

▲ 同一页面中的表单设计

注册表单和登录表单在同一个页面中，这样的设计大大提升了用户的体验感。下面我们就一起来学习具体的制作过程吧！

01 改变传统登录方式

下面两图分别是普通的登录表单和HTML 5设计的登录表单，左侧的普通登录表单就是简单把各项目堆叠在一起，毫无新意，而且页面呆板不够美观。而右图所示的表单页面清爽，简洁而大方，视觉上给人舒适的感觉。

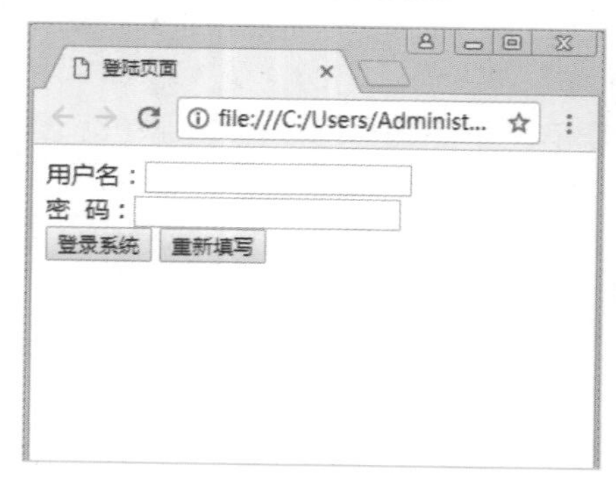

▲ 普通登录表单

▲ HTML 5登录表单

制作一个登录表单

```
<form action="/" method="post">
<div class="field-wrap">
<label>
邮箱 <span class="req">*</span>
</label>
<input type="email" required autocomplete="off"/>
</div>
<div class="field-wrap">
<label>
密码 <span class="req">*</span>
</label>
<input type="password" required autocomplete="off"/>
</div>
<p class="forgot"><a href="#"> 忘记密码 ?</a></p>
<button class="button button-block"/> 进入 </button>
</form>
```

代码中标红的部分是HTML 5中表单的新增控件email，email类型用于包含e-mail地址的输入域。在提交表单时，会自动验证email域的值，如下图所示。

▲ 消息提示框

上图所示的是当输入值没有出现email值的时候单击“进入”按钮就会出现这样的提示信息。

当没有输入任何值的时候，单击“进入”按钮会有如下图所示的效果。为什么会出现这种效果呢？是什么属性来控制它的呢？接下来为大家揭晓答案。

▲ 没有输入信息时的提示框

请看下面的代码：

```
<input type="password" required autocomplete="off"/>
```

代码中标红部分required表示的是此项必填，不能为空。这是HTML 5中新增的属性，需要记住它的用法。

记录输入值的方法

```
<input type="password" required autocomplete="off"/>
```

代码中标红部分表示是否保存用户输入值。默认为on，关闭提示选择off。

02 注册简洁大方型表单

注册型表单需要简洁、易懂，让用户一看便知注册需要哪些资料，如下图所示。
可以看到这个表单非常简洁，颜色是稳重的浅灰色，怎么样，试试做出这样的简洁的表单吧！

▲ 简洁大方的表单

制作简洁的注册型表单

```
<input type="text" name="email" placeholder=" 邮箱 " />
<input type="password" name="pass" placeholder=" 密码 " />
<input type="password" name="cpass" placeholder=" 确认密码 " />
<input type="button" name="next" value=" 确定 " />
```

上述代码中标红的部分placeholder也是HTML 5表单中新增的几种属性之一，它的用途是用于提示用户应输入的数据类型。在对焦到相关元素以及用户输入数据之前，系统会以浅色文字显示占位符值。可以在输入框和文本区域中指定该值。

多姿多彩的表单

在HTML 5出现之前，很多表单都像是小学生的画作，只能看其形，HTML 5中新增的许多表单元素让表单更漂亮。

先来看一下注册型的表单效果，这个表单的类型是不是很眼熟？后面我们会一步步带领大家制作出如图所示的表单效果。

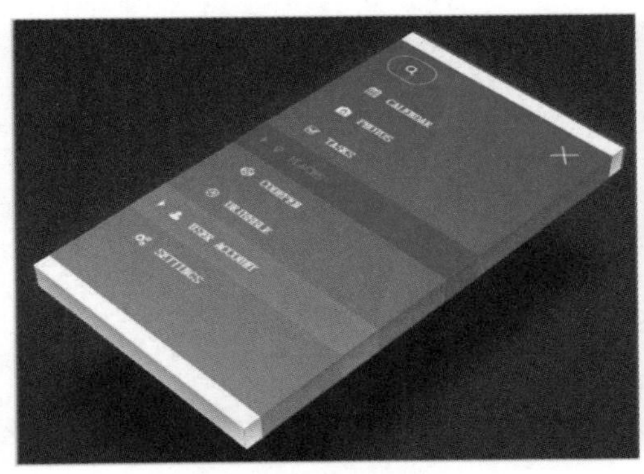

▲ 模仿苹果手机上的表单样式

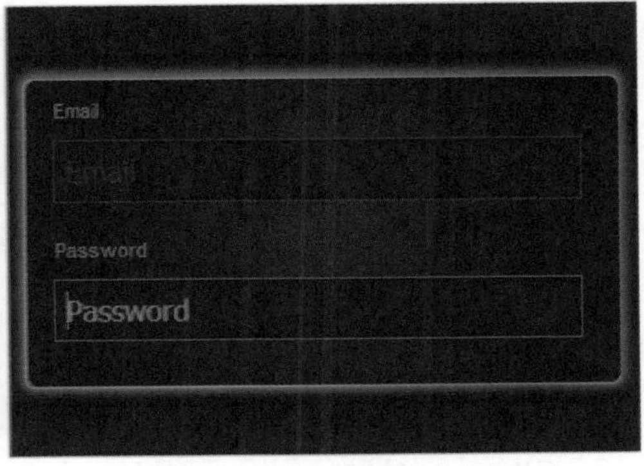

▲ 单击输入框颜色发生变化的表单

无标题文档

姓名:
Jane Doe
邮箱:
确认邮箱:
到达日期:
年 /月/日
住宿天数：（房间每晚99美元):
1
住宿人数：（每个额外的客人每晚增加10美元):
1
估计总数：$99.00
优惠码:
保存

▲ 注册型表单

01 年月日的出现

HTML 5中还新增了许多输入类型，如month、week、time等类型，这些都是输入的日期类型，下面看一下它们的用处和用法。下图所示就是日期的显示方法。

▲ 显示日期的制作方法

表单中出现的日期

```
<label>到达日期 :</label>
<input type="date" id="arrival_dt" name="arrival_dt" required>
```

上述代码中的type值就是显示日期的方法，date用于输入不含时区的日期。required表示必填元素的布尔值属性，required属性有助于在不使用自定义JavaScript的情况下执行基于浏览器的验证。

02 怎样限制范围

min与max这两个属性是数值类型或日期类型的input元素的专用属性，它们限制了在input元素中输入的数字与日期的范围。

到达日期:

2018/04/11

住宿天数：(房间每晚99美元):

16

住宿人数：(每个额外的客人每晚增加10美元):

4

估计总数：$1614.00

▲ 设置数字范围

最大值和最小值的设置

```
<label>住宿天数：（房间每晚 99 美元）:</label>
<input type="number" id="nights" name="nights" value="1" min="1" max="30"
required>
```

```
<label>住宿人数：（每个额外的客人每晚增加 10 美元）:</label>
<input type="number" id="guests" name="guests" value="1" min="1" max="4"
required>
```

代码中绿色部分就是min和max的使用方法，在上图中可以看到这个属性是很有用处的，在住宿人数这一项中就设置了最多只能住4个人。

03 选择自己喜欢的颜色

在信息化时代，如何能够让浏览者喜欢自己的设计呢？有个办法就是让浏览者自己选择喜欢的颜色，下面两图所示的就是选择颜色之后页面的背景颜色也跟着变化的效果。

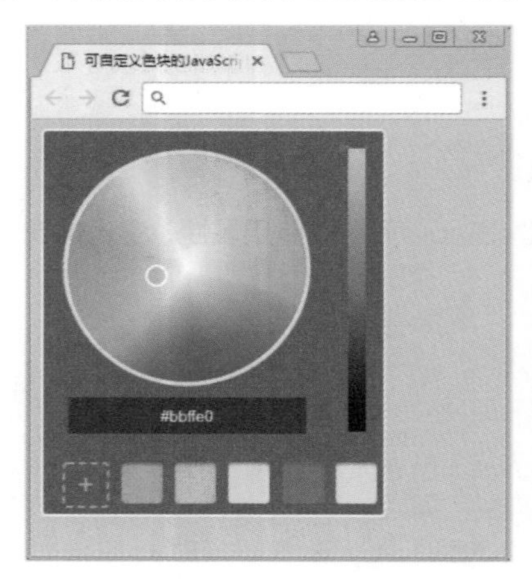

▲ 选择浅绿色的背景效果

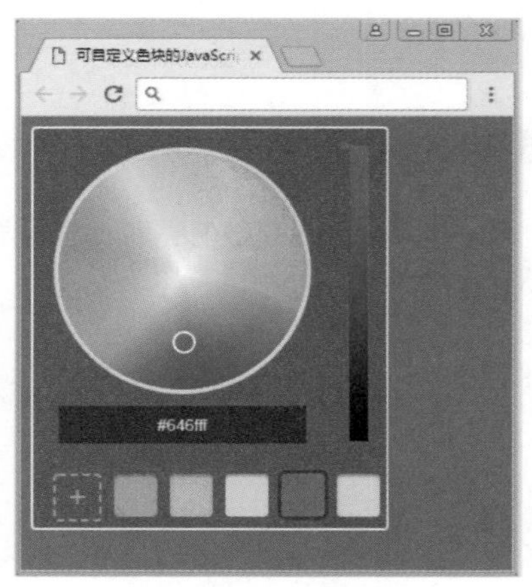

▲ 选择蓝色的背景效果

在HTML 5中有个非常好的颜色类型，即color类型，它的使用方法介绍如下。

添加颜色样式

```
<input type="color" />
```

在表单中如果添加color类型就会出现颜色选项，但是这个类型只能在谷歌浏览器中显示，下面运行看看效果。

▲ IE浏览器只显示一个表单框

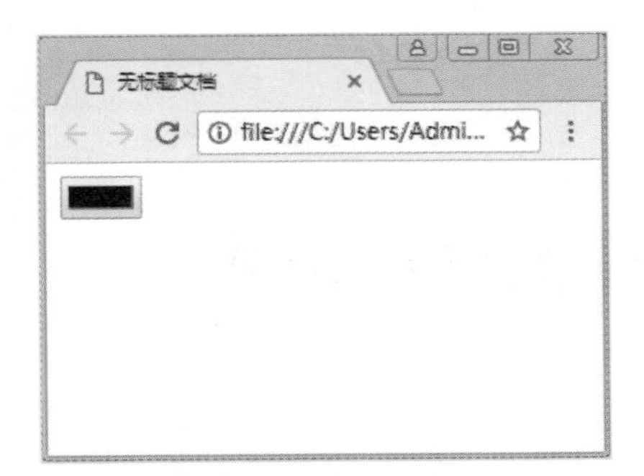

▲ 谷歌浏览器正常显示

更多好看的表单

在HTML 5中制作的表单样式远不止以上介绍的这些，还有一些表单样式也令人耳目一新，而且好看的表单也少不了CSS的润色。

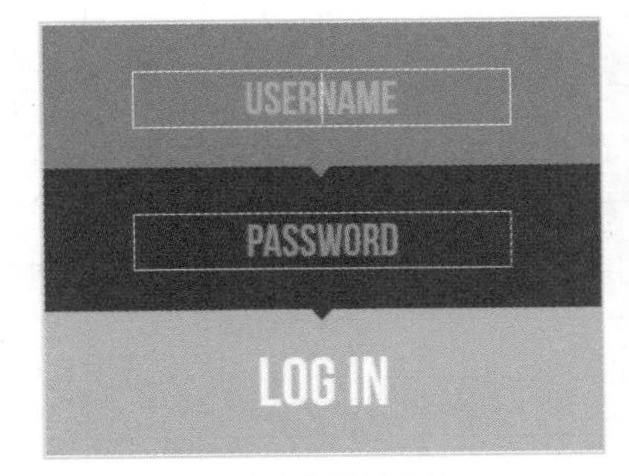

▲ 个性的登录表单

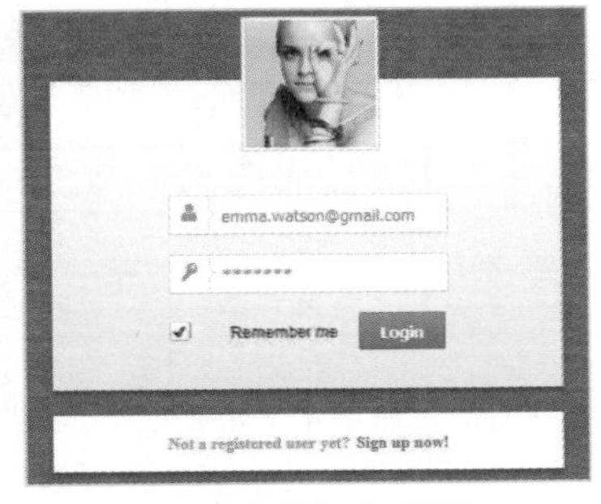

▲ 某款软件的登录界面

▲ 跳转的注册型表单

▲ 模仿Facebook制作的登录表单

当然，这些表单元素还有许多浏览器不支持，但也无妨，因为即使不支持某些元素，但还是会显示成文本域。

01 简介浏览器支持情况

因为HTML 5出现的时间不是很长，很多浏览器没有及时更新，导致许多新增的元素在浏览器中不被支持。

下表所示为各浏览器对HTML 5 Forms新的输入类型的支持情况。

Input type	IE	Firefox	Opera	Chrome	Safari
email	No	4.0	9.0	10.0	No
url	No	4.0	9.0	10.0	No
number	No	No	9.0	7.0	No
range	No	No	9.0	4.0	4.0
Date pickers	No	No	9.0	10.0	No
search	No	4.0	11.0	10.0	No
color	No	No	11.0	No	No
datalist	No	No	9.5	No	No
keygen	No	No	10.5	3.0	No
output	No	No	9.5	No	No
autocomplete	8.0	3.5	9.5	3.0	4.0
autofocus	No	No	10.0	3.0	4.0
form	No	No	9.5	No	No
overrides	No	No	10.5	No	No
height width	8.0	3.5	9.5	3.0	4.0
list	No	No	9.5	No	No
min max step	No	No	9.5	3.0	No
multiple	No	3.5	No	3.0	4.0
novalidate	No	No	No	No	No
pattern	No	No	9.5	3.0	No
placeholder	No	No	No	3.0	3.0
required	No	No	9.5	3.0	No

表格所列是主流浏览器对所有类型的支持情况，或许在不久的将来所有的浏览器都能支持这些属性了。

02 很多样式用法总结

怎么样，看完这些漂亮的表单有没有想要一试身手的想法？别急，先静心学习完下面的知识再尝试会更加得心应手。

HTML 5拥有多个新的表单输入型控件，这些新特性提供了更好的输入控制和验证。下面就介绍一下这些新的表单输入型控件。

1. Input类型email

email类型用于包含e-mail地址的输入域，在提交表单时，会自动验证email域的值。

示例代码如下：

```
E-mail: <input type="email" name="email_url" />
```

2. Input类型url

url类型用于包含url地址的输入域。当添加此属性，在提交表单时，表单会自动验证 url域的值。

示例代码如下：

```
Home-page: <input type="url" name="user_url" />
```

3. Input类型number

number类型用于包含数值的输入域，还能够设定对所接受的数字的限定。

示例代码如下：

```
points: <input type="number" name="points" max=" 10" min=" 1" />
```

4. Input类型range

range类型用于包含一定范围内数字值的输入域。在页面中显示为可移动的滑动条，还能够设定对所接受的数字的限定。

示例代码如下：

```
<input type="range" min="2" max="9" />
```

通常使用下面的属性来规定对数字类型的限定。

- Max：number规定允许的最大值。
- Min：number规定允许的最小值。
- Step：number规定合法的数字间隔（如果step="3"，则合法的数是-3、0、3、6等）。
- Value：number规定默认值。

5. Input类型Date Pickers（日期选择器）

HTML 5拥有多个可供选取日期和时间的新输入类型：date选取日、月、年；month选取月和年；week选取周和年；time选取时间（小时和分钟）；datetime选取时间、日、月、年（UTC时间）；datetime-local选取时间、日、月、年（本地时间）。

如果想要从日历中选取一个日期，示例代码如下：

```
Date: <input type="date" name="date" />
```

6. Input类型search

search类型用于搜索域，在页面中显示为常规的单行文本输入框。

示例代码如下：

```
<input type="search" placeholder=" 测试搜索 " autosave="dssf.cn" result="8">
```

7. Input类型color

color类型用于颜色，可以让用户在浏览器中直接使用拾色器找到自己想要的颜色。color域会在页面中生成一个允许用户选取颜色的拾色器。

示例代码如下：

```
color: <input type="color" name="color_type"/>
```


03 实用的属性总结

在HTML 5 Forms中，添加了一些新的表单元素，这些元素能够更好地帮助完成开发工作，同时也能更好地满足客户的需求，下面就一起学习一下这些新的表单元素。在此介绍的表单元素包括datalist、keygen、output。

1. datalist元素

<datalist>标签定义选项列表，与input元素配合使用该元素，来定义input可能的值。datalist及其选项不会被显示出来，它仅仅是合法的输入值列表。

选项列表的定义代码如下：

```
<input list="cars" />
<datalist id="cars">
<option value="BMW">
<option value="Ford">
<option value="Volvo">
</datalist>
```

代码的运行效果如下图所示。

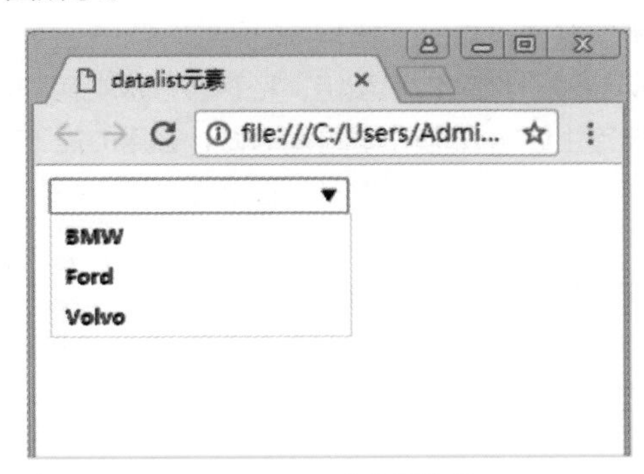

▲ datalist元素使用效果

2. keygen元素

<keygen>标签规定用于表单的密钥对生成器字段。当提交表单时，私钥存储在本地，公钥发送到服务器。

下面一段代码表示的是怎样生成表单的秘钥。

```
<!DOCTYPE html>
<html lang="en">
<head>
<meta charset="UTF-8">
<title> keygen 元素 </title>
</head>
<body>
<form action="demo_keygen.asp" method="get">
    Username: <input type="text" name="usr_name" />
    Encryption: <keygen name="security" />
    <input type="submit" />
</form>
</body>
</html>
```

代码的运行效果如下图所示。

▲ keygen元素使用效果

在这里，很多人可能都会好奇，这个<keygen>标签到底是干什么的，一般会在什么场景中使用它呢？下面就来为大家解答疑惑。

首先<keygen>标签会生成一个公钥和私钥，私钥会存放在用户本地，而公钥则会发送到服务器。那么<keygen>标签生成的公钥/私钥是用来做什么用的呢？在看到公钥/私钥的时候，应该就会想到非对称加密了。<keygen>标签在这里起到的作用也是一样的。

以下是使用<keygen>标签的好处。

- 可以提高验证时的安全性。
- 如果是作为客户端证书来使用，可以提高对MITM攻击的防御力度。
- <keygen>标签是跨越浏览器实现的，实现起来非常容易。

3. output元素

<output>标签定义不同类型的输出，比如脚本的输出。

通过使用output元素来作出一个简易的加法计算器，代码如下：

```
<!DOCTYPE html>
<html lang="en">
<head>
<meta charset="UTF-8">
<title>output 元素 </title>
</head>
<form oninput="x.value=parseInt(a.value)+parseInt(b.value)">0
<input type="range" id="a" value="50">100
+<input type="number" id="b" value="50">
=<output name="x" for="a b"></output>
</form>
</body>
</html>
```

代码的运行效果如下图所示。

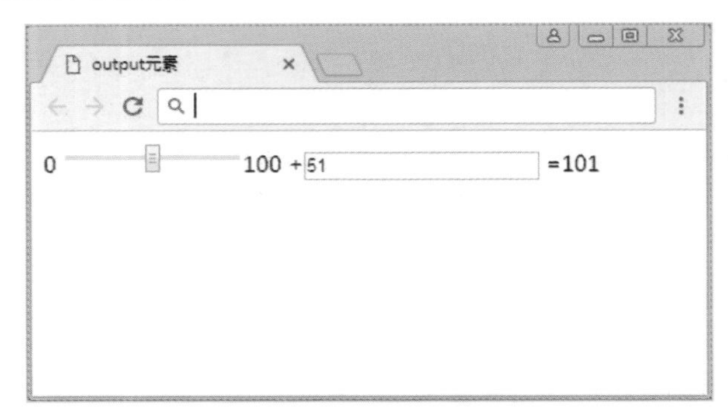

▲ output元素使用效果

4. form属性

在HTML 4中，表单内的从属元素必须书写在表单内部，但是在HTML 5中，可以把它们书写在页面中的任何位置，然后给元素指定一个form属性，属性值为该表单单位的ID，这样就可以声明该元素从属于指定表单了。

示例代码如下：

```
<form action="" id="myForm">
<input type="text" name="">
</form>
<input type="submit" form="myForm" value="提交">
```

在上面的示例中，提交表单并没有写在<form>表单元素内部，但是在HTML 5中即便没有写在<form>表单中也依然可以执行自己的提交动作，这样带来的好处就是不需要在写页面布局时再考虑页面结构是否合理。

5. formaction属性

在HTML 4中，一个表单内的所有元素都只能通过表单的action属性统一提交到另一个页面，而在HTML 5中可以给所有的提交按钮，如<input type="submit" />、<input type="image" src="" />和<button type="submit"></button>都增加不同的formaction属性，使得单击不同的按钮，可以将表单中的内容提交到不同的页面。

示例代码如下：

```
<form action="" id="myForm">
<input type="text" name="">
<input type="submit" value="" formaction="a.php">
<input type="image" src="img/logo.png" formaction="b.php">
<button type="submit" formaction="c.php"></button>
</form>
```

6. placeholder属性

placeholder也就是输入占位符，它是出现在输入框中的提示文本，当用户单击输入栏时，它就会自动消失。当输入框中有值或者获得焦点时，不显示placeholder的值。

它的使用方法也是非常简单的，只要在input输入类型中加入placeholder属性，然后指定提示文字即可。

示例代码如下：

```
<input type="text" name="username" placeholder="请输入用户名" />
```

代码的运行效果如下图所示。

▲ placeholder属性效果

7. autofocus属性

autofocus属性用于指定input在网页加载后自动获得焦点。页面加载完成后光标会自定跳转到输入框，被等待用户的输入的代码如下：

```
<input type="text" autofocus/>
```

代码的运行效果如下图所示。

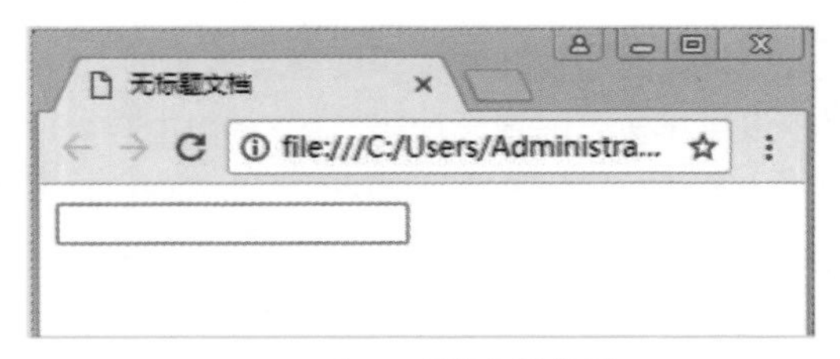

▲ autofocus属性属性效果

8. novalidate属性

新版本的浏览器会在提交时对email、number等语义input作验证，有的会显示验证失败信息，有的则不提示失败信息只是不提交，因此，为input、button和form等增加novalidate属性，则提交表单时进行的有关检查会被取消，表单将无条件提交。

示例代码如下：

```
<form action="novalidate" >
<input type="text">
<input type="email">
<input type="number">
<input type="submit" value="">
</form>
```

9. required属性

可以对input元素与textarea元素指定required属性。该属性表示在用户提交时进行检查，检查该元素内一定要有输入内容。

示例代码如下：

```
<form action="" novalidate>
<input type="text" name="username" required />
<input type="password" name="password" required />
<input type="submit" value=" 提交 ">
</form>
```

10. autocomplete属性

autocomplete属性用来保护敏感用户数据，避免本地浏览器对它们进行不安全的存储。通俗来说，可以设置input在输入时是否显示之前的输入项，例如可以应用在登录用户处，避免安全隐患。

示例代码如下：

```
<input type="text" name="username" autocomplete />
```

autocomplete属性可输入的属性值如下。

- 其属性值为on时，该字段不受保护，值可以被保存和恢复。
- 其属性值为off时，该字段受保护，值不可以被保存和恢复。
- 其属性值不指定时，使用浏览器的默认值。

11. list属性

在HTML 5中，为单行文本框增加了一个list属性，该属性的值为某个datalist元素的ID。

示例代码如下：

```
<input list="cars" />
<datalist id="cars">
<option value="BMW">
<option value="Ford">
<option value="Volvo">
</datalist>
```

代码的运行效果如下图所示。

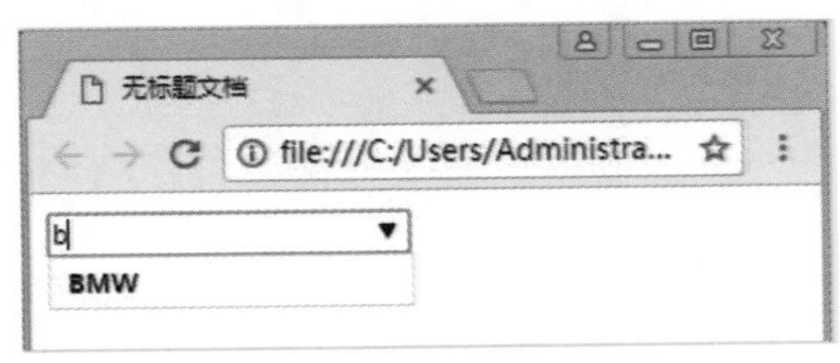

▲ list属性效果

12. min和max属性

min与max这两个属性是数值类型或日期类型的input元素的专用属性，它们限制了在input元素中输入的数字与日期的范围。

示例代码如下：

```
<input type="number" min="0" max="100" />
```

代码的运行效果如下图所示。

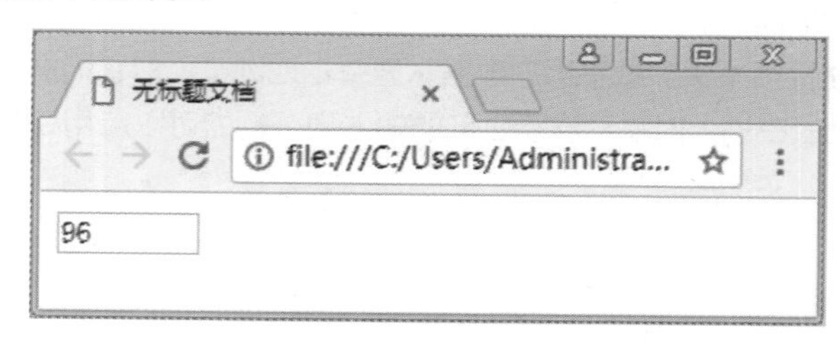

▲ min和max属性效果

13. step属性

step属性控制input元素中的值增加或减少时的步幅。

示例代码如下：

```
<input type="number" step="4"/>
```

14. pattern属性

pattern属性主要通过一个正则表达式来验证输入内容。

示例代码如下：

```
<input type="text" required pattern="[0-9][a-zA-Z]{5}" />
```

上述代码表示该文本内输入的内容格式必须是以一个数字开头，后面紧跟五个字母，字母大小写类型不限。

15. multiple属性

multiple属性允许输入域中选择多个值，通常它适用于file类型。

示例代码如下：

```
<input type="file" multiple />
```

上述代码file类型本来只能选择一个文件，但是加上multiple之后则可以同时选择多个文件进行上传操作。

课后作业

学习完本章内容后我们再来做一个表单，现在是不是给表单设置属性的时候不会有无从下手的感觉了？那接下来就根据下面三个图所示做出一个表单吧！

▲ 注册“你的信息”

▲ 注册“你的社会关系”

▲ 提交表单

给出提示代码如下：

```
<form>
    <fieldset class='alpha'>
      <legend><b>1.</b> 你的信息 </legend>
      <div class='frow'>
        <input class='item' placeholder=' 用户名 ' type='text'>
      </div>
      <div class='frow'>
        <input class='item' placeholder=' 邮箱 ' type='email'>
      </div>
```

```
      <div class='frow'>
        <input class='item' placeholder='密码' type='password'>
      </div>
      <div class='frow'>
        <a class='next-step' href='#'>下一步</a>
      </div>
    </fieldset>
    <!-- / Fieldset Beta -->
    <fieldset class='beta'>
      <legend><b>2.</b>你的社会关系</legend>
      <div class='frow'>
        <input class='item' placeholder='父母' required='required' type='url'>
      </div>
      <div class='frow'>
        <input class='item' placeholder='爱人' required='required' type='url'>
      </div>
      <div class='frow'>
        <input class='item' placeholder='朋友' required='required' type='url'>
      </div>
      <div class='frow'>
        <a class='prev-step' href='#'>返回上一步</a>
      </div>
      <div class='frow'>
        <input class='submit' type='submit' value="填完了">
      </div>
    </fieldset>
    <!-- / Fieldset Charlie -->
    <fieldset class='charlie'>
      <legend><b>3.</b>成功提交</legend>
      <div class='frow'>
        <p>谢谢</p>
      </div>
    </fieldset>
</form>
```

需要说明的是，上述代码只是对表单的大框架进行了设置，想要实现如图所示的效果，还需要继续学习CSS样式和JavaScript的知识并做具体应用。

Warming Up
网页播放器

Section 01
看视频听音乐之前

Section 02
享受视听盛宴

Test
课后作业

学习是一场持久战，坚持下去都可以成功，那么你还有什么理由不努力呢？

扫描二维码，关注笔者微信

课前预热 Warming Up

网页播放器

如果不使用Flash你还有更好的方法在网页中添加多媒体吗？当然有，那就是下面要讲到的知识。

以前在网页中如果想要播放音频或者视频，多数情况下都是通过第三方插件来完成的。在HTML 5中可以直接使用audio和video标记在网页中载入外部的音频和视频资源，通过对标签内属性的设置，可以让网页载入外部资源时选择需要的播放模式，即立即播放或者出现一个播放按钮。

▲ 视频播放器

▲ 音乐播放器

▲ 可以选择喜欢的音乐

酷不酷？上图都是使用audio和video元素利用CSS和JavaScript设计的，样式和脚本的设计将在后面章节中一一讲解，本章主要对audio和video的具体用法和属性进行介绍。

当然，多媒体不仅仅包含视频和音频的添加和制作，还包括文字的滚动播放信息，比如当下流行的弹幕效果等。

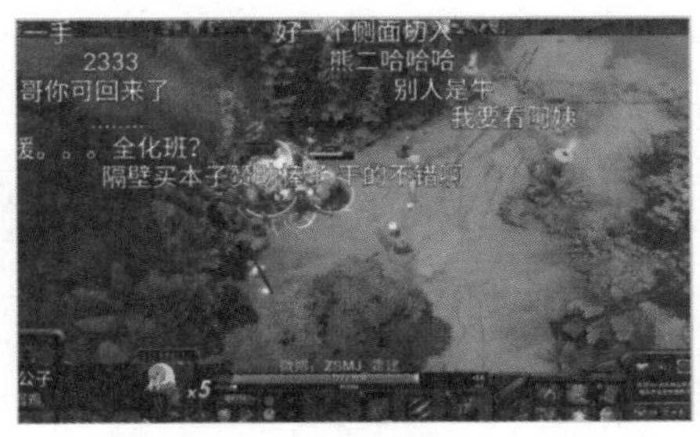

▲ 视频播放器

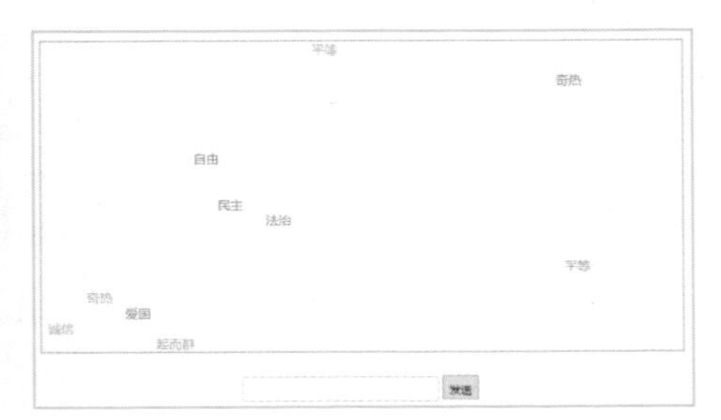

▲ 视频播放器

这些效果我们都可以通过学习而自己完成制作，如果你在娱乐的时候还能知道这些软件弹幕的工作原理，就可以跟你身边的小伙伴炫耀啦！

扫描右侧二维码了解多媒体的相关知识。

看视频听音乐之前

在网页中看视频听音乐最显著的问题就是在IE中是不支持的，需要通过第三方插件来实现。

本地UI控件也很方便，但是外观和功能在各浏览器之间是不一致的。为第三方视频建立的时候比较困难，至少需要内联框架才能完成。

▲ 播放器在谷歌浏览器中被支持

▲ 播放器在IE8中不被支持

01 了解浏览器支持情况

尽管外界对HTML 5视频非常看好，也有取代Flash的潜力，但HTML 5视频规范仍然不够成熟，因此还是存在一些问题的。

主流的浏览器对audio和video元素的具体支持情况如何呢？下面的表格将为大家解惑。

五大浏览器厂商对HTML 5中的audio元素的支持情况如下表所示。

浏览器	MP3	Wav	Ogg
IE	YES	NO	NO
Chrome	YES	YES	YES
Firefox	YES	YES	YES
Safari	YES	YES	NO
Opera	YES	YES	YES

对HTML 5中的video元素的支持情况如下表所示。

浏览器	MP4	WebM	Ogg
IE	YES	NO	NO
Chrome	YES	YES	YES
Firefox	YES	YES	YES
Safari	YES	NO	NO
Opera	YES	YES	YES

以上就是五大主流浏览器厂商对HTML 5中的音频、视频元素的支持情况了，至于我们所熟知的国产360、遨游、世界之窗、QQ等浏览器的支持情况则需要看它们的内核是哪个厂商的，一般来说，国内浏览器使用chrome内核的居多，支持情况一般不会太差。

02 测试浏览器

在HTML 5下检测浏览器是否支持audio元素或video元素最简单的方法是用脚本动态创建它，然后检测特定函数是否存在，代码如下：

```
var hasVideo = !!(document.createElement('video').canPlayType);
```

这段脚本会动态创建一个video元素，然后检查canPlayType()函数是否存在。通过“!!”运算符将结果转换成布尔值，就可以反映出视频对象是否创建成功。

如果检测结果是浏览器不支持audio或video元素的话，则需要针对这些老的浏览器触发另外一套脚本来向页面中引入媒体标签，虽然同样可以用脚本控制媒体，但使用的是诸如Flash等其他播放技术了。

另外，可在audio元素或video元素中放入备选内容，如果浏览器不支持该元素，这些备选内容就会显示在元素对应的位置。可以把以Flash插件方式播放同样视频的代码作为备选内容。

亲测浏览器是否支持

如果仅仅只想显示一条文本形式提示信息替代本应显示的内容，那就简单了，在audio元素或video元素中按下面代码插入信息即可：

```
<video src="video.ogg" controls>
浏览器不支持，换个浏览器吧
</video>
```

在谷歌浏览器和IE浏览器中运行上段代码的效果如下。

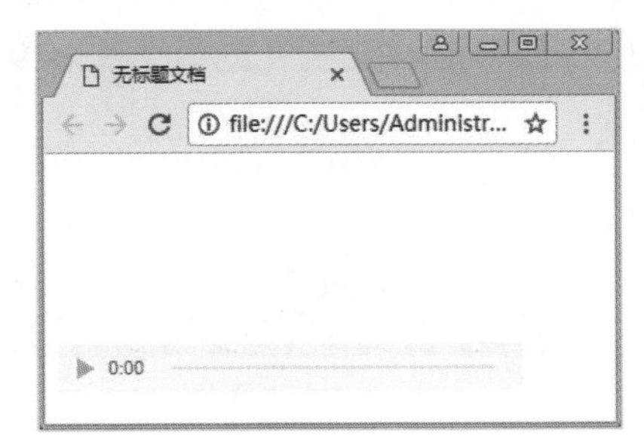

▲ 浏览器支持显示的效果

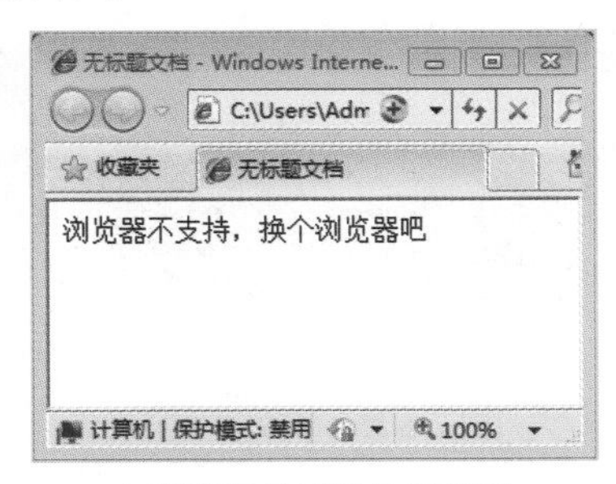

▲ 浏览器不支持显示的效果

嵌入插件作为备选解决不支持

如果是要为不支持HTML 5媒体的浏览器提供可选方案来显示视频，可以使用相同的方法，将以插件方式播放视频的代码作为备选内容，放在相同的位置即可，代码如下：

```
<video src="video.ogg">
<object data="videoplayer.swf" type="application/x-shockwave-flash">
```

```
<param name="movie" value="video.swf"/>
</object>
</video>
```

在video元素中嵌入显示Flash视频的object元素之后，如果浏览器支持HTML 5视频，那么HTML 5视频会优先显示，Flash视频作后备。不过在HTML 5被广泛支持之前，可能需要提供多种视频格式。

享受视听盛宴

前面我们对HTML 5中的音频和视频元素进行了简单的讲解，那么这两个元素在HTML 5中如何使用呢?

下面就一起来学习音频、视频元素在HTML 5中是如何工作的。

▲ 迷你播放器

▲ 普通的视频播放

01 沉浸在音乐的海洋

作为多媒体元素，audio元素用来向页面中插入音频或其他音频流。想要使用它也很简单，先来看一下经典的使用案例。

▲ 经典案例

上图案例效果是怎样设计的呢？先来学习简单的audio元素。下图所示的是使用audio元素制作的播放器。

▲ 使用audio元素制作的播放器

制作音乐播放器

```
<h1>audio 音频播放 </h1>
<audio id="audio" src="xiaochou" loop="loop" autoplay="autoplay" ></audio>
<button id="control" class="">loading</button>
```

代码中标红的部分就是audio元素的具体使用方法，当然，需要控制音乐播放的话还需要一些属性，下面就是相关属性的用法和含义。

1. 自动播放

如果需要网页中的音频自动播放，可以使用autoplay属性。

代码如下：

```
<audio src=" xiaochou.mp3" autoplay></audio>
```

2. 按钮播放

如果需要网页中的音频控制播放的按钮，可以使用controls属性。

代码如下：

```
<audio src=" xiaochou.mp3" controls></audio>
```

3. 循环播放

如果需要网页中的音频循环播放，可以使用loop属性。

代码如下：

```
<audio src=" xiaochou.mp3" autoplay  loop></audio>
```

4. 静音

如果需要网页中的音频静音，可以使用muted属性。

代码如下：

```
<audio src=" xiaochou.mp3" autoplay muted></audio>
```

5. 预加载

如果需要网页中的音频预加载，可以使用preload属性。

代码如下：

```
<audio src=" xiaochou.mp3" preload></audio>
```

02 打开视频的正确方式

在网页中想要加入视频就需要用到video元素，用法与audio相似，在此不再赘述。下面先来看一个非常酷的视频特效。

▲ 视频的正常播放效果

▲ 单击出现碎片的效果①

▲ 单击出现碎片的效果②

效果是不是跟好莱坞大片似的，这些效果都是可以作出来的，接下来就讲解网页中添加视频的方法。

制作视频播放器

```
<video id="myVideo" controls preload="auto" poster="css/vp_poster.jpg" width="380" >
<source src="Prometheus.mp4" type="video/mp4" />
<p> 你的浏览器不支持播放 </p>
</video>
```

代码的运行效果如下图所示。

▲ 视频播放效果

在上面的代码中还有其他方法的使用，也只有这些方法综合使用才能让多媒体更加高级。接下来我们讲解一些方法和属性的具体用法。

03 了解播放器中的方法

audio和video的相关事件具体如下表所示。

事件	描述
canplay	当浏览器能够开始播放指定的音频、视频时，发生此事件
canplaythrough	当浏览器预计能够在不停下来进行缓冲的情况下持续播放指定的音频、视频时，发生此事件
durationchange	当音频、视频的时长数据发生变化时，发生此事件
loadeddata	当当前帧数据已加载，但没有足够的数据来播放指定音频、视频的下一帧时，会发生此事件
loadedmatadata	当指定的音频、视频的元数据已加载时，会发生此事件。元数据包括时长、尺寸（仅视频）以及文本轨道
loadstart	当浏览器开始寻找指定的音频、视频时，发生此事件
progress	正在下载指定的音频、视频时，发生此事件
abort	音频、视频终止加载时，发生此事件
ended	音频、视频播放完成后，发生此事件
error	音频、视频加载错误时，发生此事件
pause	音频、视频暂停时，发生此事件
play	开始播放时，发生此事件
playing	因缓冲而暂停或停止后已就绪时，触发此事件
ratechange	音频、视频播放速度发生改变时，发生此事件
seeked	用户已移动、跳跃到音频、视频中的新位置时，发生此事件
seeking	用户开始移动、跳跃到新的音频、视频播放位置时，发生此事件
stalled	浏览器尝试获取媒体数据，但数据不可用时触发此事件
suspend	浏览器刻意不加载媒体数据时，触发此事件
timeupdate	播放位置发生改变时，触发此事件
volumechange	音量发生改变时，触发此事件
waiting	视频由于需要缓冲而停止时，触发此事件

audio和video相关属性如下表所示。

属性	描述
src	用于指定媒体资源的URL地址
autoplay	资源加载后自动播放
buffered	用于返回一个TimeRanges对象，确认浏览器已经缓存媒体文件
controls	提供用于播放的控制条

（续表）

属性	描述
currentSrc	返回媒体数据的URL地址
currentTime	获取或设置当前的播放位置，单位为秒
defaultPlaybackRate	返回默认播放速度
duration	获取当前媒体的持续时间
loop	设置或返回是否循环播放
muted	设置或返回是否静音
networkState	返回音频、视频当前网络状态
paused	检查视频是否已暂停
playbackRate	设置或返回音频、视频的当前播放速度
played	返回TimeRanges对象，TimeRanges表示用户已经播放的音频、视频范围
preload	设置或返回是否自动加载音频、视频资源
readyState	返回音频、视频当前就绪状态
seekable	返回TimeRanges对象，表明可以对当前媒体资源进行请求
seeking	返回是否正在请求数据
valume	设置或返回音量，值为0到1.0

audio和video相关方法如下表所示。

方法	描述
canPlayType()	检测浏览器是否能播放指定的音频、视频
load()	重新加载音频、视频元素
pause()	停止当前播放的音频、视频
play()	开始播放当前音频、视频

课后作业

本章较为详细地介绍了HTML 5中audio和video标签的用法，讲解了它们如何在网页中使用。使用HTML 5中的音频和视频元素可以轻松地在网页上实现音频和视频的播放。相信随着HTML 5标准的不断完善和发展，HTML 5支持的音频和视频会不断丰富起来。接下来制作一个如下图所示的笑脸音乐播放器来小试一下牛刀。

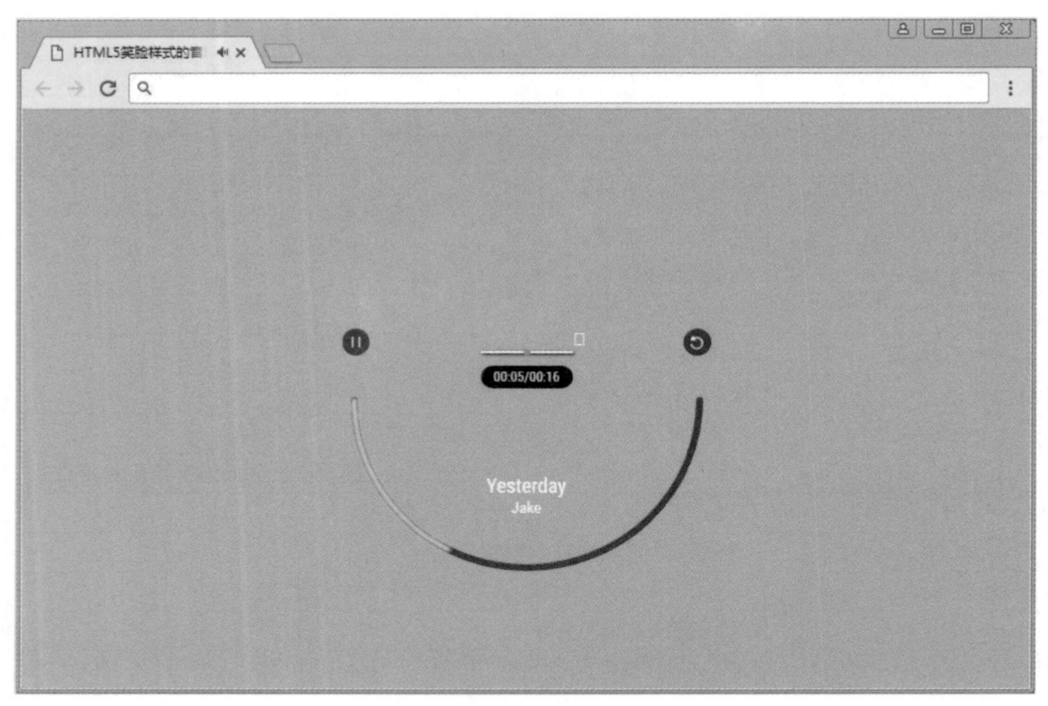

▲ 笑脸音乐播放器

HTML部分代码：

```
<div id="container">
<canvas id="canvas" width="320" height="320">对不起，你的浏览器不支持 Canvas 标签!
</canvas>
<canvas id="progress" width="320" height="320"></canvas>
<div id="player">
<audio id="audio" controls>
<source src="music.mp3" type="audio/mpeg" codecs="mp3"></source>
</audio>
<div class="cover">
<div class="controls">
<div class="play_pause" id="play" title="Play" onClick="togglePlay()"><i>&#
xe600;</i></div>
<div class="play_pause" id="replay"  onclick="replayAudio()"><i>&#xe607;</
i></div>
<div class="voice"><i>&#xe608;</i><input id="volume" name="volume" min="0"
max="1" step="0.1" type="range" onChange="setVolume()" /></div>
```

```
<div id="times">00:00/00:00</div>
</div>
<div class="info">
<p class="song"><a href="#" target="_blank">Yesterday</a></p>
<p class="author"><a href="#" target="_blank">Jake</a></p>
</div>
</div>
</div>
</div>
</body>
```

CSS代码：

```
#canvas{
//设置宽高及层叠
width: 320px;
height: 320px;
z-index:1;
}
/* Player Buttons */
.cover{
top:30%;                                    //距离顶部
z-index:500;
}
.controls {
position: relative;                         //定位
width: 100%;
height: 50%;
color: #fff;
text-align: center;
overflow: hidden;                           //溢出隐藏
}
.play_pause{
position: absolute;
left:0%;
top: 0;
width:24px;
height:24px;
color: #fff;
```

```
border: 0;
outline: 0;                                     // 包围元素的线
text-align: center;                             // 居中对齐
background: #fff;
border-radius: 100%;
cursor: pointer;
z-index: 10;
}
#replay{
left: auto;
right: 0;
background:darkgreen ;                          // 背景颜色
}
.play_pause:hover {
color: #26C5CB;
}
#replay i{
font-size: 14px;
color: #fff
}
}
```


当然，后面还有JavaScript的代码，这里不展开介绍，大家可以关注“德胜书坊”微信公众平台获取相关信息。

你再也不需要为获取自己的位置而惊奇了，可以很自信地告诉身边的人这是用Geolocation来控制的。

扫描二维码，关注笔者微信

课前预热 Warming Up

一起学习定位知识

如今定位功能十分强大，不管你在什么地方都可以精准定位你所在的位置，下面一起来研究一下吧！

地理信息定位在当今社会被广泛地应用在科研、侦察和安全等领域。

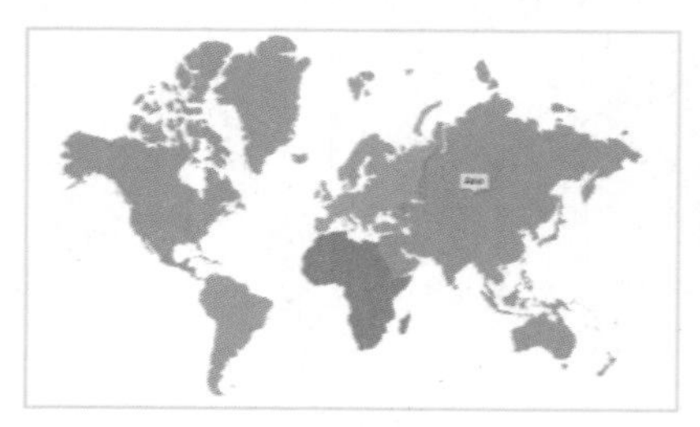

▲ 世界地图

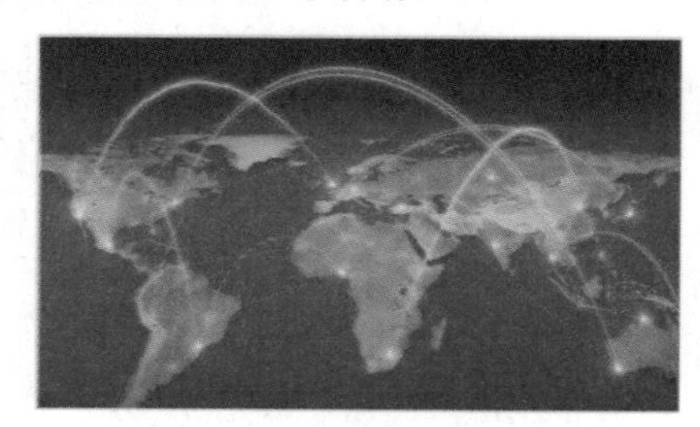

▲ 地图热点

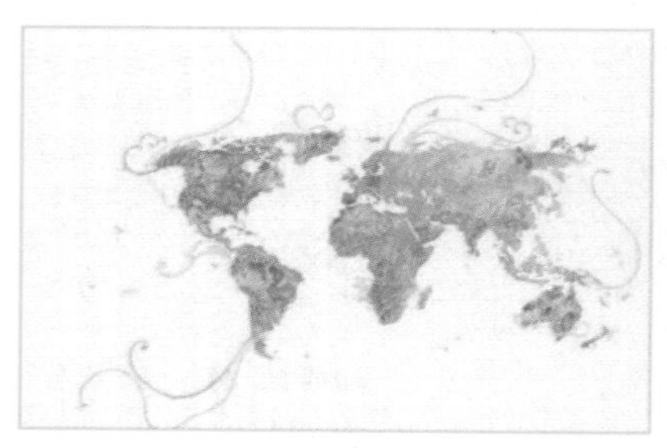

▲ 彩色地图

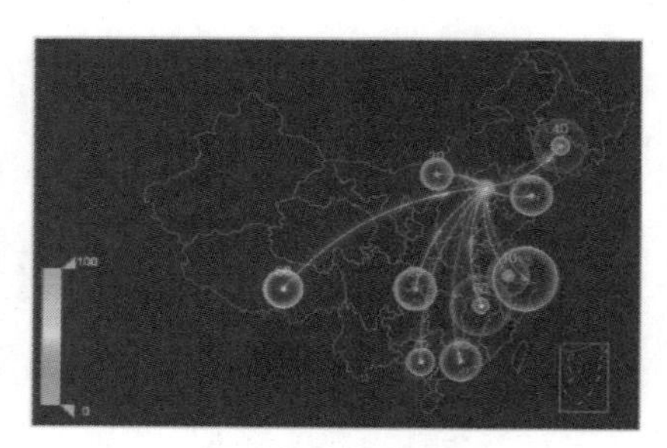

▲ 可以缩放的地图热点

还有如手机上的地图导航，这些在HTML 5出现之前都是很难想象的。

▲ 手机上的定位信息

有导航不迷路

在HTML 5中，使用Geolocation API和position对象可以获取用户当前的地理位置，并将其在地图上标注出来。

01 学习经纬度知识

经纬度是经度与纬度的合称组成一个坐标系统，称为地理坐标系统，它是一种利用三维空间的球面来定义地球上的空间的球面坐标系统，能够标示地球上的任何位置。经纬度定位只支持如“113.25° ”，不支持度分秒格式如“113° 23'15''”。

纬线和经线一样是人类为度量方便而假想出来的辅助线，定义为地球表面某点随地球自转所形成的轨迹。任何一条纬线都是圆形而且两两平行。纬线的长度是赤道的周长乘以纬线的纬度的余弦，所以赤道最长，离赤道越远的纬线周长越短，两极则为0。从赤道向北和向南各分90°，称为北纬和南纬，分别用“N”和“S”表示。

经线也称子午线，和纬线一样是人类为度量方便而假想出来的辅助线，定义为地球表面连接南北两极的大圆线上的半圆弧。所有经线的长度均相等，相交于南北两极点。每一条经线都有其相对应的数值，称为经度。经线指示南北方向。下图所示就是位置信息。

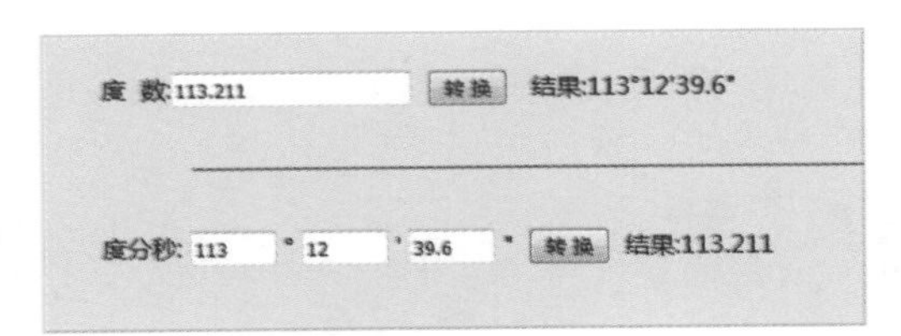

▲ 经纬度转换

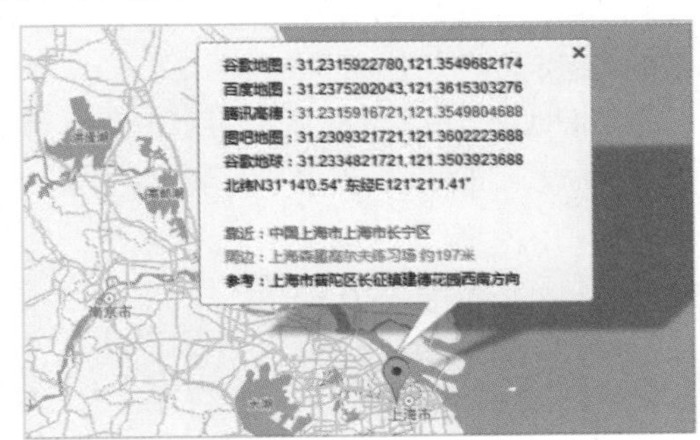

▲ 所在的位置信息

02 IP地址定位数据

IP地址被用来给Internet上的电脑一个编号。大家日常见到的情况是每台联网的PC上都需要有IP地址，才能正常通信。可以把“个人电脑”比作“一部电话”，那么“IP地址”就相当于“电话号码”，而Internet中的路由器就相当于电信局的“程控式交换机”。

IP地址是一个32位的二进制数，通常被分割为4个“8位二进制数”（也就是4个字节）。IP地址通常用“点分十进制”表示成（a.b.c.d）的形式，其中，a、b、c、d都是0~255之间的十进制整数。例如点分十进IP地址（100.4.5.6），实际上是32位二进制数（01100100.00000100.00000101.00000110）。

IP地址大家都会查，可以根据自己的IP地址查出这台电脑所在的位置，如下图所示。

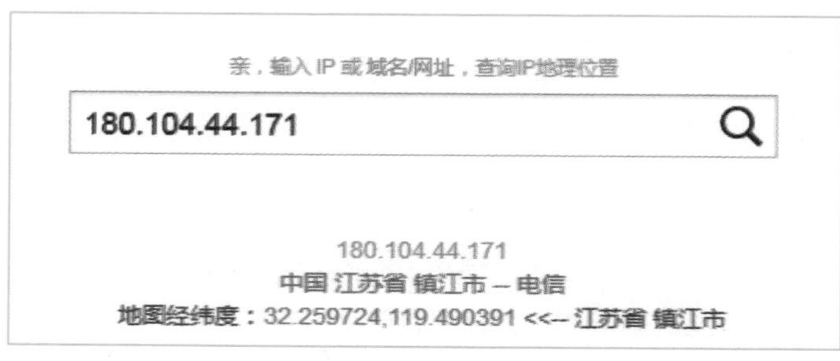

▲ 输入域名网站获取地理位置

03 GPS地理定位

GPS是英文Global Positioning System（全球定位系统）的简称。GPS起始于1958年美国军方的一个项目，1964年投入使用。利用该系统，用户可以在全球方位内实现全天候、连续和实时的三维导航定位和测速。另外，利用该系统用户还可以进行高精度的事件传递和高精度的精密定位。

与IP地址定位不同的是，使用GPS可以非常精确地定位数据，但是它也有一个非常致命的缺点，就是它的定位时间可能比较长，而这一缺点使得它不适合需要快速定位响应数据的应用程序中。

下图就是GPS定位的地图。

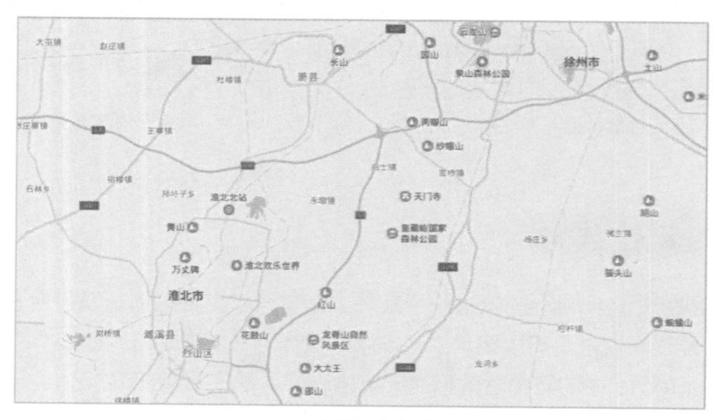

▲ GPS地图样式

开始定位

HTML 5中的GPS定位功能主要用的是getCurrentPosition，该方法封装在navigator.geolocation属性里。

01 获取地理位置

使用getCurrentPosition方法获取用户当前的地理位置信息的语法如下：

```
getCurrentPosition(successCallback,errorCallback,positionOptions);
```

括号中的值的含义如下。

❶ successCallback函数

表示调用getCurrentPosition函数成功以后的回调函数，该函数带有一个参数，对象字面量格式，表示获取到的用户位置数据。该对象包含两个属性coords和timestamp，其中coords属性包含以下7个值。

- accuracy：精确度。
- latitude：纬度。
- longitude：经度。
- altitude：海拔。
- altitudeAcuracy：海拔高度的精确度。
- heading：朝向。
- speed：速度。

❷ errorCallback函数

与successCallback函数一样带有一个参数，对象字面量格式，表示返回的错误代码。它包含以下两个属性。

- message：错误信息。
- code：错误代码。

其中错误代码包括以下四个值。

- UNKNOW_ERROR：表示不包括在其他错误代码中的错误，这里可以在message中查找错误信息。
- PERMISSION_DENIED：表示用户拒绝浏览器获取位置信息的请求。
- POSITION_UNAVALIABLE：表示网络不可用或者链接不到卫星。
- TIMEOUT：表示获取超时。必须在options中指定timeout值时才有可能发生这种错误。

③ positionOptions函数

positionOptions的数据格式为JSON，有以下三个可选的属性。

- enableHighAcuracy布尔值：表示是否启用高精确度模式，如果启用这种模式，浏览器在获取位置信息时可能需要耗费更多的时间。
- timeout整数：表示浏览需要在指定的时间内获取位置信息，否则触发errorCallback。
- maximumAge整数/常量：表示浏览器重新获取位置信息的时间间隔。

获取当前的地理位置

```
<!DOCTYPE HTML>
<head>
<script type="text/javascript">
function showLocation(position) {
var latitude = position.coords.latitude;
var longitude = position.coords.longitude;
alert("Latitude : " + latitude + " Longitude: " + longitude);
}
function errorHandler(err) {
if(err.code == 1) {
alert("Error: Access is denied!");
}else if( err.code == 2) {
alert("Error: Position is unavailable!");
}
}
function getLocation(){
if(navigator.geolocation){
// timeout at 60000 milliseconds (60 seconds)
var options = {timeout:60000};
navigator.geolocation.getCurrentPosition(showLocation, errorHandler, options);
}else{
alert("Sorry, browser does not support geolocation!");
}
}
</script>
```

```
</head>
<body>
<form>
<input type="button" onclick="getLocation();" value="Get Location"/>
</form>
</body>
</html>
```

代码的运行效果如下左图所示。单击按钮出现的地理位置如下右图所示。

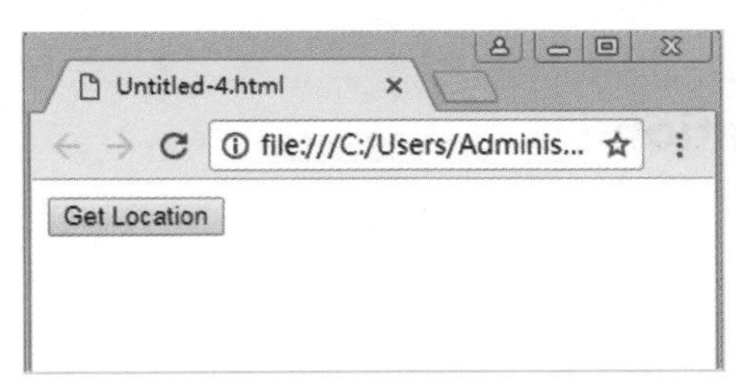

▲ 获取位置按钮

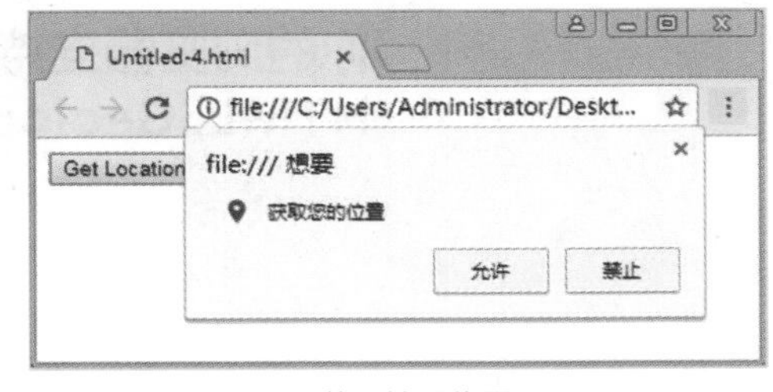

▲ 获取地理位置

获取位置的其他方法

除了getCurrentPosition方法可以定位用户的地理位置信息之外还有以下两种方法。

第一种：watchCurrentPosition方法

该方法用于定期自动获取用户的当前位置信息，使用方法如下：

```
watchCurrentPosition(successCallback,errorCallback,positionOptions);
```

该方法返回一个数字，这个数字的使用方法与JavaScript中setInterval方法的返回参数的使用方法类似。该方法也有三个参数，这三个参数的使用方法与getCurrentPosition方法中的参数说明与使用方法相同，在此不再赘述。

第二种：clearWatch方法

该方法用于停止对当前用户地理位置信息的监视，定义如下：

```
clearWatch(watchId);
```

该方法的参数watchId是调用watchPosition方法监视地理位置信息时的返回参数。

02 浏览器的支持情况

目前因特网中运行着各种各样的浏览器，在此只对五大浏览器厂商的支持情况进行分析，其他的浏览器例如国内也有很多的浏览器厂商，它们多数都是使用五大浏览器厂商的内核，所以本书不对它们做过多的分析与比较。

支持HTML 5 Geolocation的浏览器有以下几个。

- Firefox浏览器：firefox 3.5及以上的版本支持HTML 5 Geolocation。
- IE浏览器：在该浏览器中通过Gears插件支持HTML 5 Geolocation。
- Opera浏览器：Opera 10.0版本及以上版本支持HTML 5 Geolocation。
- Safrai浏览器：Safrai 4中支持以及iPhone中支持HTML 5 Geolocation。

▲ 测试浏览器支持的效果

测试浏览器支持情况

```
<!DOCTYPE html>
<html lang="en">
<head>
<meta charset="UTF-8">
<title>Document</title>
<script>
window.onload = function(){
show();
function show(){
if(navigator.geolocation){
document.getElementById("text").innerHTML = "你的浏览器支持 HTML 5Geolocation！ ";
}else{
document.getElementById("text").innerHTML = "您的浏览器不支持 HTML 5Geolocation！ ";
}
}
}
```

```
</script>
</head>
<body>
<h1 id="text"></h1>
</body>
</html>
```

代码中标红的部分测试浏览器支持HTML 5 Geolocation的函数的使用情况。

找到自己

HTML 5 Geolocation规范提供了一套保护用户隐私的机制。在没有用户明确许可的情况下，不可以获取用户的地理位置信息。

01 保护用户的隐私

在用户允许的情况下，其他用户可以获取用户的位置信息。例如，用户在一家商店买衣服，如果应用程序可以让他们知道该商店附近有一家服装店正在打折，那么用户就会觉得共享他们的位置信息是有用的。

在访问HTML 5 Geolocation API的页面时，会触发隐私保护机制。例如在Firefox浏览器中执行HTML 5 Geolocation代码时就会触发这一隐私保护机制。当代码执行时，网页中将会弹出一个是否确认分享用户方位信息的对话框，只有当用户单击“允许”按钮时，才会获取用户的位置信息，如下图所示。

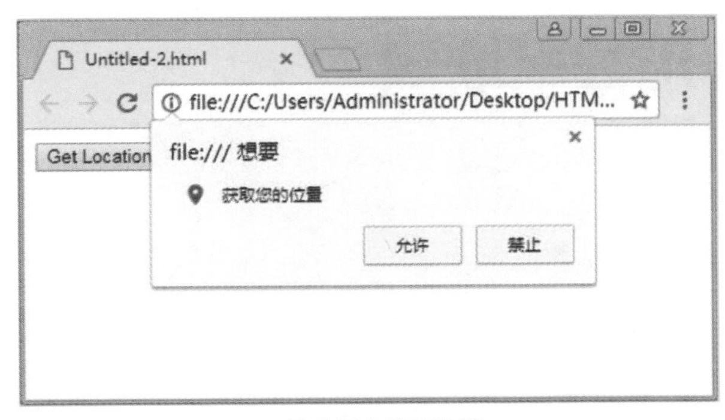

▲ 请求用户获取位置

02 调用地图接口

如果想要调用谷歌地图接口，需要使用谷歌地图API，第一步就是要注册一个API密钥，需要注意以下两点：

- 假如使用API的页面还没有发布，只是在本地调试，可以不用密钥，随便使用一个字符串代替就可以了。
- API密钥只对网站目录或者域有效。对不同域的网页，需要用这些域分别注册不同的密钥。

第二步需要页面引用JavaScript文件<script src="http://ditu.google.com/maps?file=api&hl=zh-CN&v=2&key=abcdefg"type="text/javascript"></script>

我们来给URL（http://ditu.google.com/maps?file=api&hl=zh-CN&v=2&key=abcdefg）解析一下具体的含义。

ditu.google.com：也可以用ditu.google.cn，假如你需要在地图上显示大陆以外的具体地图，就用maps.google.com。

file=api这个是请求API的JS文件用的固定的格式。

hl=zh-CN这个是在设定地图上除了地图图片以外的诸如控件名称、版权声明、使用提示等所需要显示文本的语言版本时用的，假如没有指定这个参数就使用API的默认值，对itu.google.com来说默认是中文简体，aps.google.com默认的是英文。

v=2这个是用来指定需要导入的API类库的版本号，可以有以下四种设定方式。

- v=2.s稳定版本，更新最慢，但是最可靠。
- v=2当前版本（只用主版本号），更新速度和可靠性介于s和x之间。
- v=2.x最新版本，更新最快，包括最新功能，可能没有当前版本可靠。
- v=2.76指定具体版本。不建议使用。

key=abcdefg这个是设定你注册的API密钥。

调用谷歌地图

```
<html>
<head>
<title></title>
<meta http-equiv="content-type" content="text/html; charset=utf-8" />
<script type="text/javascript" src="http://maps.google.com/maps/api/
js?sensor=false"></script>
```

```
<script type="text/javascript">
var map;
function load() {
var myLatlng = new google.maps.LatLng(39.934322, 116.429114);
var myOptions = {
// 这里的参数可以为多个参数，具体参考 MapOptions 对象
zoom: 5,
center: myLatlng,
mapTypeId: google.maps.MapTypeId.ROADMAP
};
map = new google.maps.Map(document.getElementById("map"), myOptions);
var marker = new google.maps.Marker({
// 可以为多个参数，具体参考 MarkerOptions 对象
map: map,
position: myLatlng
});
google.maps.event.addListener(marker, 'click', function(event) {
// 这里的 infoWindow 的参数可以为多个对象，具体可以参考 InfoWindowOptions 对象
var html = '<div ><font color="blue">HelloWorld!</font></div>';
var infowindow = new google.maps.InfoWindow({ content: html });
infowindow.open(map, marker);
});
}
</script>
</head>
<body onload="load()">
<table border="2" id="table1" bordercolor="#FF0000">
<tr>
<td>
<div id="map" style="width:800px; height:480px"></div>
</td>
</tr>
</table>
</body>
</html>
```

Tips

设置地图类型的方法

部分地图类型的方法如下。

- enableDragging()：设置地图可以被拖动。

- disableDragging()：禁止地图被拖动。
- draggingEnabled()：返回地图是否能够被拖动的布尔值。假如能够拖动，返回"真"；否则返回"假"。
- enableInfoWindow()：设置地图信息窗口可以弹出。
- disableInfoWindow()：禁止地图信息窗口弹出。
- infoWindowEnabled()：返回地图信息窗口是否能够被弹出的布尔值。假如能够弹出，返回"真"；否则返回"假"。这个方法通常作为检验之用。
- enableDoubleClickZoom()：设置可以双击缩放地图，左键双击为放大，右键双击为缩小（默认）。
- disableDoubleClickZoom()：禁止双击缩放地图，Google Earth默认为禁止双击缩放。
- doubleClickZoomEnabled()：返回地图是否可以双击缩放的布尔值。假如能够双击缩放，返回"真"；否则返回“假”。
- enableContinuousZoom()：设置地图可以连续平滑地缩放。
- disableContinuousZoom()：禁止地图连续平滑地缩放。
- continuousZoomEnabled()：返回地图是否可以连续平滑地缩放的布尔值。假如能够连续平滑地缩放，返回"真"；否则返回"假"。
- enableScrollWheelZoom()：设置地图可以由鼠标滚轮控制缩放。
- disableScrollSheelZoom()：禁止由鼠标滚轮控制地图缩放。
- scrollWheelZoomEnabled()：返回地图缩放是否可以由鼠标滚轮控制。假如能够由鼠标滚轮控制缩放，返回"真"；否则返回"假"。
- isLoaded()：返回类型布尔值，假如地图已经被setCenter()初始化，则返回true。

下图是地图的原样和双击地图的效果。

▲ 地图原样

▲ 双击地图效果

03 显示你的位置

下面讲解如何使用Google Maps API。对于个人和网站而言，Google的地图服务是免费的。使用Google地图可以轻而易举地在网站中加入地图功能。

下图所示的是我现在所在的位置，下面讲解定位自己位置的方法。

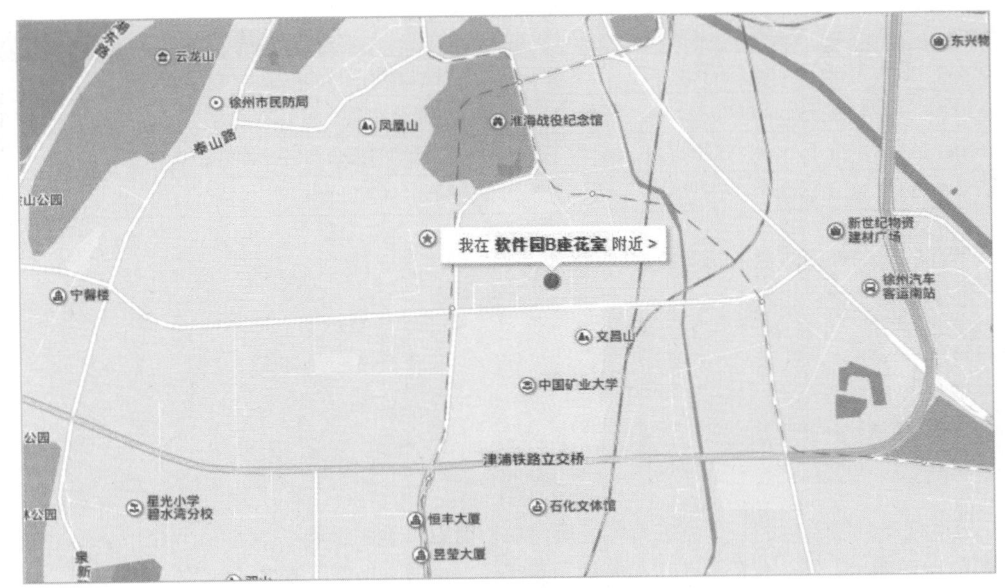

▲ 定位自己的位置

要在Web页面上创建一个简单地图，开发人员需要执行以下几个步骤的操作。

首先，在Web页面上创建一个名为map的div，并将其设置为相应的样式。

接下来，将Google Maps API添加到项目之中。Google Maps API将为Web页面加载使用到的Map code，它还会告知Google你所使用的设备是否具有一个GPS传感器。下面的代码片段显示了某设备如何加载一个没有GPS传感器的Map code。如果设备具有GPS传感器，请将参数sensor的值从false修改为true。

```
<script src="http://maps.googleapis.com/maps/api/js?sensor=false"></script>
```

在加载了API之后，就可以开始创建自己的地图。在showPosition函数中，创建一个google.maps.LatLng类的实例，并将其保存在名为position的变量中。在该google. maps. LatLng类的构造函数中，传入纬度值和经度值。下面的代码片段演示了如何创建一张地图。

```
var position = new google.maps.LatLng(latitude, longitude);
```

接下来还需要设置地图的选项。可设置很多选项，包括以下三个基本选项。

- 缩放（zoom）级别，取值范围0~20。值为0的视图是从卫星角度拍摄的基本视图，20则是最大的放大倍数。
- 地图的中心位置，这是一个表示地图中心点的LatLng变量。
- 地图样式，该值可以改变地图显示的方式。

下面表格中详细列出了可选的值，用户可以自行试验不同的地图样式。

地图样式	描述
google.maps.MapTypeId.SATELLITE	显示使用卫星照片的地图
google.maps.MapTypeId.ROAD	显示公路路线图
google.maps.MapTypeId.HYBRID	显示卫星地图和公路路线图的叠加
google.maps.MapTypeId.TERRAIN	显示公路名称和地势

下面的代码片段演示了如何设置地图选项。

```
varmyOptions = {
zoom: 18,
center: position,
mapTypeId: google.maps.MapTypeId.HYBRID
};
```

最后是实际绘制地图。根据纬度和经度信息，可以将地图绘制在getElementById方法所取得的div对象上。下列代码显示了绘制地图的代码，为简洁起见，移除了错误处理代码。

定位自己的位置

```
<!doctype html>
<html lang="en">
<head>
<meta charset="utf-8">
<title> 地理定位 </title>
<style>
#map{
width:600px;
height:600px;
Border:2px solid red;
}
</style>
<script type="text/javascript" src="http://maps.googleapis.com/maps/api/
js?sensor=false">
</script>
```

```
<script>
function findYou(){
if(!navigator.geolocation.getCurrentPosition(showPosition,
noLocation, {maximumAge : 1200000, timeout : 30000})){
document.getElementById("lat").innerHTML=
"This browser does not support geolocation.";
}
}
function showPosition(location){
var latitude = location.coords.latitude;            //通过坐标获取纬度
var longitude = location.coords.longitude;          //通过坐标获取经度
var accuracy = location.coords.accuracy;
//创建地图
var position = new google.maps.LatLng(latitude, longitude);
//创建地图选项
var myOptions = {
zoom: 18,
center: position,
mapTypeId: google.maps.MapTypeId.HYBRID
};
//显示地图
var map = new google.maps.Map(document.getElementById("map"),
myOptions);
document.getElementById("lat").innerHTML=
"Your latitude is " + latitude;
document.getElementById("lon").innerHTML=
"Your longitude is " + longitude;
document.getElementById("acc").innerHTML=
"Accurate within " + accuracy + " meters";
}
function noLocation(locationError)
{
var errorMessage = document.getElementById("lat");
switch(locationError.code)
{
case locationError.PERMISSION_DENIED:
errorMessage.innerHTML=
"You have denied my request for your location.";
break;
```

```
case locationError.POSITION_UNAVAILABLE:
errorMessage.innerHTML=
"Your position is not available at this time.";
break;
case locationError.TIMEOUT:
errorMessage.innerHTML=
"My request for your location took too long.";
break;
default:
errorMessage.innerHTML=
"An unexpected error occurred.";
}
}
findYou();
</script>
</head>
<body>
<h1>找到你啦！</h1>
<p id="lat"> </p>
<p id="lon"> </p>
<p id="acc"> </p>
<div id="map">
</div>
</body>
</html>
```


HTML 5允许开发人员创建具有地理位置感知功能的Web页面。使用navigator. geolocation新功能，就可以快速地获取用户的地理位置。例如，使用getCurrentPosition方法就可以获得终端用户的纬度和经度。

跟踪用户所在的地理位置肯定会带来一些对隐私的担忧，因此geolocation技术完全取决于用户是否允许共享自己的地理位置信息。在未经用户明确许可的情况下，HTML 5不会跟踪用户的地理位置。

尽管HTML 5的Geolocation API对于确定地理位置非常有用，但在页面中添加Google Maps API可以使该geolocation技术更贴近生活。只要数行代码，就可以将一个完整的具有交互功能的Google地图呈现在Web页面一个指定的div之中，还可以在地图指定的位置上设置一些图标。

课后作业

本章为大家详细讲解了地理位置的应用信息，接下来为大家准备了一个课后练习，定位自己所在的城市。

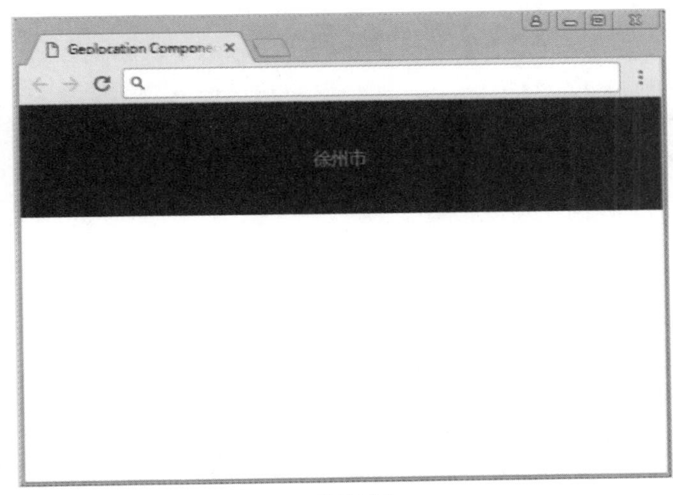

▲ 定位城市

上图所示的操作代码如下：

```
<!--  通过 iframe 嵌入前端定位组件，此处没有隐藏定位组件，使用了定位组件的在定位中视觉特效  -->
<iframe id="geoPage" width="100%" height="30%" frameborder=0
scrolling="no"src="https://apis.map.qq.com/tools/geolocation?key=OB4BZ-D4W3U-B7VVO-
4PJW-6TKDJ-WPB77&referer=myapp&effect=zoom"></iframe>
<script type="text/JavaScript">
var loc;
var isMapInit = false;
//监听定位组件的 message 事件
window.addEventListener('message', function(event) {
loc = event.data; // 接收位置信息
console.log('location', loc);
if(loc  && loc.module == 'geolocation') { //定位成功，防止其他应用也会向该页面 post 信息，需
判断 module 是否为 'geolocation'
var markUrl = 'https://apis.map.qq.com/tools/poimarker' +
'?marker=coord:' + loc.lat + ',' + loc.lng +
```

```
';title:我的位置;addr:' + (loc.addr || loc.city) +
'&key=OB4BZ-D4W3U-B7VVO-4PJWW-6TKDJ-WPB77&referer=myapp';
//给位置展示组件赋值
document.getElementById('markPage').src = markUrl;
} else { //定位组件在定位失败后，也会触发 message, event.data 为 null
alert('定位失败');
}
/* 另一个使用方式
if (!isMapInit && !loc) {          //首次定位成功，创建地图
isMapInit = true;
createMap(event.data);
} else if (event.data) {          //地图已经创建，再收到新的位置信息后更新地图中心点
updateMapCenter(event.data);
}
*/
}, false);
//为防止定位组件在 message 事件监听前已经触发定位成功事件，在此处显示请求一次位置信息
document.getElementById("geoPage").contentWindow.postMessage('getLocation', '*');
//设置 6s 超时，防止定位组件长时间获取位置信息未响应
setTimeout(function() {
if(!loc) {
//主动与前端定位组件通信（可选），获取粗糙的 IP 定位结果
document.getElementById("geoPage")
.contentWindow.postMessage('getLocation.robust', '*');
}
}, 6000); //6s 为推荐值，业务调用方可根据自己的需求设置改时间，不建议太短
</script>
<!-- 接收到位置信息后通过 iframe 嵌入位置标注组件 -->
<iframe id="markPage" width="100%" height="70%" frameborder=0 scrolling="no" src="">
</iframe>
```

代码中已经为大家详细解释了具体的应用方式，本章的知识到此也告一段落，当然，更多的应用方式还请大家查阅相关资料，多动手练习。

实用的上传方式

学习完本章内容，HTML 5的知识就算告一段落了，给自己点个赞，但也不要忘记课后多练习应用。

扫描二维码，关注笔者微信

课前预热 Warming Up

拖拽上传的应用

学习完本章内容你就会明白，原来上传文件可以如此简单，原来图片也可以这样操作。

虽然HTML 5之前已经可以使用mousedown、mousemove和mouseup等来实现拖放操作，但是只支持在浏览器内部的拖放，而在HTML 5中已经支持在浏览器与其他应用程序之间的数据的互相拖动，同时也大大简化了有关拖放的代码。下面看看拖放可以做出什么效果吧。

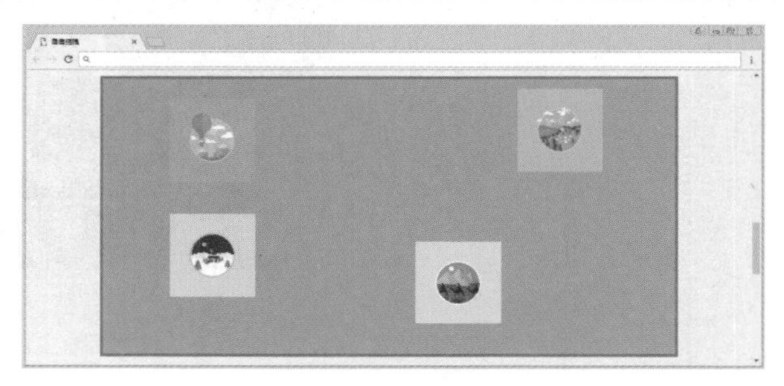

▲ 没有进行拖拽的图片位置

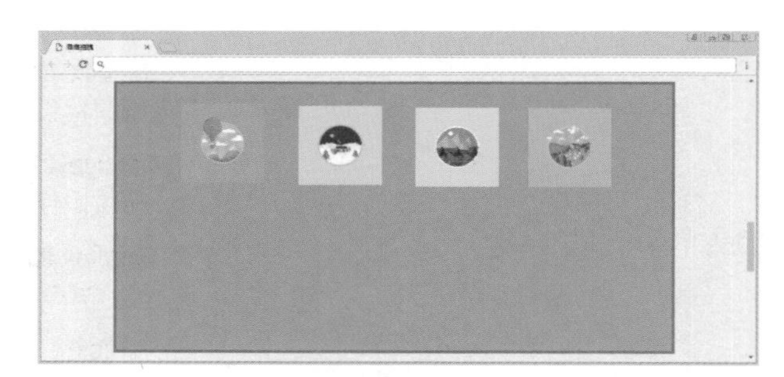

▲ 进行拖拽之后的位置

▲ 拖拽图片

▲ 可拖拽交换元素

▲ 拖拽图片自由排列

▲ 拖拽截图效果

Section 01

调整图片位置

文件的拖放是HTML 5中一个非常实用的应用，如何完成这些不同类型的拖放操作呢？下面就来介绍拖放的步骤和方法。

01 实现拖放的步骤

在HTML 5中要想实现拖放操作，至少需要经过如下两个步骤。

首先，把要拖放的对象元素的draggable属性设置为true（draggable="true"），这样才能对该元素进行拖放。另外，img元素与a元素（必须制定href）默认允许拖放。

例如：<div draggable="true"></div>。

其次，编写与拖放有关的事件处理代码。

下面介绍与拖放有关的几个主要事件。

- ondtagstart事件：拖拽元素开始被拖拽时触发的事件，此事件作用在被拖拽的元素上。
- ondragenter事件：当拖拽元素进入目标元素时触发的事件，此事件用在目标元素上。
- Ondragover事件：拖拽元素在目标元素上移动时触发的事件，此事件用在目标元素上。
- Ondrop事件：当被拖拽元素在目标上同时松开鼠标时触发的事件，此事件作用在目标元素上。
- Ondragend事件：当拖拽完成后触发的事件，此事件作用在被拖拽元素上。

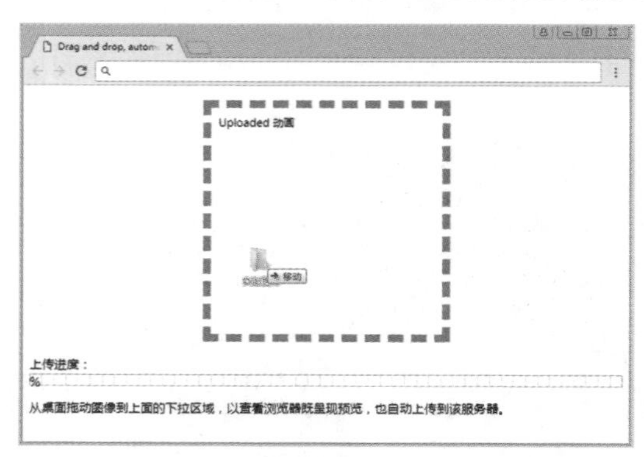

▲ 拖拽上传的实例

02 实现拖拽的方法

HTML 5支持拖拽数据存储，主要使用dataTransfer接口，作用于元素的拖拽基础上。

dataTransfer对象包含以下几个属性和方法。

- dataTransfer.dropEffrct[=value]：返回已选择的拖放效果，如果该操作效果与最初设置的effectAllowed效果不符，则拖拽操作失败。可以设置修改，包含"none"、"copy"、"link"和"move"几个值。
- dataTransfer.effectAllowed[=value]：返回允许执行的拖拽操作效果，可以设置修改，包含"none"、"copy"、"copyLink"、"copyMove"、"link"、"linkMove"、"move"、"all"和"uninitiallzed"几个值。
- dataTransfer.types：返回在dragstart事件触发时为元素存储数据的格式，如果是外部文件的拖拽，则返回"files"。
- dataTransfer.clearData([format,data])：删除指定格式的数据，如果未指定格式，则删除当前元素的所有携带数据。
- dataTransfer.setData(format,data)：为元素添加指定数据。
- dataTransfer.getData(format)：返回指定数据，如果数据不存在，则返回空字符串。
- dataTransfer.files：如果是拖拽文件，则返回正在拖拽的文件列表FileList。
- dataTransfer setDragimage(element,x,y)：指定拖拽元素时跟随鼠标移动的图片，x和y分别是相对于鼠标的坐标。
- dataTransfer.addElement(element)：添加一起跟随拖拽的元素，如果想让某个元素跟随被拖拽元素一同被拖拽，则使用此方法。

拖放操作

图片的拖放在网页中应用很广，接下来根据两个实例来介绍拖放的具体应用。

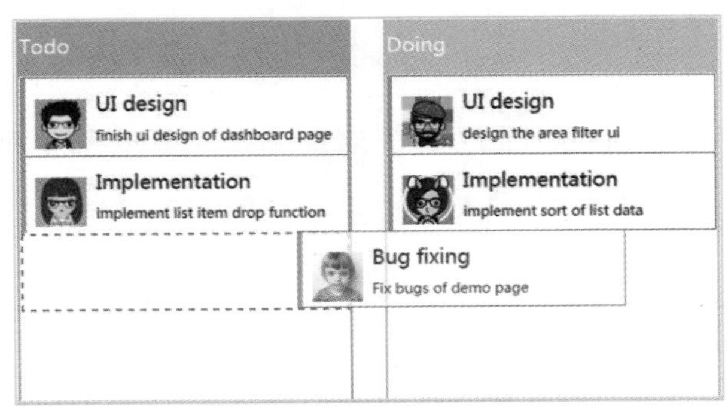

▲ 拖拽图片

01 拖放应用

下面以一个简单的拖放小案例讲解拖放的具体操作及应用。

最简单的拖放操作

第1步：创建两个div方块区域，分别定义id为“d1”和“d2”，其中d2位置将要进行拖拽操作的div，所以添加属性draggable，值为true。

HTML代码如下：

```
div id="d1"></div>
<div id="d2" draggable="true">请拖拽我</div>
```


第2步：样式的部分也很简单，d1作为投放区域，面积可以大一些，d2作为拖拽区域，面积小一些，为了更好地区分它们还改变了边框颜色。

style代码如下：

```
*{margin:0;padding:0;}
#d1{width: 500px;
height: 500px;
border:blue 2px solid;
}
#d2{width: 200px;`
height: 200px;
border: red so lid 2px;
}
```

第3步：通过JavaScript来操作拖放API的部分，需要在页面中获取元素，分别获取到d1和d2（d1为投放区域，d2为拖拽区域）。

Script代码如下：

```
var d1 = document.getElementById("d1");
var d2 = document.getElementById("d2");
```

第4步：为拖拽区域绑定事件，分别为开始拖动和结束拖动，并让它们在d1里面反馈出来。

```
d2.ondragstart = function(){
d1.innerHTML = "开始！ ";
}
d2.ondragend = function(){
d1.innerHTML += "结束！ ";
}
```

拖拽区域的事件写完之后已经可以看见页面上能够拖动的d2区域，并且也能在d1里面看见页面给出的反馈，但是现在还不能把d2放入到d1中去。为此，还需要为投放区分别绑定一系列的事件，同样也是为了能够及时看见页面给出的反馈。

第5步：在d1里面写入一些文字，代码如下：

```
d1.ondragenter = function (e){
d1.innerHTML += "进入";
e.preventDefault();
}
d1.ondragover = function(e){
e.preventDefault();
}
d1.ondragleave = function(e){
d1.innerHTML += "离开";
e.preventDefault();
}
d1.ondrop = function(e){
// alert("成功！ ");
e.preventDefault();
d1.appendChild(d2);
}
```

dragenter和dragover可能会受到浏览器默认事件的影响，所以在这两个事件当中使用e.preventDefault();来阻止浏览器默认事件。

到这里已经实现了这个简单的拖拽小案例了，如果还需要再深入一点来完善这个案例的话，还可以为这个拖拽事件添加一些数据。

第6步：拖拽事件刚开始的时候就把数据添加进去，代码如下：

```
d2.ondragstart = function(e){
e.dataTransfer.setData("myFirst","我的第一个拖拽小案例！ ");
d1.innerHTML = "开始！ ";
}
```

数据myFirst就已经放进拖拽事件中了。

第7步：拖拽事件结束之后再把数据读取出来，代码如下：

```
d1.ondrop = function(e){
// alert("成功！");
e.preventDefault();
alert(e.dataTransfer.getData("myFirst"));
d1.appendChild(d2);
}
```

拖拽动作进行前如下图所示。

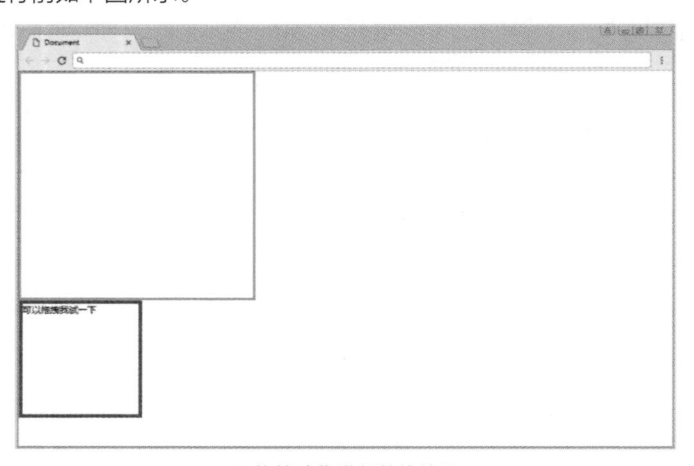

▲ 拖拽动作进行前的效果

拖拽动作进行后如下图所示。

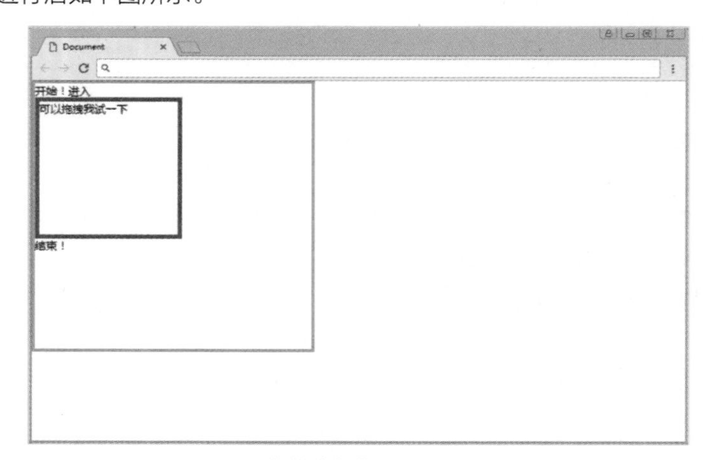

▲ 拖拽动作进行后的效果

02 拖放列表

想要实现在页面中有两块区域，两块区域里面可能会有一些子元素，通过鼠标的拖拽让这些子元素在两个父元素里面来回交换，具体操作如下。

制作拖放列表

新建一个html文档，在页面中需要两个div作为容器，用来存放一些小块的span。

HTML代码如下：

```
<div id="content"></div>
<div id="content2">
<span>item1</span>
<span>item2</span>
<span>item3</span>
<span>item4</span>
</div>
```

接着为文档中的这些元素描上样式，为了区分两个div，分别为它们描上不同的边框颜色。

CSS代码如下：

```
*{margin:0;padding:0;}
#content{
margin:20px auto;
width: 300px;
height: 300px;
border:2px red solid;
}
#content span{
display:block;
width: 260px;
height: 50px;
margin:20px;
background:#ccc;
text-align:center;
```

```
line-height:50px;
font-size:20px;
}
#content2{
margin:0 auto;
width: 300px;
height: 300px;
border:2px solid blue;
list-style:none;
}
#content2 span{
display:block;
width: 260px;
height: 50px;
margin:20px;
background:#ccc;
text-align:center;
line-height:50px;
font-size:20px;
}
```


一切就绪，开始为这些元素执行拖放操作。因为在开发的时候不一定知道div中有多少个span子元素，所以一般不会直接在HTML页面中的span元素里面添加draggable属性，而是通过JavaScript动态地为每个span元素添加draggable属性。

JavaScript代码如下：

```
var cont = document.getElementById("content");
var cont2 = document.getElementById("content2");
var aSpan = document.getElementsByTagName("span");
for(var i=0;i<aSpan.length;i++){
aSpan[i].draggable = true;
aSpan[i].flag = false;
aSpan[i].ondragstart = function(){
this.flag = true;
}
aSpan[i].ondragend = function(){
this.flag = false;
}
}
```

拖拽区域的事件写完了，这里特别要注意的是为每个span除了添加draggable属性之外还添加自定义属性flag，这个flag属性在后的代码中会有大作用！

下面就是投放区域的事件了，前面小节中已经介绍过了，这里不再赘述。

代码如下：

```
cont.ondragenter = function(e){
e.preventDefault();
}
cont.ondragover = function(e){
e.preventDefault();
}
cont.ondragleave = function(e){
e.preventDefault();
}
cont.ondrop = function(e){
e.preventDefault();
for(var i=0;i<aSpan.length;i++){
if(aSpan[i].flag){
cont.appendChild(aSpan[i]);
}
}
}
cont2.ondragenter = function(e){
e.preventDefault();
}
cont2.ondragover = function(e){
e.preventDefault();
}
cont2.ondragleave = function(e){
e.preventDefault();
}
cont2.ondrop = function(e){
e.preventDefault();
for(var i=0;i<aSpan.length;i++){
if(aSpan[i].flag){
cont2.appendChild(aSpan[i]);
}
}
}
```

到这里代码就全部完成了，其实原理不复杂，操作也很简单，相比以前仅用JavaScript操作来说已经简化很多，大家可以自己动手试试看，来实现这样的列表拖放效果。

代码的运行效果如下图所示。

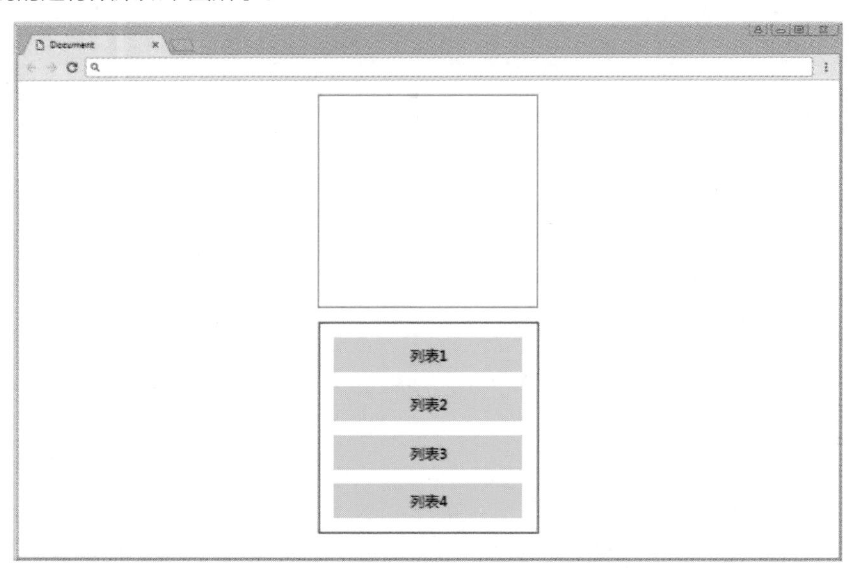

▲ 没有进行拖拽的排列方式

拖拽后的效果如下图所示。

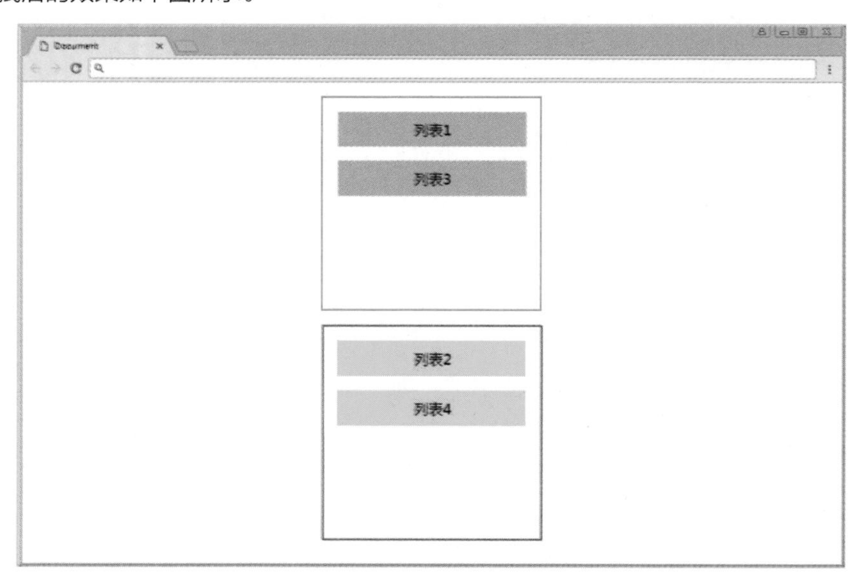

▲ 进行拖拽的排列方式

03 拖拽上传文件

一个网页中，很多地方会用到拖拽操作，如一个提交表单中要求用户放入证件照片等操作。为了加强学习效果，此练习作一个可以拖拽上传文件的应用效果。下面两图就是拖拽上传前后的对比效果。

▲ 没有图片拖进去的效果

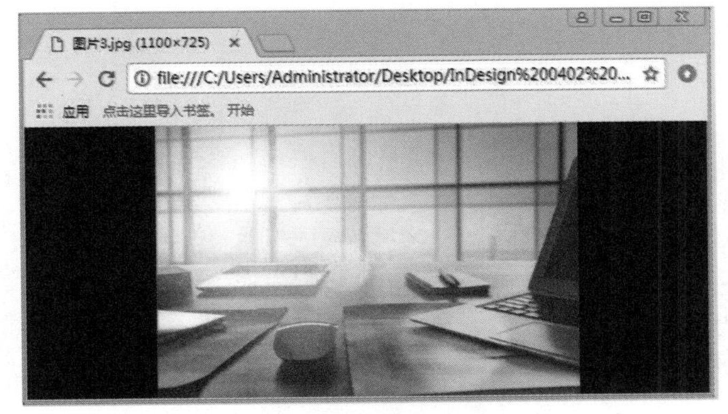

▲ 图片拖进去的显示效果

附件的拖拽上传

```
<script>
$(function() {
```

```
//* 思路：
*1. 熟悉文件拖拽目标元素的四个事件，注意 ondragover、ondrop 事件中阻止默认行为
*2. 拖拽放置后，获取到文件对象集合：e.dataTransfer.files
*3. 循环该集合中的每个文件对象，判断文件类型以及文件大小，是指定类型则进行相应的操作
*4. 读取文件信息对象 new FileReader()，它有读取文件对象为 DataUrl 等方法：
readAsDataURL(文件对象)；读取成功之后触发的事件：onload 事件等，this.result 为读取到的
数据
*5. 在 FileReader 对象中的几个事件中进行相应的逻辑处理

// 必须将 jq 对象转换为 js 对象，调用原生方法
var oDiv = $(".container").get(0);
var oP = $(".text");
// 进入
oDiv.ondragenter = function() {
oP.html('');
}
// 移动，需要阻止默认行为，否则直接在本页面中显示文件
oDiv.ondragover = function(e) {
e.preventDefault();
}
// 离开
oDiv.onleave = function() {
oP.html('请将图片文件拖拽至此区域！');
}
// 拖拽放置，也需要阻止默认行为
oDiv.ondrop = function(e) {
e.preventDefault();
// 获取拖拽过来的对象，文件对象集合
var fs = e.dataTransfer.files;
// 若为表单域中的 file 标签选中的文件，则使用 form[表单 name].files[0] 来获取文件对象集合
// 打印长度
console.log(fs.length);
// 循环多文件拖拽上传
for (var i = 0; i < fs.length; i++) {
// 文件类型
var _type = fs[i].type;
console.log(_type);
// 判断文件类型
if (_type.indexOf('image') != -1) {
```

```
// 文件大小控制
console.log(fs[i].size);
// 读取文件对象
var reader = new FileReader();
// 读为 DataUrl，无返回值
reader.readAsDataURL(fs[i]);
reader.onloadstart = function(e) {          // 开始加载
}
//  这个事件在读取进行中定时触发
reader.onprogress = function(e) {
$("#total").html(e.total);
}
// 当读取成功时触发，this.result 为读取的文件数据
reader.onload = function() {
// 文件数据
console.log(this.result);
// 添加文件预览
var oImg = $("<img style='width:100px;' src='' />");
oImg.attr("src", this.result);
$(oDiv).append(oImg);                       //oDiv 转换为 js 对象调用方法
}
// 无论成功与否都会触发
reader.onloadend = function() {
if (reader.error) {
console.log(reader.error);
} else {
// 上传没有错误，ajax 发送文件，上传二进制文件
}
}
} else {
alert('请上传图片文件！');
}
}
}
});
</script>
```

Section 03

离线知识

Web Workers是一种机制，从一个Web应用的主执行线程中分离出一个后台线程，在这个后台线程中运行脚本操作。

这个机制的优势是耗时的处理可以在一个单独的线程中来执行，与此同时主线程（通常是UI）可以在毫不堵塞的情况下运行。

扫描右侧二维码了解更多离线知识。

01 支持离线行为

假设要构建一个包含CSS、JS、HTML的单页应用，同时要为这个单页应用添加离线支持。要将描述文件与页面关联起来，需要使用html标签的manifest特性指定描述文件的路径。下图所示的是检测网页是否在线。

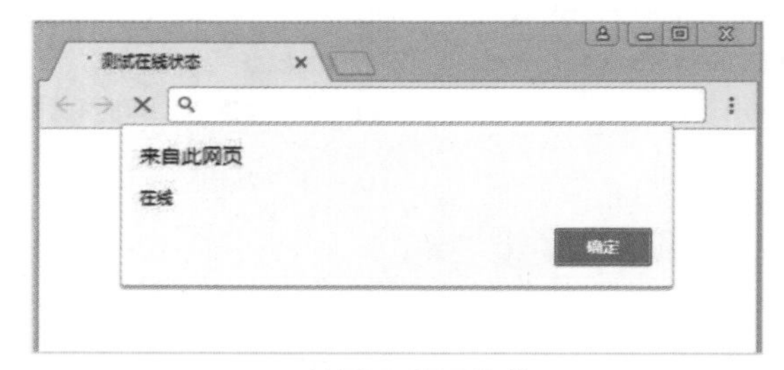

▲ 检测网页是否在线

演示网页是否在线

```
<!DOCTYPE html>
<html lang="en">
<head>
<meta charset="UTF-8">
<title>Document</title>
<script>
```

```
function loadState(){
if(navigator.online){
console.log("在线");
}
else{
console.log("离线");
}
//添加事件监听器，实时监听
window.addEventListener("在线"function(){
console.log("在线");
},true);
window.addEventListener("离线"function(){
console.log("离线");
},true);
}
</script>
</head>
<body>
</body>
</html>
```

HTML 5新增了navigator.onLine属性，当该属性为true的时候表示联网；值为false的时候表示离线。

02 检测浏览器支持与否

在使用Web Workers API函数之前，首先要确认浏览器是否支持Web Workers。如果不支持，可以提供一些备用信息，提醒用户使用最新的浏览器。下面通过一个实例来讲解如何检查用户的浏览器是否支持Web Workers，效果如下图所示。

▲ 浏览器支持情况

动动手 Try it

检测浏览器是否支持

```
<!DOCTYPE html>
<html lang="en">
<head>
<meta charset="UTF-8">
<title>Document</title>
<script>
//检测浏览器的函数代码
window.onload = function(){
var sup = document.getElementById("support");
if(typeof Worker!=="undefined"){
sup.innerHTML = "您的浏览器支持Web Workers";
}else{
sup.innerHTML = "您的浏览器不支持Web Workers";
}
}
</script>
</head>
<body>
<h1>检测您的浏览器是否支持Web Workers</h1>
<p id="support"></p>
</body>
</html>
```


03 Web Workers的简单应用

本节将通过一个实例来讲解Web Workers的简单应用。

1. 生成Worker

创建一个新的Worker十分简单，所要做的就是调用Worker()构造函数，指定一个要在Worker线程内运行脚本的URI，如果希望能够收到Worker的通知，可以将Worker的onmessage属性设置成一个特定的事件处理函数。

```
var myWorker = new Worker("my_task.js");
myWorker.onmessage = function (oEvent) {
  console.log("Called back by the worker!\n");
};
也可以使用 addEventListener()：
var myWorker = new Worker("my_task.js");
myWorker.addEventListener("message", function (oEvent) {
  console.log("Called back by the worker!\n");
}, false);
myWorker.postMessage(""); // 启动 worker
```

上述代码的含义如下。

第一行创建了一个新的Worker线程。

第二行为Worker设置了message事件的监听函数。当Worker调用自己的postMessage()函数时就会调用这个事件处理函数。

第五行启动了Worker线程。

2. 传递数据

在主页面与Worker之间是通过拷贝传递数据，而不是通过共享来完成的。传递给Worker的对象需要经过序列化，接下来在另一端还需要反序列化。页面与Worker不会共享同一个实例，最终的结果就是在每次通信结束时生成数据的一个副本。大部分浏览器使用结构化拷贝来实现该特性。

创建一个名为emulateMessage()的函数，它将模拟从Worker到主页面（反之亦然）的通信过程中变量的“拷贝而非共享”行为，“拷贝而非共享”的值称为消息。

emulateMessage()函数使用代码如下：

```
function emulateMessage (vVal) {
    return eval("(" + JSON.stringify(vVal) + ")");
}
// Tests
// test #1
var example1 = new Number(3);
alert(typeof example1); // object
alert(typeof emulateMessage(example1)); // number

// test #2
var example2 = true;
alert(typeof example2); // boolean
alert(typeof emulateMessage(example2)); // boolean
```

```
// test #3
var example3 = new String("Hello World");
alert(typeof example3); // object
alert(typeof emulateMessage(example3)); // string

// test #4
var example4 = {
"name": "John Smith",
"age": 43
};
alert(typeof example4); // object
alert(typeof emulateMessage(example4)); // object

// test #5
function Animal (sType, nAge) {
this.type = sType;
this.age = nAge;
}
var example5 = new Animal("Cat", 3);
alert(example5.constructor); // Animal
alert(emulateMessage(example5).constructor); // Object
```


Worker可以使用postMessage()将消息传递给主线程或从主线程传送回来。message事件的data属性就包含了从Worker传回来的数据。具体的使用代码如下：

```
example.html: (主页面):
myWorker.onmessage = function (oEvent) {
console.log("Worker said :"+oEvent.data);
};
myWorker.postMessage("ali");
my_task.js (worker):
postMessage("I\'m working before postMessage(\'ali\').");
onmessage = function (oEvent) {
postMessage("Hi " + oEvent.data);
};
```

通常来说，后台线程包括Worker无法操作DOM。如果后台线程需要修改DOM，那么它应该将消息发送给它的创建者，让创建者来完成这些操作。

扫描右侧二维码了解更多离线缓存知识。

课后作业

学习完本章知识，下面为大家准备了一个课堂练习。把图片拖到下面可以显示出具体的价格和出版的时间，如下图所示。

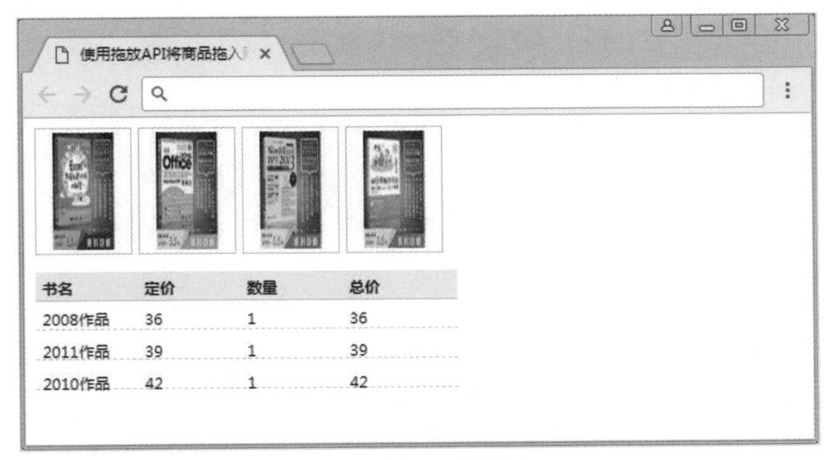

▲ 拖拽图片显示商品信息

提示代码如下：

```
function $$(id) {
    return document.getElementById(id);
}
// 自定义页面加载时调用的函数
function pageload() {
    // 获取全部的图书商品
    var Drag = document.getElementsByTagName("img");
    // 遍历每一个图书商品
    for (var intI = 0; intI < Drag.length; intI++) {
        // 为每一个商品添加被拖放元素的 dragstart 事件
        Drag[intI].addEventListener("dragstart",
        function(e) {
            var objDtf = e.dataTransfer;
            objDtf.setData("text/html", addCart(this.title, this.alt, 1));
        },
        false);
```

```
    }
    var Cart = $$("ulCart");
    //添加目标元素的 drop 事件
    Cart.addEventListener("drop",
    function(e) {
        var objDtf = e.dataTransfer;
        var strHTML = objDtf.getData("text/html");
        Cart.innerHTML += strHTML;
        e.preventDefault();
        e.stopPropagation();
    },
    false);
}
//添加页面的 dragover 事件
document.ondragover = function(e) {
    //阻止默认方法，取消拒绝被拖放
    e.preventDefault();
}
//添加页面 drop 事件
document.ondrop = function(e) {
    //阻止默认方法，取消拒绝被拖放
    e.preventDefault();
}
//自定义向购物车中添加记录的函数
function addCart(a, b, c) {
    var strHTML = "<li class='liC'>";
    strHTML += "<span>" + a + "</span>";
    strHTML += "<span>" + b + "</span>";
    strHTML += "<span>" + c + "</span>";
    strHTML += "<span>" + b * c + "</span>";
    strHTML += "</li>";
    return strHTML;
}
```

上述代码是拖拽的关键代码，想要获取全部代码请关注“德胜书坊”公众号了解更多信息资源。

Chapter 07 开启样式的大门

没错，这是崭新的一课，也是属于前端设计的一部分。不患老而无成，只怕幼而不学。所以继续吧年轻人！

扫描二维码，关注笔者微信

课前预热 Warming Up

让网页多姿多彩

网页中许多令人眼花缭乱的样式其实很简单，有时只需要一小段代码就可以让网页更有格调。

网页中很多酷炫的效果都是通过CSS 3实现的，下面就先来欣赏一下使用CSS 3可以制作出怎样的页面效果。

▲ 制作动画的秋千

▲ 制作天气图标

▲ 制作手机图标

▲ 图片的排列方式

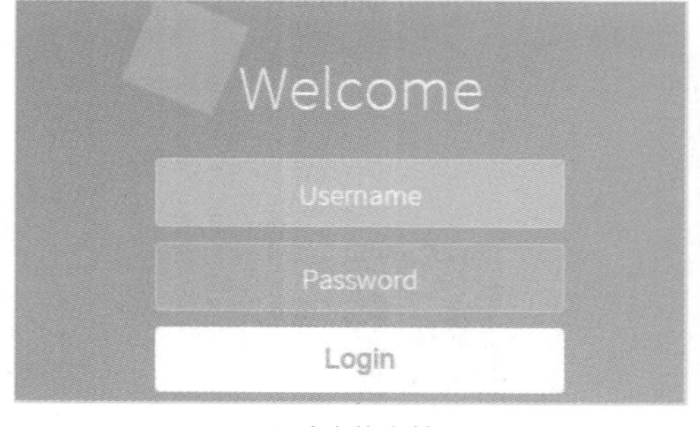

▲ 动态的表单

▲ 字体的浮雕效果

当然，CSS 3的功能远不止以上展示的样式效果，还可以配合JavaScript作出更多惊艳的效果，后面我们会一一展开讲解。

▲ 配合JavaScript作出的效果

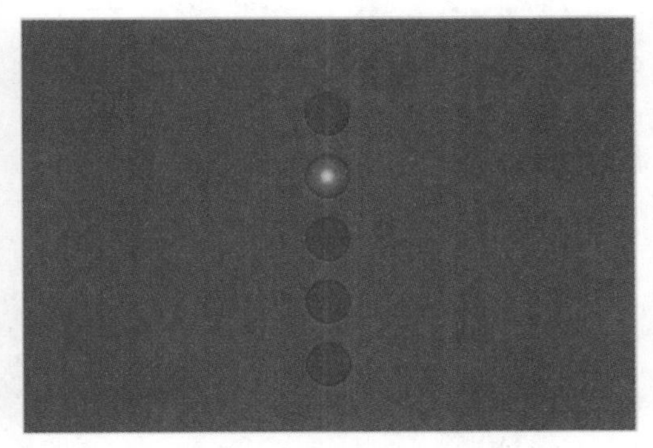

▲ 炫酷的复选框按钮

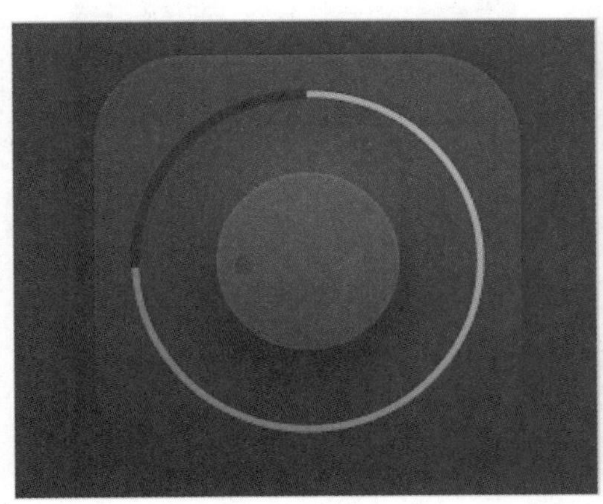

▲ 两个loading的旋转效果

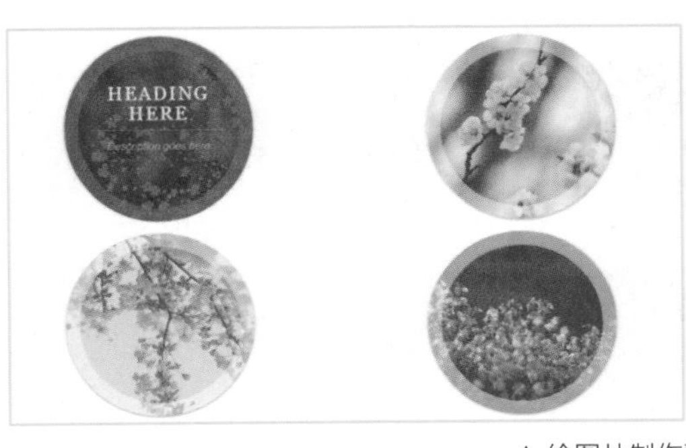

▲ 给图片制作蒙版和抖动效果

这些炫酷的效果你也可以作出来，不积跬步无以至千里，不积小流无以成江海。下面就带大家进入CSS的世界。

给样式作修饰

CSS中有ID选择器、类选择器、元素选择器和属性选择器，而由它们衍生的复合选择器和后代选择器都是扩展应用。

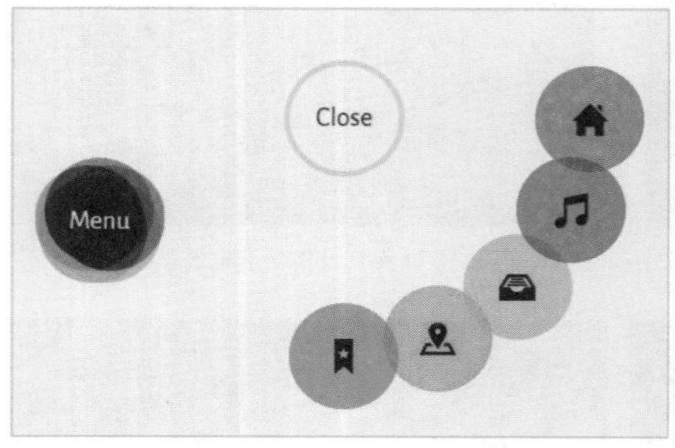

▲ 利用选择器制作样式不同的图标

▲ 发光的几何体

01 选择元素进行样式设置

使用CSS 3中新增的选择器可以制作很多意想不到的效果，如果在上网浏览网页的时候注意观察，你会发现选择器无处不在。

需要重点标注的句子

```
<!doctype html>
<html>
<head>
<meta charset="utf-8">
<title> 无标题文档 </title>
<style>
#myTxt{// 选择器
font-size: 20px;// 字体大小
```

```
color:pink;// 字体颜色
}
</style>
</head>
<body>
<p> 由来称独立，</p>
<p> 本自号倾城。</p>
<p> 柳叶眉间发，</p>
<p id="myTxt"> 桃花脸上生。</p>
</body>
</html>
```

代码中标红的部分是ID选择器的使用方法，ID选择器是CSS中效率最高的选择器，使用的时候要保证ID的唯一性。代码的运行效果如下图所示。

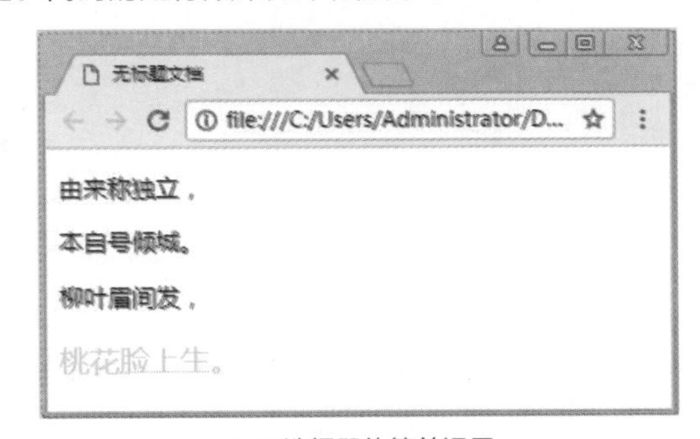

▲ ID选择器的简单运用

02 设置一类元素的样式

如果想给所有的元素设置同样的属性该怎么做呢？需要用什么选择器呢？先来看一下下图所示效果。

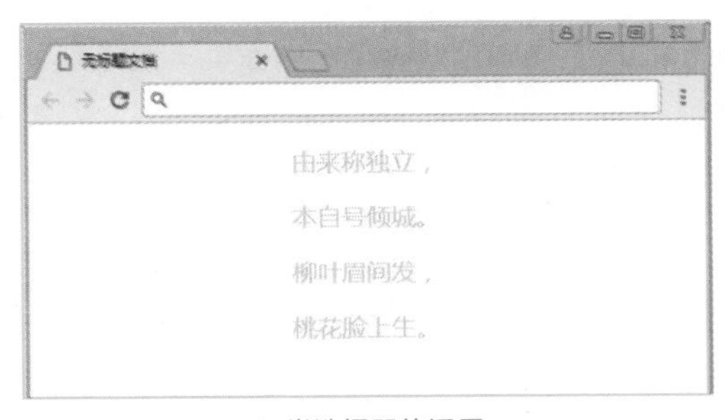

▲ 类选择器的运用

动动手 Try it 给所有元素设置相同样式

```
<style>
.myTxt{
font-size: 20px;
color:pink;
text-align: center;// 文字居中显示
}
</style>
<body>
<p class="myTxt">由来称独立，</p>
<p class="myTxt">本自号倾城。</p>
<p class="myTxt">柳叶眉间发，</p>
<p class="myTxt">桃花脸上生。</p>
</body>
```


类选择器效率低于ID选择器，一个页面可以有多个class，并且class可以放在不同的标签中使用。在CSS中，类操作需要在元素内部使用class属性，而class的值就是为元素定义的“类名”。

使用什么方法能制作出相同的效果

还有一个简单的方法，可以制作出和前面相同的效果。大家可以自己尝试一下。

扫描右侧二维码获取详细的代码。

03 属性也可以设置样式

CSS属性选择器可以根据元素的属性和属性值选择元素。属性选择器的语法是把需要选择的属性写在一对中括号中，如果想把包含标题（title）的所有元素变为红色，可以写成如下代码：

```
*[title] {color:red;}
```

也可以采取与上面类似的写法，可以只对有href属性的锚（a元素）应用样式：

```
a[href] {color:red;}
```

还可以根据多个属性进行选择，只需将属性选择器链接在一起即可。例如，为了将同时有href和title属性的HTML超链接的文本设置为红色，可以这样写：

```
a[href][title] {color:red;}
```

下图所示的是单独给一张图片设置边框样式的效果。

▲ 有一张图片的边框是红色的

设置其中一张图片的属性

```
<!DOCTYPE html>
<html lang="en">
<head>
<meta charset="UTF-8">
<title> 属性选择器 </title>
<style>
img[alt]{
border:3px solid green;                    // 设置所有的边框属性
```

```
}
img[alt="image"]{                              // 给单独一个边框设置属性
border:3px solid red;
}
</style>
</head>
<body>
<img src="1.png" alt="" width="300" height="190" >
<img src="2.png" alt="image" width="300" height="190">
<img src="3.png" alt="" width="300" height="190">
<img src="4.png" alt="" width="300" height="190">
<img src="5.png" alt="" width="300" height="190">
<img src="6.png" alt="" width="300" height="190">
</body>
</html>
```

从前面图中可以看到第二张图片的border变成了红色，一定要注意写法和子父集的关系。

选择性地修饰

CSS 3是CSS技术的升级，CSS 3语言开发是朝着模块化发展的。本小节就来讲解CSS 3的具体应用。

以前的规范作为一个模块实在是太庞大而且太复杂了，所以把它分解为一些小的模块，更多新的模块也容易被加入进来。这些模块包括盒子模型、列表模块、超链接方式、语言模块、背景和边框、文字特效、多栏布局等。

▲ 新版本设计的图标

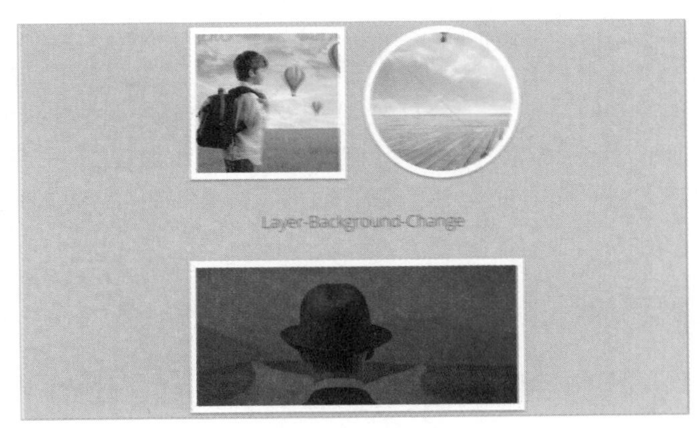

▲ 新版本的滑动效果

01 新版本与旧版本的比较

CSS 3作为之前版本的升级版本，它们之间有什么关系，有哪些相同的地方又有哪些不同的地方呢？

CSS 3与之前的版本相比，相同点它们都是网页样式的code，都是通过对样式表的编辑达到美化页面的效果，它们都是实现页面内容和样式相分离的手段。

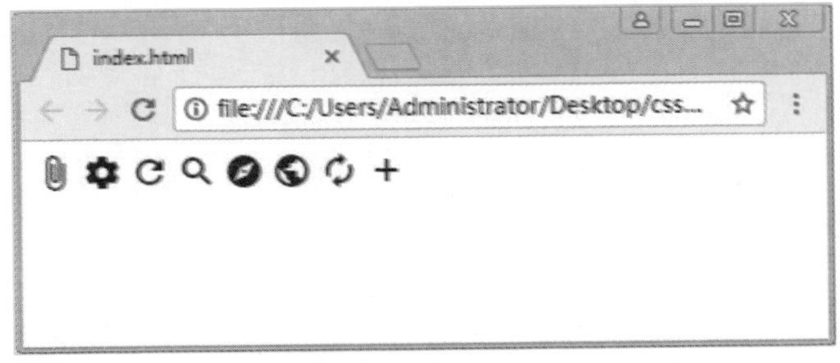

▲ 没有设计样式的图标效果

▲ 设计了样式的图标效果

不同的是，CSS 3引入了更多的样式选择，更多的选择器，加入了新的页面样式与动画等等，CSS 3语言开发是朝着模块化发展的。但是相应的CSS 3为实现更多的网页样式与特效的同时也产生了一些兼容性的问题。例如，CSS 3之前的版本几乎在全浏览器中都是支持的，而CSS 3则是对浏览器厂商也发出了一次冲击，使得一些不能很好兼容CSS 3新特性的浏览器厂商不得不尽快升级自己的浏览器内核，甚至有的浏览器厂商直接更换了之前的内核。

02 让设计更高级

CSS 3中准备了一些属性选择器和目标伪类选择器等，下面一起来看一下这些新增的特性，先来看一下下面两图所示的样式。

▲ 单击第一个链接的效果

▲ 单击第二个链接的效果

上图的效果是怎么设计的呢？很显然使用之前的选择器是没办法实现的，接下来我们就来讲解具体的操作方法。

单击链接发生颜色变化

```
<!DOCTYPE html>
<html lang="en">
<meta charset="UTF-8">
<title>Document</title>
<head>
<style>
div{                                        //给div设置大小、颜色及距离边界的距离
width: 200px;
height: 200px;
background: #ccc;
margin:20px;
}
:target{                                    //移动之后显示的颜色
background: #f46;                           //设置背景颜色
}
</style>
</head>
<body>
<h1>请点击下面的链接</h1>
<p><a href="#content1">跳转到第一个div</a></p>
<p><a href="#content2">跳转到第二个div</a></p>
<hr/>
<div id="content1"></div>
<div id="content2"></div>
</body>
</html>
```

只需要记住上面标红代码就可以实现这种神奇的效果，关键代码如下：

```
:target{
background: #f46;
}
```

:target是一个选择器，它可用于选取当前活动的目标元素。

如果想给表单的输入框设置颜色，该怎么设置呢？又需要用到哪个选择器呢？先来看下图所示的表单。

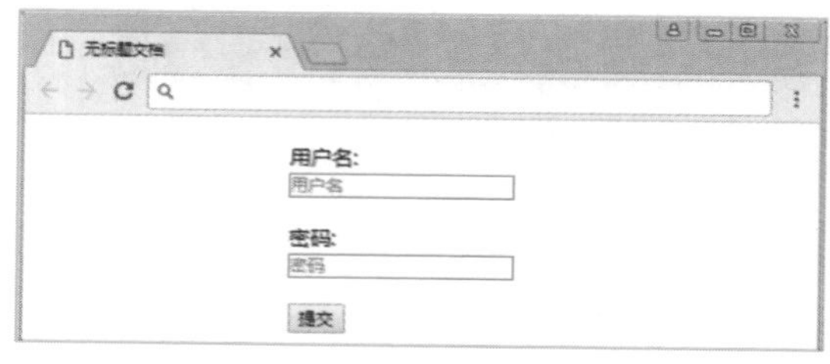

▲ 表单输入框的设计

设置多彩的输入框


```
<!doctype html>
<html>
<head>
<meta charset="utf-8">
<title> 无标题文档 </title>
<style>
form {
  width: 200px;                          // 设置表单大小
  margin: 20px auto;                     // 设置距离
}
div {
  margin-bottom: 20px;
}
input:not([type="submit"]){             // 设置框的属性
  border:1px solid red;
}
</style>
</head>
<body>
<form action="#">
  <div>
```

```
        <label for="name">用户名 :</label>
        <input type="text" name="name" id="name" placeholder="用户名 " />
    </div>
    <div>
        <label for="name">密码 :</label>
        <input type="text" name="name" id="name" placeholder="密码 " />
    </div>
    <div>
        <input type="submit" value="提交 " />
    </div>
</form>
</body>
</html>
```

代码中标红部分的选择器的含义：:not(selector)选择器匹配非指定元素/选择器的每个元素。从上面代码中也可以看出，并非input中所有元素都被选中。

接下来，利用label修改radio的样式，效果如下图所示。

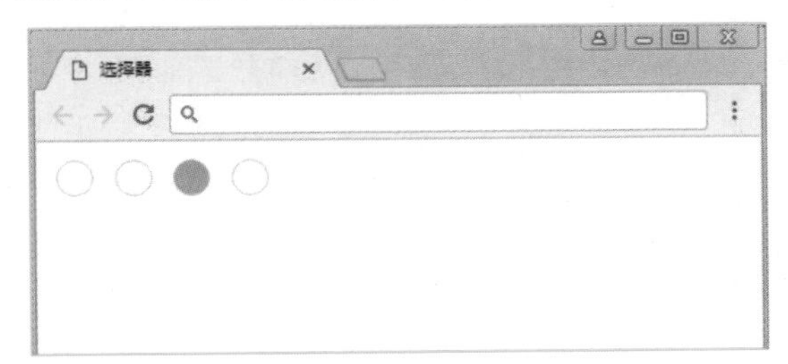

▲ 彩色的选框

单击时按钮颜色发生变化

```
<!DOCTYPE html>
<html lang="en">
<head>
    <meta charset="UTF-8">
    <title>选择器 </title>
    <style>
```

```
        input[type="radio"]{display: none;}                    //设置框架类型
        label{display: inline-block;width: 24px;height: 24px;//设置大小
            border-radius: 50%;border: 1px solid #ccc;margin: 5px;}
        :checked + label{background: #9C3;}
    </style>
</head>
<body>
    <input type="radio" name = "fruit" id = "check1"/>
    <label for="check1"></label>
    <input type="radio" name = "fruit" id = "check2"/>
    <label for="check2"></label>
    <input type="radio" name = "fruit" id = "check3"/>
    <label for="check3"></label>
    <input type="radio" name = "fruit" id = "check4"/>
    <label for="check4"></label>
</body>
</html>
```


上述的这些效果是不是在CSS中无法实现？CSS 3中还有很多令人惊艳的东西等着我们去发现。

03 结构性伪类的用法

在CSS 3中新增了一些新伪类，即结构性伪类。结构性伪类选择器的共有特征是允许开发者根据文档结构来指定元素的样式。下面为大家一一讲解这些新的结构性伪类。

先来看一下下面三个图所示的样式。

▲ 打开浏览器时显示的字体颜色

▲ 光标划过页面时的颜色

▲ 鼠标单击文字时的颜色

变化的字体颜色

```
<!doctype html>
<html>
```

```
<head>
<meta charset="utf-8">
<title> 无标题文档 </title>
<style>
p{font-size:30px; }
p:link{color:#063;}                        // 设置链接样式
p:visited{color:#C63;}                     // 访问时候的链接样式
p:hover{color:#F6C;}                       // 光标划过的样式
p:active{color:#66F;}                      // 点击链接的样式
</style>
</head>
<body>
<p>css3 选择器 </p>
</body>
</html>
```


代码中标红的部分含义如下。

:link：指向未被访问页面的链接设置样式。

:visited：设置指向已访问页面的链接的样式。

:hover：鼠标悬停时触发。

:active：在单击时触发。

当然，绿色显示的代码也可以设置其他颜色值，大家可以尝试设置其他颜色的效果。

Tips

其他选择器简介

除了上面介绍的伪类选择器之外，还有其他选择器，含义如下。

:enabled：选择启用状态元素。

:disabled：选择禁用状态元素。

:checked：选择被选中的input元素（单选按钮或复选框）。

:default：选择默认元素 。

:valid、invalid：根据输入验证选择有效或无效的input元素。

:in-range、out-of-range：选择指定范围之内或者之外受限的元素。

:repuired、optiona：根据是否允许:required属性选择input元素。

04 伪类选择器

下图所示的是一首王翰的诗，我们单独给第一句设置了红色背景，使用:nth-child(n)选择器设置。

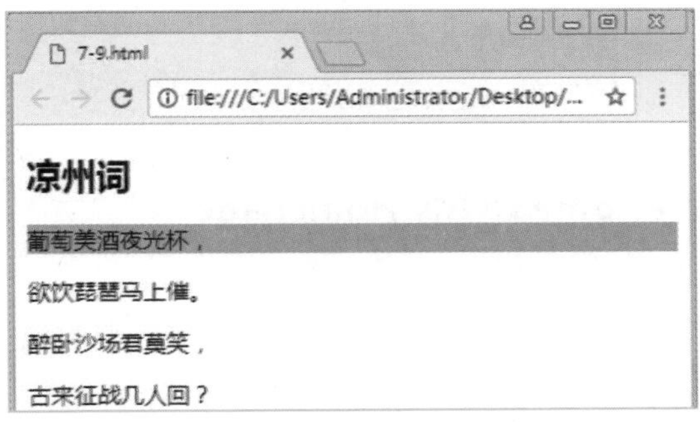

▲ 给第二行设置颜色效果

给第一句诗添加背景颜色

```
<!DOCTYPE html>
<html>
<head>
<style>
p:nth-child(2)                          //第二个的 p 标签的样式设置
{
background: #9C0;                       //设置颜色
}
</style>
</head>
<body>
<h2>凉州词</h2>
<p>葡萄美酒夜光杯，</p>
<p>欲饮琵琶马上催。</p>
<p>醉卧沙场君莫笑，</p>
<p>古来征战几人回？</p>
</body>
</html>
```

代码中带颜色部分为p:nth-child(2)和{ background: #9C0; }，效果是在body父元素中找到第二个子元素，如果第二个元素刚好匹配为p标签的话，则该元素背景色变成绿色；如果第二个元素不匹配为p标签的话，则不显示。

接着给大家讲解一个伪元素选择器::first-letter，下图所示的是为首字母设置大写效果。

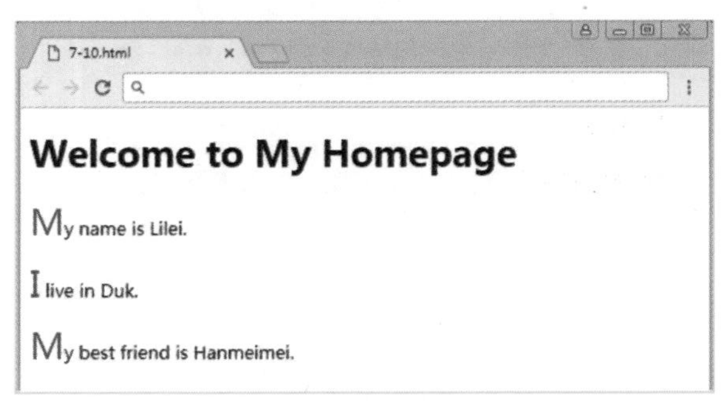

▲ 首字母变大写的效果

设置首字母的大小写


```
<!DOCTYPE html>
<html>
<head>
<style>
p:first-letter
{                                     // 选择首字母
font-size:200%;                       // 定义大小
color:#8A2BE2;                        // 定义颜色
}
</style>
</head>
<body>
<h1>Welcome to My Homepage</h1>
<p>My name is Lilei.</p>
<p>I live in Duk.</p>
<p>My best friend is Hanmeimei.</p>
</body>
</html>
```

代码中标红部分表示选择文本块的首字母。

当然，CSS 3中还增加了很多选择器，下面为大家介绍这些新增伪类选择器的含义。

::first-line：匹配文本块的首行。
:nth-child：选择指定索引处的子元素。
nth-child(n)：父元素下的第n个子元素 。
nth-child(odd)：奇数子元素(同nth-child(2n-1))。
nth-child(even)：偶数子元素(同nth-child(2n))。
nth-child(an+b)：公式(nth-child从1开始)。
:nth-last-child(n)：倒数第n个子元素。
:nth-of-type(n)：父元素下的第n个指定类型的子元素。
:nth-last-of-type：父元素下的倒数第n个指定类型的子元素。
:first-child：选择父元素下的第一个子元素。
:last-child：选择父元素下的最后一个子元素。
:only-child：选择父元素下唯一的子元素。
:only-of-type：选择父元素下指定类型的唯一子元素。
:root：选择文档的根目录，返回html。

运用其他方法做出图片效果

使用什么方法才能给代码中的第二个p标签进行颜色设置呢？:nth-of-type()在代码段的效果是表示body父元素中找到元素类型，并将元素类型的第几个标签的属性加以改变。

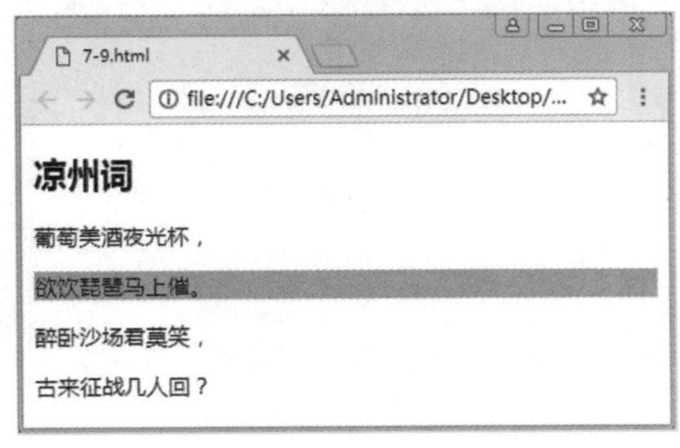

▲ 第三行文字背景变成绿色

扫描右侧二维码获取代码及效果。

Test 课后作业

本章为大家讲解了许多新增的选择器，很实用，如果想要掌握这些选择器还需要大家课后多多练习。下面为大家准备了一个课后练习，请根据下图所示制作相同的效果。

▲ 光标放在图片右侧时出现的效果

▲ 光标放在图片中间时出现的效果

怎样设置这样的翻页效果呢？接下来给出提示代码：

```
<style>
.slides {
    padding: 0;                                    // 距离内边框位置
```

```
    width: 609px;                                   // 边框宽度
    height: 420px;                                  // 高度设置
    display: block;                                 // 绝对定位
    margin: 0 auto;                                 // 设置外边距
    position: relative;
}
}
.slide:hover + .nav label { opacity: 0.5; }         // 设置鼠标滑动的状态
.nav label:hover { opacity: 1; }
.nav .next { right: 0; }
input:checked + .slide-container  .slide {
    opacity: 1;
    transform: scale(1);
    transition: opacity 1s ease-in-out;
}
input:checked + .slide-container .nav label { display: block; }
.nav-dots {
    width: 100%;
    bottom: 9px;
    height: 11px;
    display: block;
    position: absolute;
    text-align: center;
}
.nav-dots .nav-dot:hover {
    cursor: pointer;
    background-color: rgba(0, 0, 0, 0.8);
}
input#img-1:checked ~ .nav-dots label#img-dot-1,
input#img-2:checked ~ .nav-dots label#img-dot-2,
input#img-3:checked ~ .nav-dots label#img-dot-3,
input#img-4:checked ~ .nav-dots label#img-dot-4,
input#img-5:checked ~ .nav-dots label#img-dot-5,
input#img-6:checked ~ .nav-dots label#img-dot-6 {
    background: rgba(0, 0, 0, 0.8);
}
</style>
```

以上代码为CSS部分，获取全部代码请关注“德胜书坊”微信公众号。

读书笔记

网页中的“动画片”

书山有路勤为径，学海无涯苦作舟。古人诚不欺我，学习路上没有捷径，将来你会感谢现在勤奋的你。

扫一扫，更多惊喜哦

扫描二维码，关注笔者微信

课前预热 Warming Up

怎样让元素动起来

为了让网页显得更生动，设计师经常做出一些动态的效果，可以使网页的互动性更强。

CSS 3中的transition属性能提供非常便捷的过渡方式，不需要借助其他插件就能平滑过渡，而且会使网页看起来更具互动性。下面先来看一些设计中典型的例子，是不是很高端？

▲ 鼠标滑过图标出现颜色变化

▲ 鼠标划过图片出现文字提示

▲ 使菜单项凸出显示

这些效果都是使用CSS 3过渡功能实现的，接下来为大家讲解具体的用法。

▲ 图片的焦点切换

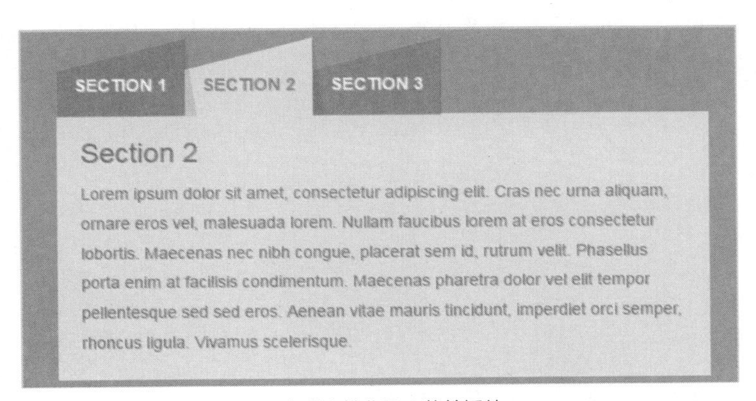

▲ 实现个性化Tab菜单插件

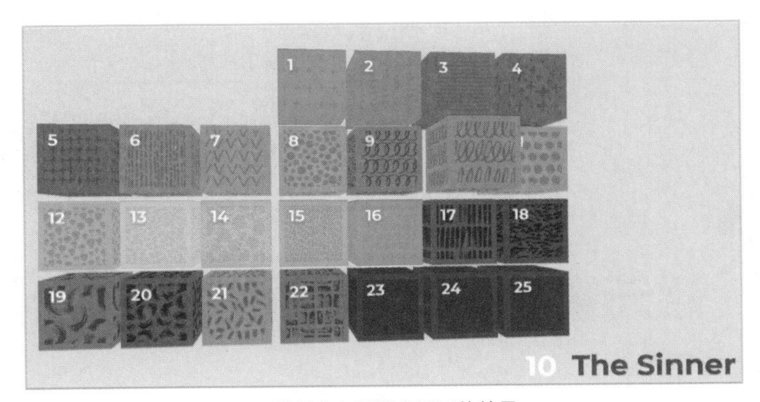

▲ 鼠标放在日期上显示的效果

想要学习这些知识必须先了解它在浏览器中的支持情况，扫描右侧二维码学习相关内容。

Section 01

过渡知识

过渡就是某个元素从一种状态到另一状态的过程，CSS 3的过渡指的是页面中的元素从开始状态改变成另外一种状态的过程。

01 与用户的互动

先作一个简单的单项属性过渡的案例，建立一个div，然后为它添加transition属性，紧接着在transition属性的值里面写入想要改变的属性和改变时间即可。下图所示的是光标放在方块上的时候方块变长，颜色不变。

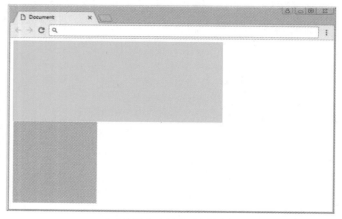

▲ 光标放在方块上时方块变长

让元素不再呆板

```
<!DOCTYPE html>
<html lang="en">
<head>
<meta charset="UTF-8">
<title>Document</title>
```

```
<style>
div{
width: 200px;                          // 设置宽度
height: 200px;                         // 设置长度
transition:width 2s;                   // 设置动作
}
.d1{
background: pink;                      // 设置背景颜色
}
.d2{
background: lightblue;
}
div:hover{                             // 设置鼠标滑动过时候的样式
width: 500px;
}
</style>
</head>
<body>
<div class="d1"></div>
<div class="d2"></div>
</body>
</html>
```

代码中带颜色的部分是让方块运动的关键。transition:width 2s;的含义是：后面的值是指定让元素以宽度运动，速度是2秒。div:hover{width: 500px;}是指当光标放在元素上的时候，宽运动到500像素的时候停止运动。

如何将其运用到现实的设计中呢？下面我们来制作一个多级菜单，效果如下图所示。

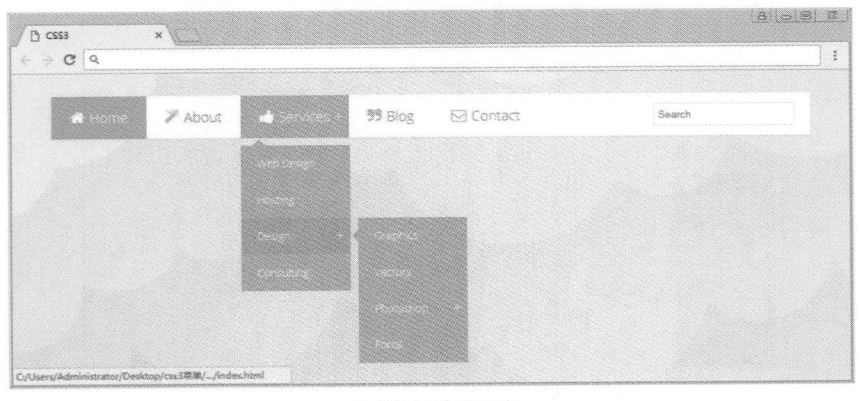

▲ 制作运动的方块

运用到transition部分的代码如下:

```
-webkit-transition: background 0.2s linear; //当光标滑动到菜单上方时匀速弹出下拉菜单
-moz-transition: background 0.2s linear;
-o-transition: background 0.2s linear;
transition: background 0.2s linear;
```

代码中有一个linear的值，表示的是匀速运动。

Transition值的含义

Transition的值还有下面几种，表示的含义如下。

ease-in：减速；ease-out：加速；ease-in-out：先加速再减速。

02 变化出更多样式

与单项属性过渡类似，多项属性过渡的原理也大致相同，只是在写法上略有不同。多项属性过渡的写法就是在写完第一个属性和过渡时间之后，随后无论添加多少个变化的属性都是逗号之后直接再次写入过渡的属性名加上过渡时间。

当然还有一个一劳永逸的方法就是直接使用关键字“all”，表示所有属性都会应用过渡，这样写有时候会有风险。例如：想要1、2、3种属性应用过渡效果，但是第4种属性不应用过渡效果，如果之前使用的是关键字“all”的话就无法取消了，所以关键字“all”使用时要慎重。

接下来为大家演示怎样设置多种颜色变化，下图所示的是颜色变化之前的样式，结合光标放在元素上时元素一边运动颜色一边发生变化。

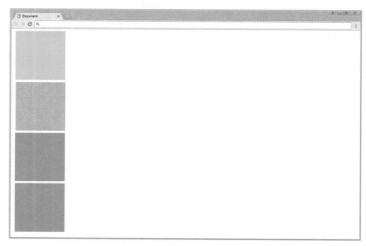

▲ 光标未放在元素上的效果

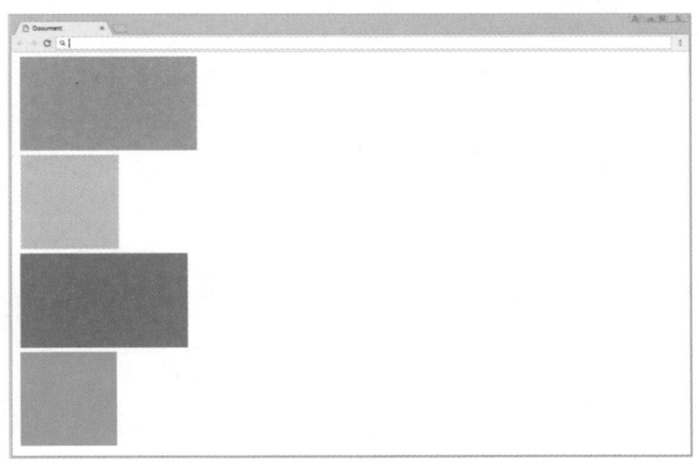

▲ 光标放在元素上的效果

多种变化效果


```
<!DOCTYPE html>
<html lang="en">
<head>
<meta charset="UTF-8">
<title>Document</title>
<style>
div{
width: 200px;
height: 200px;
margin:10px;
transition:width 2s,background 2s;          // 设置让元素边框和背景变色
}
div:hover{                                  // 设置鼠标滑过时的状态
width: 800px;
background: blue;
}
.d1{
background: pink;                           // 设置背景颜色
```

```
}
.d2{
background: lightblue;
}
span{                                        // 设置元素显示效果
display:block;
width: 200px;
height: 200px;
background: red;
transition:all 2s;                           // 定义运动效果
margin:10px;
}
span:hover{
width: 800px;
background: blue;
}
</style>
</head>
<body>
<div class="d1"></div>
<div class="d2"></div>
<span></span>
<span></span>
</body>
</html>
```


代码中标红的部分就是颜色变化的关键，transition:width 2s,background 2s;表示在宽度运动的时候background颜色同时发生改变。

transition的优点在于简单易用，但是它有以下几个局限。

- transition需要事件触发，所以无法在网页加载时自动发生。
- transition是一次性的，不能重复发生，除非一再触发。
- transition只能定义开始状态和结束状态，不能定义中间状态，也就是说只有两个状态。
- 一条transition规则，只能定义一个属性的变化，不能涉及多个属性。

03 模拟DOCK的缩放特效

使用之前学过的很多有关于CSS 3的知识来模拟实现苹果桌面下方DOCK的缩放特效，这也是对CSS 3转换和CSS 3过渡的一个小的总结。本案例中使用了div+css布局等CSS 3之前的知识，希望大家能够从中获得一些新的感受。

下图所示的是利用transition和transform制作的电脑桌面背景。

▲ 模拟苹果电脑桌面的效果

制作一个有导航的电脑桌面

```
<!DOCTYPE html>
<html lang="en">
<head>
<meta charset="UTF-8">
<title>transition 样式 3</title>
<style type="text/css">
body{
background:url('风景.jpg') no-repeat;
background-size: 100% 1020px;              //设置屏幕宽度
}
#dock{
width: 100%;
```

```
position: fixed;
bottom: 10px;
text-align: center;
}
ul{
padding: 0;
margin: 0;
list-style-type: none;
}
ul li{
display: inline-block;
width: 50px;
height: 50px;
transition: margin 1s linear;
}
//鼠标移上去时的变化
ul li:hover{
margin-left: 25px;
margin-right: 25px;
/*z-index: 999;*/
}
ul li img{                                  //设置图片效果
width: 100%;
height: 100%;
transition: transform 1s linear;            //匀速改变效果
transform-origin: bottom center;
}
ul li span{
display: none;
height:80px;
vertical-align: top;
text-align: center;
font:14px  宋体 ;
color:#ddd;
}
/*鼠标移上去时图标的变化，放大*/
ul li:hover img{
transform: scale(2, 2);                     //放大倍数
}
```

```
ul li:hover span{
display: block;
}
</style>
</head>
<body>
<div id="dock">
<ul>
<li><span>ASTY</span><img src="img/as.png"></li>
<li><span>Google</span><img src="img/google.png" alt=""></li>
<li><span>Inst</span><img src="img/in.png" alt=""></li>
<li><span>Nets</span><img src="img/nota.png" alt=""></li>
<li><span>Zurb</span><img src="img/zurb.png" alt=""></li>
<li><span>FACE</span><img src="img/facebook.png" alt=""></li>
<li><span>OTH</span><img src="img/as.png" alt=""></li>
<li><span>UYTR</span><img src="img/in.png" alt=""></li>
</ul>
</div>
</body>
</html>
```


上述代码中标红部分还有一些之前没有提及的内容，比如scale，还有origin用来设置缩放的基点，scale是先布局后变换的，变换不会对布局产生影响。

下面为大家总结一下transition属性值，如下表所示的就是CSS 3中所有的过渡属性。

属性	描述
transition	简写属性，用于在一个属性中设置四个过渡属性
transition-property	规定应用过渡的 CSS 属性的名称
transition-duration	定义过渡效果花费的时间。默认是 0
transition-timing-function	规定过渡效果的时间曲线。默认是 “ease”
transition-delay	规定过渡效果何时开始。默认是 0

目前CSS 3的过渡属性浏览器支持情况已经很好了，基本上绝大多数浏览器都能够很好地支持CSS 3过渡。

我们模拟DOCK的缩放特效的效果在IE浏览器中兼容性不是很好，下图所示的就是在IE浏览器中的显示效果，但是图标没有出现变大的效果，只是把图标变大的距离留出来了。

▲ 在IE浏览器中显示的效果

Section 02

实现动画

CSS 3属性中有关于制作动画的三个属性：transform、transition、animation。

前面已经学习了transform和transition，对元素实现了一些基本的动画效果，但是这些还远远不能满足需求，前面两个有关于动画的效果都需要触发条件才能够实现。本节所要学习的动画则不需要用户触发即可实现动画效果。

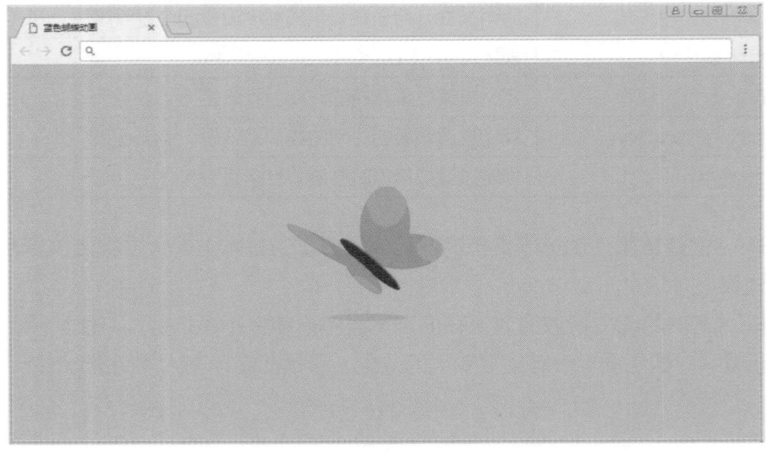

▲ 扇动翅膀的蝴蝶

▲ 运动的自行车

01 动起来的关键

animation和之前学过的canvas运动不同的是，animation是一个CSS属性，它只能作用于页面中已经存在的元素上，而不是像在canvas中可以在画布中呈现动画效果。

下面两图所示的是一个荡秋千的动画效果。

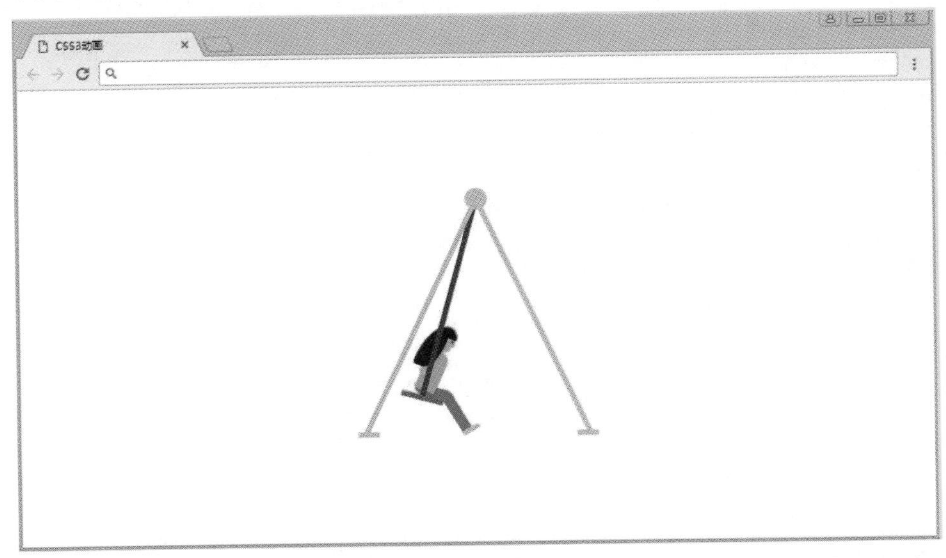

▲ 运动到最低点时的效果

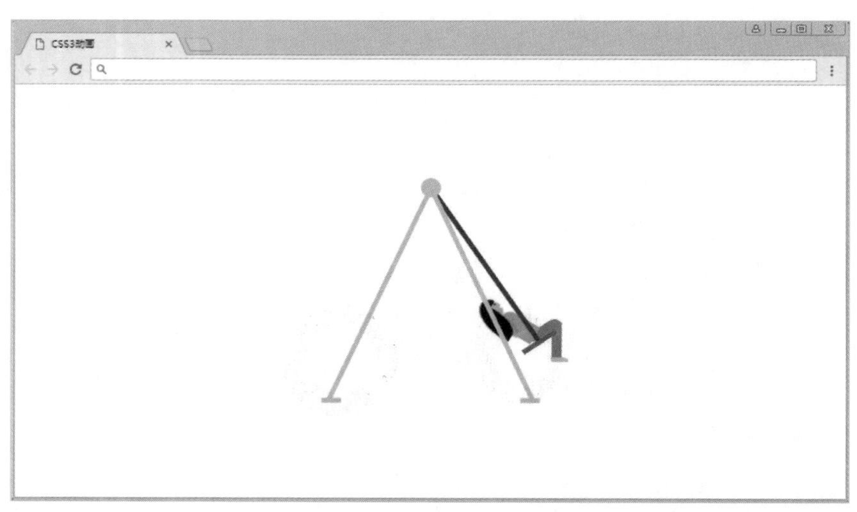

▲ 运动到最高点时的效果

一起荡秋千

```
.wrapper .swing {
  position: absolute;
  width: 40px;
  height: 100%;
  left: calc(50% - 20px);
  -webkit-transform-origin: center top;
          transform-origin: center top;
  -webkit-animation-duration: 0.8s;                    // 设置一个运动周期
          animation-duration: 0.8s;
  -webkit-animation-iteration-count: infinite;         // 动画无限循环
          animation-iteration-count: infinite;
  -webkit-animation-timing-function: ease-in-out;      // 设置运动速度
          animation-timing-function: ease-in-out;      // 先加速再减速
  -webkit-animation-direction: alternate;              // 设置交替播放
          animation-direction: alternate;
}
.wrapper .swing .human {
```

```
  position: absolute;
  width: 40px;
  height: 80px;
  bottom: 5px;
  z-index: -1;
}
.wrapper .swing .human .top-part {
  position: absolute;
  width: 40px;
  height: 80px;
  bottom: 5px;
  -webkit-transform-origin: center bottom;
          transform-origin: center bottom;
  -webkit-animation-name: body-animation;
          animation-name: body-animation;
  -webkit-animation-duration: 0.8s;
          animation-duration: 0.8s;
  -webkit-animation-iteration-count: infinite;
          animation-iteration-count: infinite;
  -webkit-animation-timing-function: ease-in-out;
          animation-timing-function: ease-in-out;
  -webkit-animation-direction: alternate;
          animation-direction: alternate;
}
```

上述代码中标红的部分含义如下。

❶ animation-name属性为@keyframes动画规定名称。

❷ animation-duration属性定义动画完成一个周期需要多少秒或毫秒。

❸ animation-timing-function指定动画将如何完成一个周期。使用此函数，可以使用自己的值或使用预先定义的值。

animation-timing-function属性的值可以是以下几种。

- inear：动画从头到尾的速度是相同的。
- ease：默认，动画以低速开始，然后加快，在结束前变慢。
- ease-in：动画以低速开始。
- ease-out：动画以低速结束。
- ease-in-out：动画以低速开始和结束。
- cubic-bezier(n,n,n,n)：函数中可能的值是从0到1的数值。

❹ animation-delay属性定义动画什么时候开始。它的值的单位可以是秒（s）或毫秒（ms）。

⑤ animation-iteration-count属性定义动画应该播放多少次，默认值为1。

animation-iteration-count属性的值可以有以下两种。

- n：一个数字，定义播放多少次动画。
- infinite：指定动画播放无限次（永远）。

⑥ animation-direction属性定义是否循环交替反向播放动画。规定动画是否在下一周期逆向播放，默认是 normal。如果动画被设置为只播放一次，该属性将不起作用。

animation-direction属性的值可以使以下几种。

- normal：默认值。动画按正常播放。
- reverse：动画反向播放。
- alternate：动画在奇数次（1、3、5...）正向播放，在偶数次（2、4、6...）反向播放。
- alternate-reverse：动画在奇数次（1、3、5...）反向播放，在偶数次（2、4、6...）正向播放。
- Initial：设置该属性为它的默认值。
- Inherit：从父元素继承该属性。

⑦ animation-play-state规定动画是否正在运行或暂停，默认是running。

- paused：指定暂停动画。
- running：指定正在运行的动画

02 制作旋转的圈圈

我们上网浏览网页的时候最讨厌什么？是不是网络不好的时候出现的那个一直转呀转的圈。今天我们就来学习一下它的工作原理，下图所示的就是一个loading的图标。

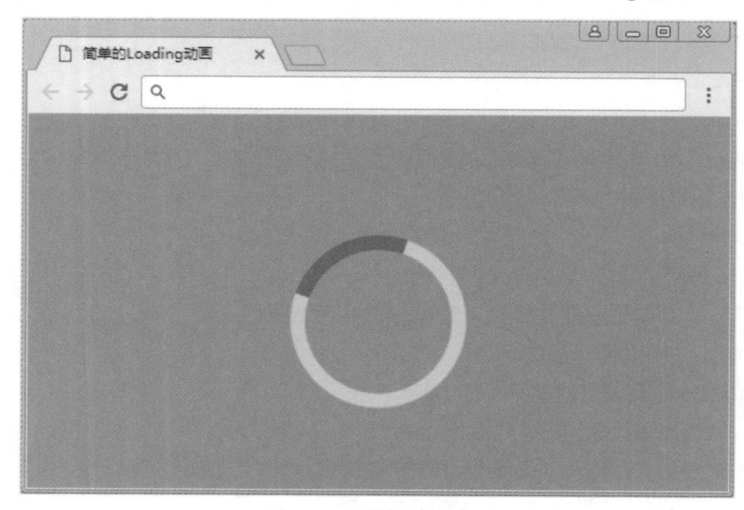

▲ loading图标的运动效果

制作loading图标

```
<!doctype html>
<html>
<head>
<meta charset="utf-8">
<title>简单的 Loading 动画 </title>
<style type="text/css">
body{
    background: #a0a0a0;
}

.loader{
    margin: 100px auto 0;
}
.loader{
    border: solid 12px #ddd;
    border-left-color: #167ede;
    border-radius: 50%;
    height: 120px;
    width: 120px;
    -webkit-animation: simple-loader 1.1s infinite linear;    // 定义运动
    animation: simple-loader 1.1s infinite linear;
}

@-webkit-keyframes simple-loader{
  0% {
    -webkit-transform: rotate(0deg);                          // 定义角度
    transform: rotate(0deg);
  }
  100% {
    -webkit-transform: rotate(360deg);                        // 定义角度
    transform: rotate(360deg);
  }
}
```

```
@keyframes simple-loader{
   0% {
      -webkit-transform: rotate(0deg);
      transform: rotate(0deg);
   }
   100% {
      -webkit-transform: rotate(360deg);
      transform: rotate(360deg);
   }
}
</style>
</head>
<body>
<div class="loader"></div>
</body>
</html>
```


代码中的带颜色的部分是制作loading图标的关键，@keyframes被称为关键帧，类似于Flash中的关键帧。在CSS 3中其主要以“@keyframes”开头，后面紧跟着动画名称加上一对花括号“{…}”，括号中就是一些不同时间段样式规则。

制作loading进度条

学习了loading的进度图标之后我们接着来制作一个带有颜色的进度条，下面两个图表示的是进度到5%的时候，用红色代替，以及进度到100%的时候进度条以绿色表示的效果。

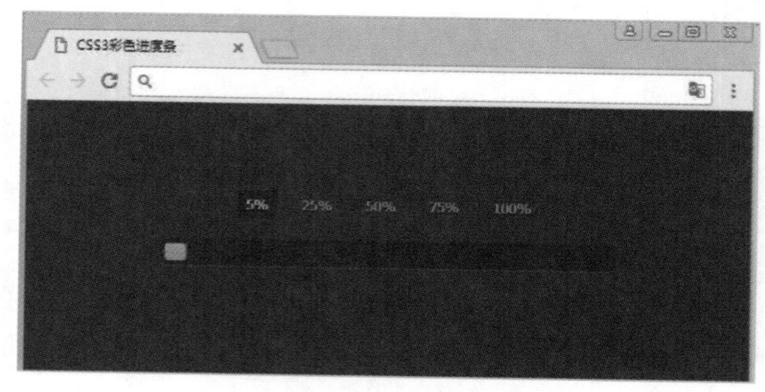

▲ 进度到5%显示的效果

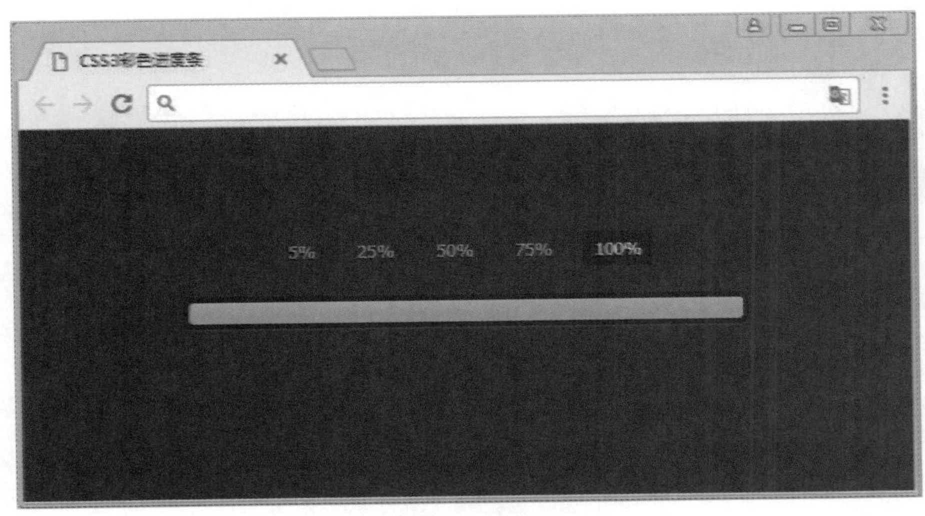

▲ 进度到100%时的效果

扫描右侧二维码获取相关代码。

03 使用放大镜查看

本节利用动画的属性知识制作放大镜的效果，下图所示的是图片的正常显示效果和图片放大显示的效果。

▲ 图片的正常显示效果

▲ 图片的放大显示效果

使用放大镜查看图片

```
<!DOCTYPE html>
<html>
<head>
<meta charset="UTF-8">
<title></title>
<style type="text/css">
div{
width: 300px;                    // 设置宽
height: 300px;                   // 设置高
border: #000 solid 1px;          // 设置边框属性
margin: 50px auto;               // 设置边距
overflow: hidden;                // 溢出隐藏
}
div img{
cursor: pointer;                 // 鼠标显示的状态
transition: all 0.6s;            // 设置动作
}
div img:hover{                   // 设置滑动效果
transform: scale(2.2);
}
</style>
</head>
<body>
<div>
<img src="tupian.png" />
</div>
</body>
</html>
```

overflow:hidden这个属性的作用是隐藏溢出；cursor: pointer;这段代码表示的是鼠标光标放在图片上的时候出现小手的形状；scale(2.2)就是放大属性，后面的值是放大的倍数。

课后作业

CSS 3的过渡功能使得开发者的Web开发更加方便，技术瓶颈和壁垒更少。CSS 3中的动画，有了这个颠覆性的新技术，前端开发工作者直接使用CSS即可完成动画操作。CSS并不是编程语言，只是样式语言而已，写CSS的时候是不需要逻辑运算的。

下面以一个太阳系运动动画作为本章的结束，利用动画属性制作一个星球运动的动画，效果如下图所示。

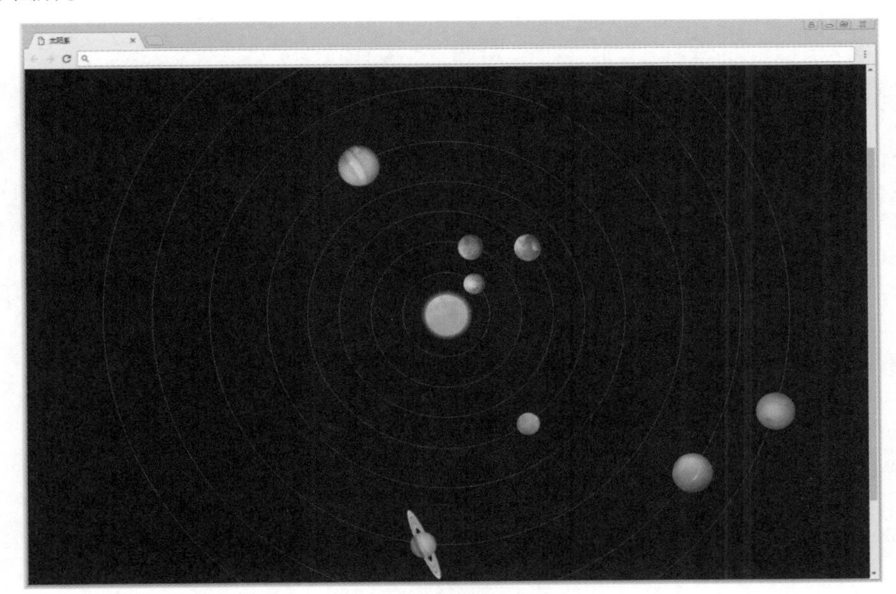

▲ 星球运动的动画效果

提示代码如下：

```
.sun{
background: url("1/img/sun.png") 0 0 no-repeat;
width: 100px;
height: 100px;
left: 600px;
top: 600px;
}
.mercury{
background: url("1/img/2.png") 0 0 no-repeat;
```

```
width: 50px;
height: 50px;
left: 700px;
top: 625px;
transform-origin: -50px 25px;
animation: rotation 2.4s linear infinite;
}
.mercury-track{
width: 150px;
height: 150px;
left: 575px;
top: 575px;
border-radius: 75px;
}
.venus{
background: url("1/img/3.png") 0 0 no-repeat;
width: 60px;
height: 60px;
left: 750px;
top: 620px;
animation: rotation 6.16s linear infinite;
transform-origin: -100px 30px;
}
.venus-track{
width: 260px;
height: 260px;
left: 520px;
top: 520px;
border-radius: 130px;
}
@keyframes rotation{
to{
transform: rotate(360deg);
}
}
```

关键代码已经给出，希望大家认真完成。

09 让浏览更轻松

不浮躁，沉下心，一步一个脚印地走来，是不是比打游戏充实多了呢？坚持下去，每天学一课。若使年华虚度过，到老空留后悔心。

扫描二维码，关注笔者微信

课前预热 Warming Up

三站合一

我们现在浏览的许多网页在PC端可以浏览，在手机上同样可以浏览，你知道是怎么操作的吗？

CSS 3多媒体查询根据设置自适应显示。@media可以针对不同的屏幕尺寸设置不同的样式，特别是如果需要设置设计响应式的页面，@media非常有用。

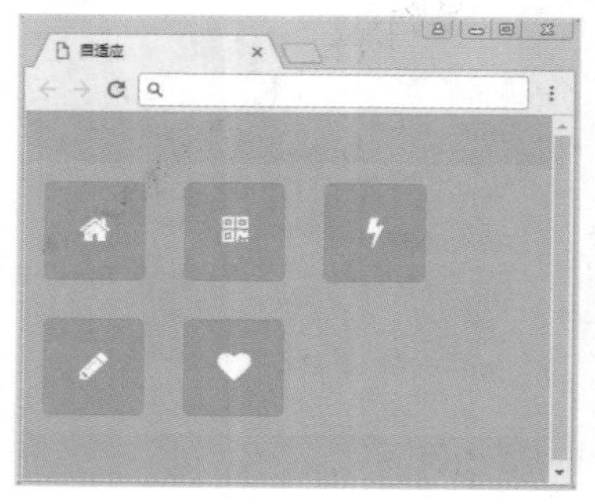

▲ 缩小浏览器的宽度

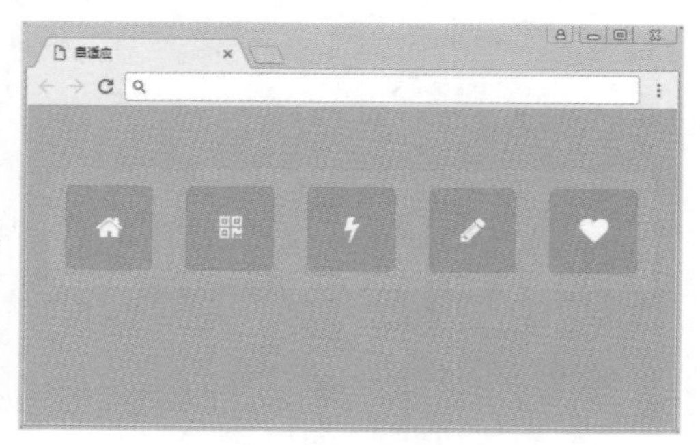

▲ 扩大浏览器的宽度

▲ 手机网站

▲ 电脑网站

从上图中可以看出，制作多媒体查询的效果让内容可以随着浏览器的改变而改变。在CSS 3中也增添了许多能和用户互动的相关功能，让用户浏览体验更好。

▲ 多彩的背景效果

▲ 3D相框效果

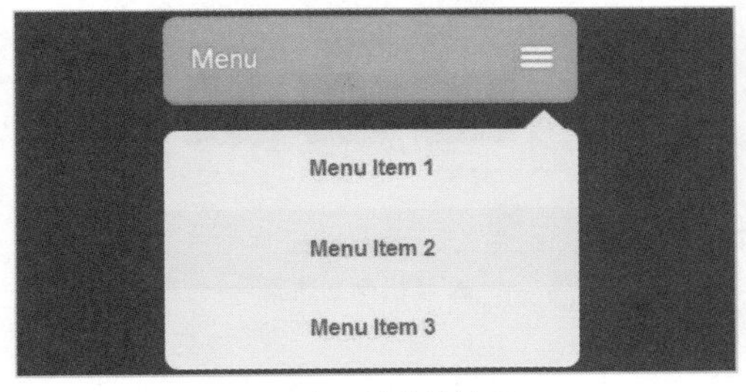

▲ 定义下拉菜单效果

▲ 让图片旋转

▲ 3D浮动按钮

▲ 翻书效果

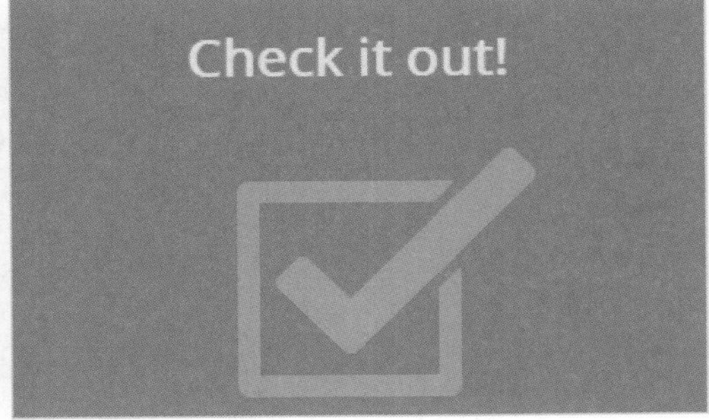

▲ 单击按钮出现钩号动画

Section 01

自适应效果

多媒体查询最大的作用就是使得Web页面能够很好地适配PC端与移动端的浏览器窗口。下面就学习自适应怎么操作吧！

▲ 电脑网站效果

▲ 手机网站效果

01 多媒体查询能做什么

CSS 3多媒体查询根据设置自适应显示，媒体查询可用于检测很多事情。

1. viweport（视窗）的宽度与高度

@media能够轻松得到用户的浏览器视口的宽高。

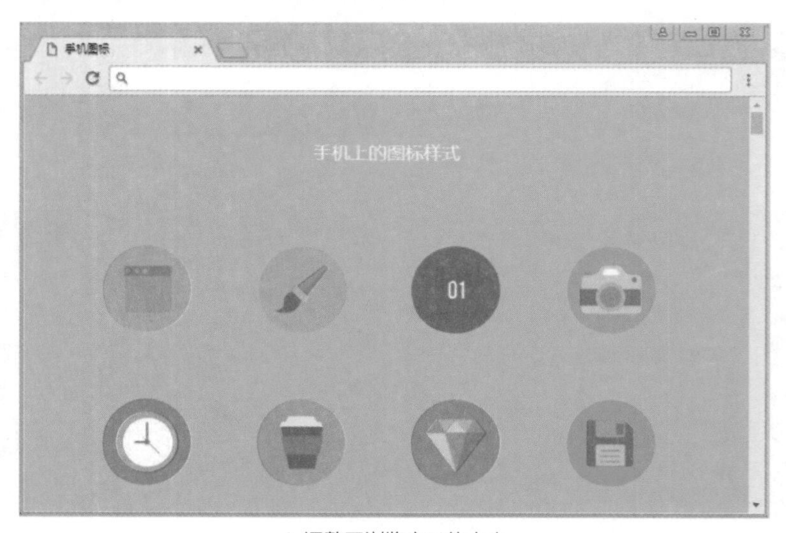

▲ 调整了浏览窗口的大小

2. 设备的高度与宽度

@media也可以得到用户的设备的宽高。

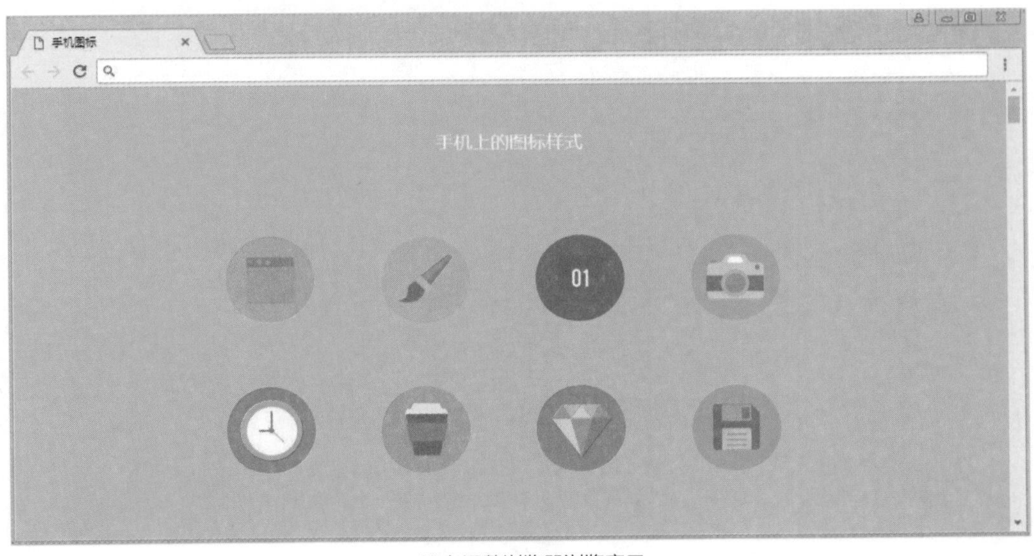

▲ 没有调整浏览器浏览窗口

3. 朝向（智能手机横屏与竖屏）

@media为智能手机用户也提供了便利，它会根据用户手机的朝向为用户正确地展示Web页面，保证用户浏览的流畅性。

▲ 手机横屏显示

▲ 手机竖屏显示

4. 分辨率

@media也可以读取用户的设备的分辨率，以展示适合用户设备显示的Web页面。

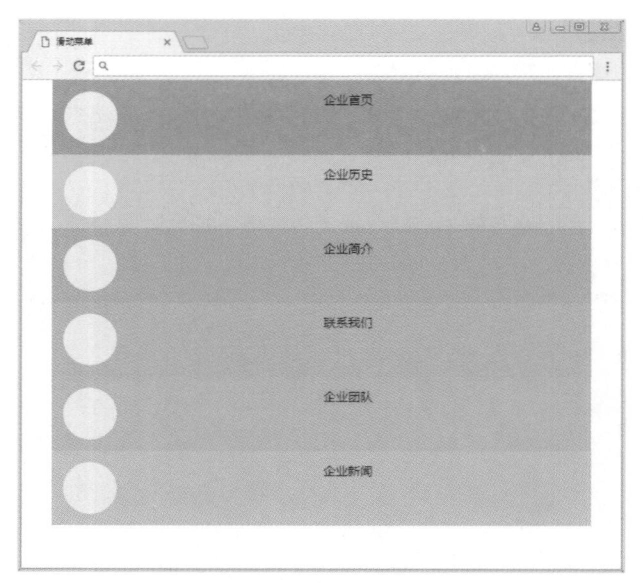

▲ 设置了分辨率的显示效果

02 窗口大小控制颜色

多媒体查询语法如下：

```
@media mediatype and|not|only (media feature) {
CSS-Code;
}
```

也可以通过不同的媒体使用不同的CSS样式表：

```
<link rel="stylesheet" media="mediatype and|not|only (media feature)"
href="mystylesheet.css">
```

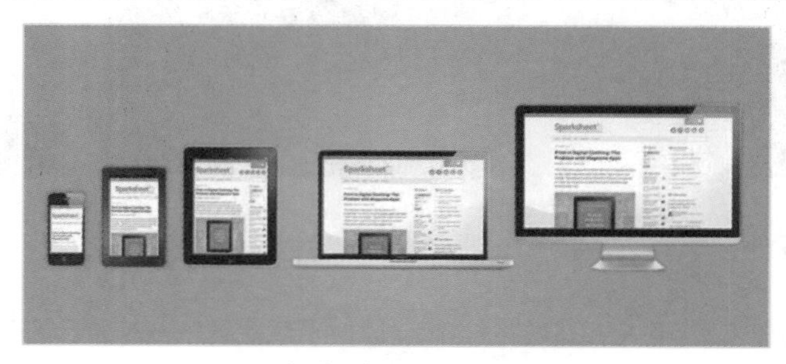

▲ 各种设备都支持的网页

网页背景随浏览器大小改变而改变

```
<!DOCTYPE html>
<html>
<head>
<meta charset="utf-8">
<title>媒体查询</title>
<style>
body {                                          //定义背景属性
    background-color: pink;
    color: #fff;
}
ul {                                            //定义列表属性
    list-style-type: none;
}

ul li a {                                       //定义链接属性
    color: green;
    text-decoration: none;
    padding: 3px;
    display: block;
}
@media screen and (min-width: 1200px) {         //设置屏幕宽度
    body {
        background-color: brown;                //设置显示颜色
    }
}
@media screen and (min-width: 980px)and (max-width:1199px){
body {
        background-color: pink;
    }
}
@media screen and (min-width: 768px) and (max-width:979px) {
    body {
        background-color: blue;
```

```
    }
}
@media screen and (max-width:767px) {
    body {
        background-color: blueviolet;
    }
}
@media screen and (max-width: 480px) {
    body {
        background-color: black;
    }
}
</style>
</head>
<body>
<h1 >缩放浏览器窗口查看效果! </h1>
<p>窗口大于 1200 像素背景显示      红色 </p>
<p>窗口 980-1200 像素之间背景显示  粉色 </p>
<p>窗口 768-979 像素之间背景显示   蓝色 </p>
<p>窗口 480-767 像素之间背景显示   紫色 ;</p>
<p>窗口小于 480 像素背景显示       黑色 </p>
</body>
</html>
```


先来看下面这段代码：

```
@media screen and (min-width: 1200px) {
    body {
        background-color: brown;
    }
```

这段代码控制的效果如下图所示。

▲ 屏幕宽度在1200px时的背景效果

接着如果浏览器窗口缩小到1199px的时候浏览器背景显示的效果如下图所示。控制显示效果的代码如下：

```
@media screen and (min-width: 980px)and (max-width:1199px){
body {
        background-color: pink;
    }
}
```

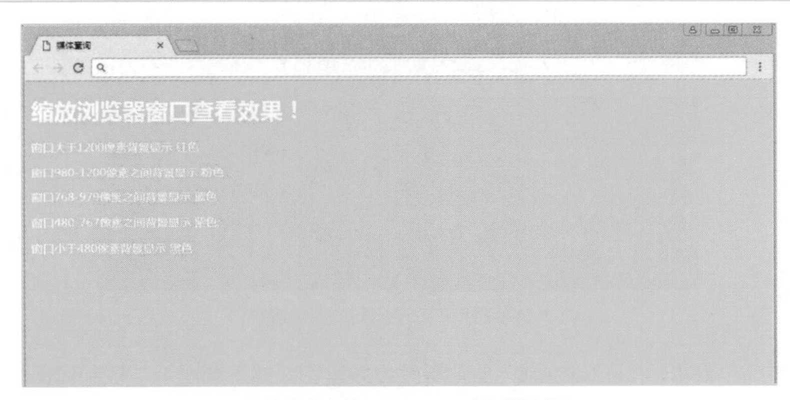

▲ 屏幕宽度在小于1200px时的背景颜色

继续缩小浏览器，缩小到979px的时候浏览器的背景颜色如下图所示。控制代码如下：

```
@media screen and (min-width: 768px) and (max-width:979px) {
    body {
        background-color: blue;
    }
}
```

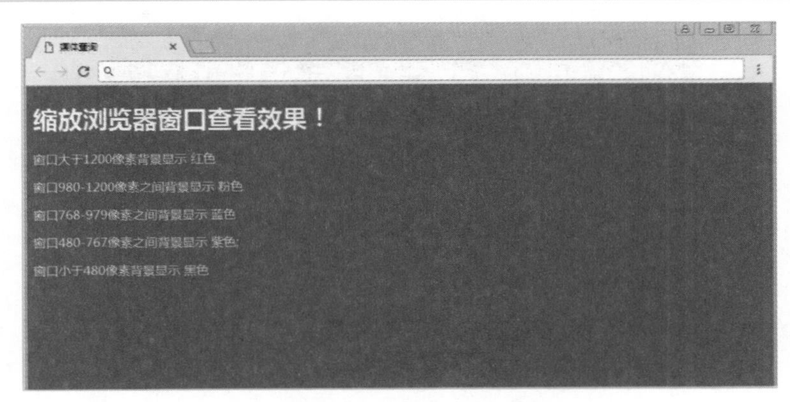

▲ 屏幕宽度在768~979px时的背景颜色

浏览器继续缩小，缩小到767px的时候浏览器的背景颜色如下图所示。控制代码如下：

```
@media screen and (max-width:767px) {
    body {
        background-color: blueviolet;
    }
}
```

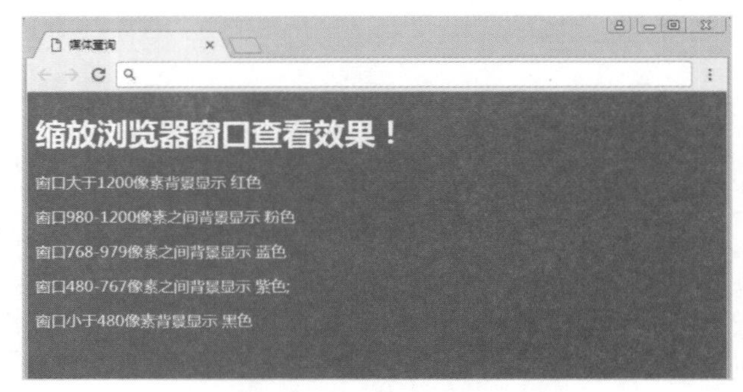

▲ 屏幕宽度在767px时的背景颜色

当浏览器缩小到480px的时候浏览器背景颜色为黑色，如下图所示。控制代码如下：

```
@media screen and (max-width: 480px) {
    body {
        background-color: black;
    }
}
```

▲ 屏幕宽度在小于480px时的背景效果

03 自适应导航栏

带领大家实现一个在CSS 3的网页中常见的自适应导航栏的案例，通过制作自适应导航栏可以深度掌握CSS 3中的@media规则，希望大家能够从这个案例中得到新的启发。

浏览器窗口大于800px时的显示效果如下图所示。

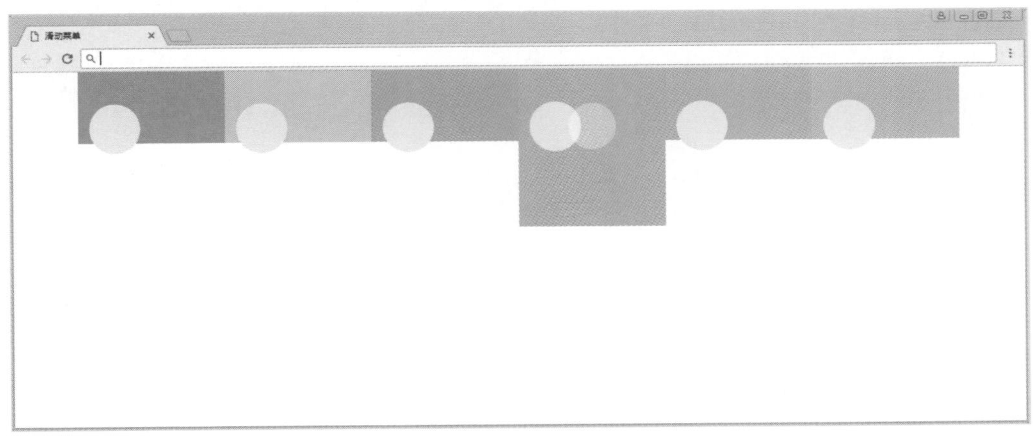

▲ 窗口大于800px时的导航栏

制作流行的网页导航栏

```
<link rel="stylesheet" media="screen and (min-width:800px)" href="CSS/style1.
css">
*{margin:0;padding:0;}
nav{
width:80%;
max-width: 1200px;
height:200px;
margin:20px auto;
}
div{
width: 16.6%;
max-width: 200px;
```

```
height:200px;
background-color: #ccc;
float:left;
font-size: 20px;
color:#fff;
text-align: center;
text-transform: capitalize;
line-height: 320px;
transition:all 1s;
}
span{
display:block;
width: 70px;
height: 70px;
background-color: #eee;
margin:-100px auto;
border-radius: 35px;
}
i{
display:block;
width: 130px;
height: 130px;
background-color: rgba(255,255,255,0);
margin:0px auto;
border-radius: 65px;
transition:all 1s;
}
div:hover{
height:220px;
}
div:hover i{
transform:scale(0.5);
background-color: rgba(255,255,255,0.5)
}
```


浏览器窗口大于500px小于800px时的显示效果如下图所示。

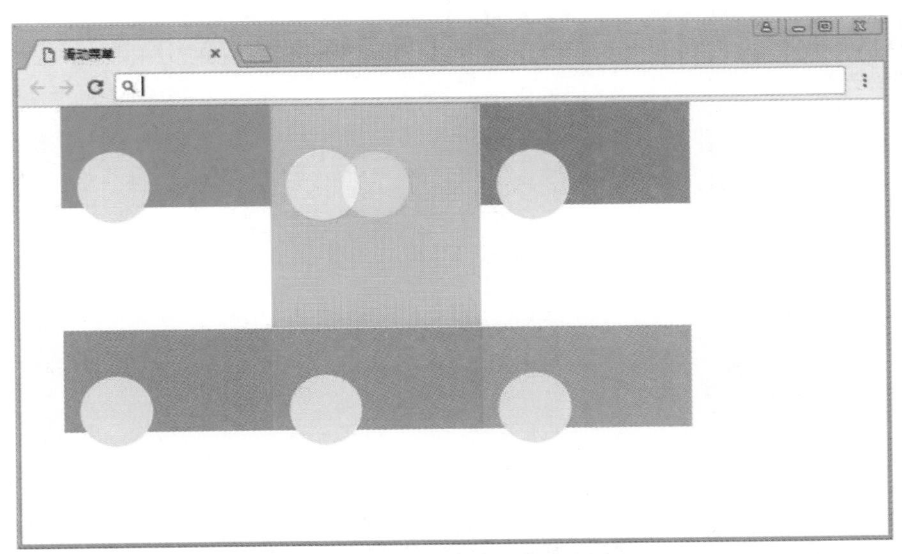

▲ 窗口在500px和800px之间时的导航栏

样式代码如下：

```
<link rel="stylesheet" media="screen and (min-width:500px) and (max-
width:800px)" href="CSS/style2.css">
*{margin:0;padding:0;}
body{}
nav{
width:90%;
min-width: 400px;
height:300px;
margin:0px auto;
}
div{
width:50%;
min-width: 100px; */
height: 100px;
padding:15px;
background: red;
float:left;
text-align:center;
box-sizing: border-box;
}
span{
```

```
display:block;
width: 70px;
height: 70px;
background-color: #eee;
border-radius: 35px;
float:left;
}
```

浏览器窗口小于500px时的样式如下图所示。

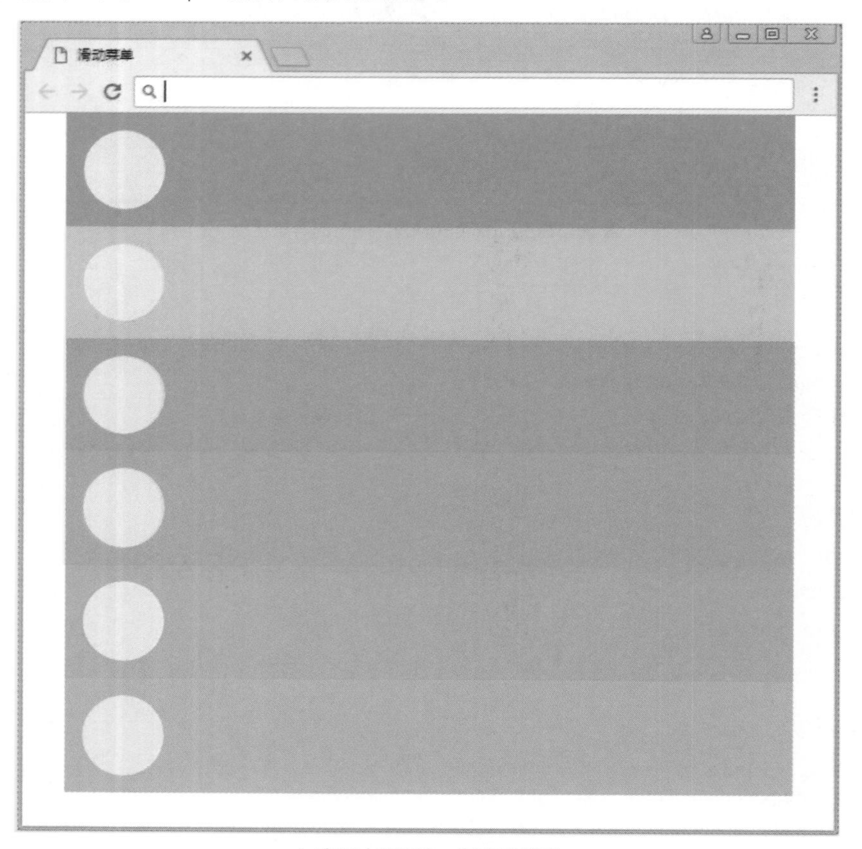

▲ 窗口小于500px时的导航栏

样式代码如下:

```
<link rel="stylesheet" media="screen and (max-width:500px)" href="CSS/style3.
css">
*{margin:0;padding:0;}
```

```
body{}
nav{
width:90%;
min-width: 400px;
height:300px;
margin:0px auto;
display:flex;
flex-wrap: wrap;
}
div{
width:100%;
height: 100px;
padding:15px;
background: red;
text-align:center;
box-sizing: border-box;
}
span{
display:block;
width: 70px;
height: 70px;
background-color: #eee;
border-radius: 35px;
float:left;
}
```

以上三段代码中标红的部分与之前写的样式有所不同，但效果是一样的，而且比之前的代码简单。

设备的尺寸

这里总结了适配iPhone和iPad等设备的尺寸适应的代码。

```
@media screen and (min-width:321px) and (max-width:375px){html{font-size:11px}}
@media screen and (min-width:376px) and (max-width:414px){html{font-size:12px}}
@media screen and (min-width:415px) and (max-width:639px){html{font-size:15px}}
@media screen and (min-width:640px) and (max-width:719px){html{font-size:20px}}
@media screen and (min-width:720px) and (max-width:749px){html{font-size:22.5px}}
@media screen and (min-width:750px) and (max-width:799px){html{font-size:23.5px}}
@media screen and (min-width:800px){html{font-size:25px}}
```

Section 02

与用户的互动

好的UI设计不仅是让软件变得有个性有品位，还要让软件的操作变得舒适、简单、自由，充分体现软件的定位和特点。

想要学习CSS 3用户界面先要了解什么是用户界面。传统的用户界面（User Interface）是指对软件的人机交互、操作逻辑、界面美观的整体设计。

在本节中，将学习以下用户界面属性。

- resize
- box-sizing
- outline-offset

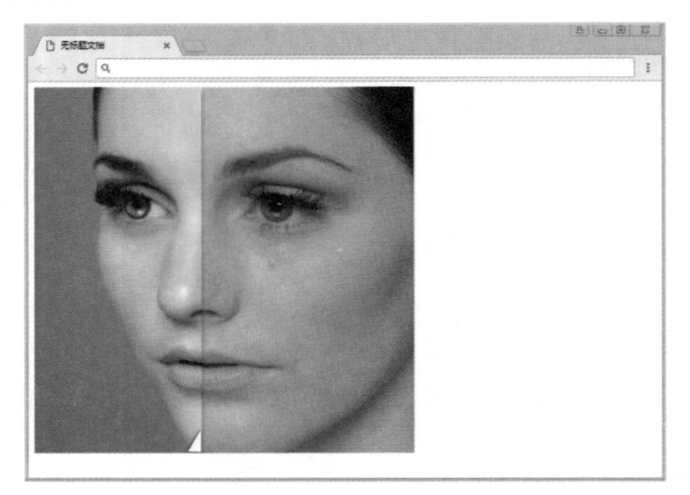

▲ 使用resize属性制作的滤镜效果

▲ 多列布局的使用

01 制作一张电子报纸

多列布局在Web页面中使用很频繁，常见如瀑布流的照片背景墙、移动端的响应式布局等都能用到。CSS 3提供了多列布局，多列布局拥有众多的属性，本节就来学习CSS 3多列布局的相关属性。

下图所示的是多列布局的应用效果。

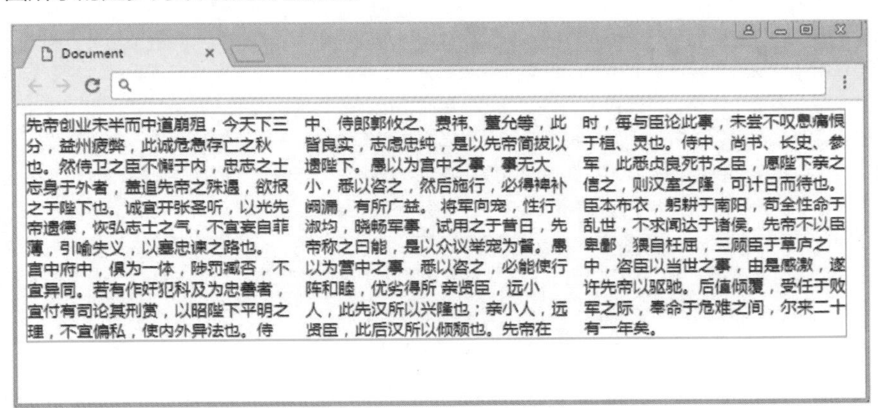

▲ 多列布局

多列布局的用法

多列布局的使用方法代码如下：

```
<!DOCTYPE html>
<html lang="en">
<head>
<meta charset="UTF-8">
<title>Document</title>
<style>
div{
width: 800px;
border:1px solid red;
column-count: 3;                    // 设置 3 栏
}
```

```
</style>
</head>
<body>
<div>
先帝创业未半而中道崩殂，今天下三分，益州疲弊，此诚危急存亡之秋也。然侍卫之臣不懈于内，忠志之士忘身于外者，盖追先帝之殊遇，欲报之于陛下也。诚宜开张圣听，以光先帝遗德，恢弘志士之气，不宜妄自菲薄，引喻失义，以塞忠谏之路也。
宫中府中，俱为一体，陟罚臧否，不宜异同。若有作奸犯科及为忠善者，宜付有司论其刑赏，以昭陛下平明之理，不宜偏私，使内外异法也。侍中、侍郎郭攸之、费祎、董允等，此皆良实，志虑忠纯，是以先帝简拔以遗陛下。愚以为宫中之事，事无大小，悉以咨之，然后施行，必得裨补阙漏，有所广益。将军向宠，性行淑均，晓畅军事，试用之于昔日，先帝称之曰能，是以众议举宠为督。愚以为营中之事，悉以咨之，必能使行阵和睦，优劣得所亲贤臣，远小人，此先汉所以兴隆也；亲小人，远贤臣，此后汉所以倾颓也。先帝在时，每与臣论此事，未尝不叹息痛恨于桓、灵也。侍中、尚书、长史、参军，此悉贞良死节之臣，愿陛下亲之信之，则汉室之隆，可计日而待也。 臣本布衣，躬耕于南阳，苟全性命于乱世，不求闻达于诸侯。先帝不以臣卑鄙，猥自枉屈，三顾臣于草庐之中，咨臣以当世之事，由是感激，遂许先帝以驱驰。后值倾覆，受任于败军之际，奉命于危难之间，尔来二十有一年矣。
</div>
</body>
</html>
```


代码中标红的部分column-count属性规定元素应该被划分的列数，后面的值表示的是可以分几列。

如果我们想加大列与列之间的间距该怎么设置呢？这时候就需要用到column-gap的属性了，这个属性规定列之间的间隔。

为之前的示例添下面的代码：

```
<style>
div{
width: 800px;
border:1px solid red;
column-gap: 40px;                    // 设置间距
column-count: 3;
}
</style>
```

代码运行结果如下图所示。

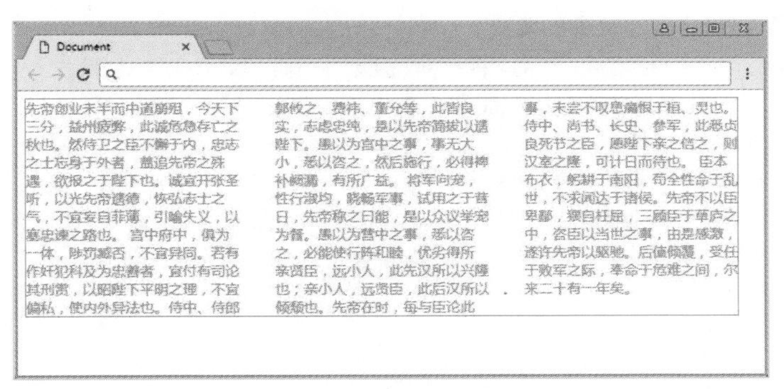

▲ 设置列之间的间隔

如果想要给列之间添加样式的话又该怎么设置呢？这里用到的是column-rule-color 属性。这个属性规定列之间的颜色规则，类似于border-color属性。

通过以下三个属性为上述代码中添加列与列的分割线，代码如下：

```
<style>
div{
width: 800px;
border:1px solid red;
column-gap: 40px;
column-count: 3;
column-rule-color: red;              // 设置分割线颜色
column-rule-width: 5px;              // 设置线宽
column-rule-style: dotted;           // 设置样式
}
</style>
```

代码运行结果如下图所示。

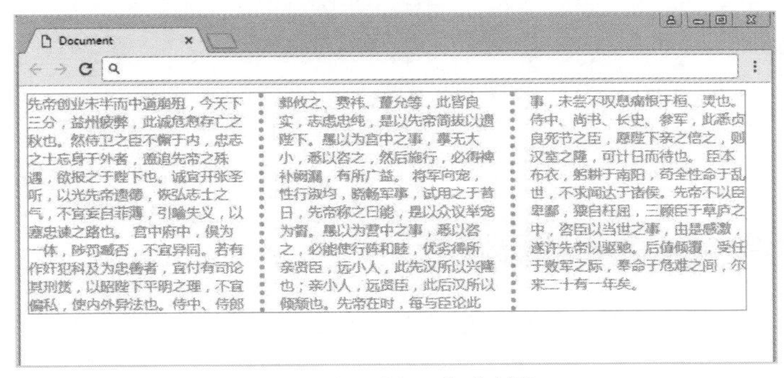

▲ 为列与列之间添加分割线

多列布局的其他属性及值的含义

❶ column-rule-style属性规定列之间的样式规则，类似于border-style属性。
column-rule-style属性的值可以是以下几种。
- none：定义没有规则。
- hidden：定义隐藏规则。
- dotted：定义点状规则。
- dashed：定义虚线规则。
- solid：定义实线规则。
- double：定义双线规则。
- groove：定义3D grooved规则。
- ridge：定义3D ridged规则。
- inset：定义3D inset规则。
- outset：定义3D outset规则。

❷ column-rule-width属性规定列之间的宽度规则，类似于border-width属性。
column-rule-width属性的值可以是以下几种。
- thin：定义纤细规则。
- medium：定义中等规则。
- thick：定义宽厚规则。
- length：规定规则的宽度。

❸ column-rule属性是一个简写属性，用于设置所有column-rule-*属性。
column-rule属性设置列之间的宽度、样式和颜色规则，类似于border属性。

❹ column-span属性规定元素应横跨多少列。
column-span的值可以是以下两种。
- 1：元素应横跨一列。
- all：元素应横跨所有列。

❺ column-width属性规定列的宽度。
column-width属性的值可以是以下两种。
- auto：由浏览器决定列宽。
- length：规定列的宽度。

❻ columns属性是一个简写属性，用于设置列宽和列数。
语法描述如下：

```
columns: column-width column-count;
```

02 Photoshop中的滤镜效果

在初始的HTML元素中很少有元素能够让用户自主地调节元素的尺寸（除了textarea元素），其实这样是对用户进行了很大的限制。用户不是专业开发人员，如果让他们随意变动页面的尺寸，很容易产生布局错乱等问题，但是CSS 3提供了resize属性，就可以解决这一问题了。

下面给美女图片作一个磨皮的效果，下面两图分别是原始图片和使用了resize属性作的磨皮效果。

▲ 原始图片效果

▲ 使用了resize属性的效果

动动手 Try it

PS一张美女图片

```
<style>
div#comparison {
  width: 60vw;
  height: 60vw;
  max-width: 600px;
  max-height: 600px;
  overflow: hidden;
}

div#comparison figure {
  background-image: url(1.png);
  background-size: cover;
  position: relative;
  font-size: 0;
  width: 100%;
  height: 100%;
  margin: 0;
}

div#comparison figure #divisor {
  background-image: url(2.png);
  background-size: cover;
  position: absolute;
  min-width: 10%;
  max-width: 100%;
  box-shadow: 0 5px 10px -2px rgba(0, 0, 0, 1);
  overflow: hidden;
  bottom: 0;
  height: 100%;
  /* 设置 resize 属性，使之可以横向改变大小 */
  resize: horizontal;
}
/* 覆盖 resize 元素的默认样式 */
```

```
div#comparison figure #divisor::after {
  content: "";
  width: 20px;
  height: 30px;
  position: absolute;
  right: 1px;
  bottom: 1px;
  background: linear-gradient(-60deg, white 50%, transparent 0);
  cursor: ew-resize;
  -webkit-filter: drop-shadow(0 0 2px black);
  filter: drop-shadow(0 0 2px black);
}
</style>
```

resize属性规定是否可由用户调整元素尺寸。

语法描述如下：

```
resize: none|both|horizontal|vertical;
```


resize属性的值可以是以下几种。

- None：用户无法调整元素的尺寸。
- both：用户可以调整元素的高度和宽度。
- Horizontal：用户可以调整元素的宽度。
- Vertical：用户可以调整元素的高度。

03 修饰图片

outline-offset属性对轮廓进行偏移，并在边框边缘进行绘制，轮廓在两方面与边框不同：轮廓不占用空间；轮廓可能是非矩形。

右图所示的是图片被修饰出边框的效果。

▲ 图片的轮廓修饰

动动手 Try it

修饰图片的轮廓

```
<!DOCTYPE html>
<html lang="en">
<head>
<meta charset="UTF-8">
<title>Document</title>
<style>
div{
width: 368px;
height: 265px;
outline:2px solid red;                    //设置轮廓的大小颜色
margin:60px;
}
.d2{
outline-offset: 20px;                     //设置轮廓偏移量
}
</style>
</head>
<body>
<div class="d1"><img src="3.png"></div>
<div class="d2"><img src="3.png"></div>
</body>
</html>
```


乍一看上去是不是像给图片设置了border属性，其实outline-offset和border属性差不多。

04 开关按钮样式

box-sizing属性是CSS 3的box属性之一，所以它也是遵循盒子模型的原理的。box-sizing属性允许以特定的方式定义匹配某个区域的特定元素。假如需要并排放置两个带边框的框，可通过将box-sizing设置为border-box实现。这可令浏览器呈现出带有指定宽度和高度的框，并把边框和内边距放入框中。

▲ 开关打开的效果

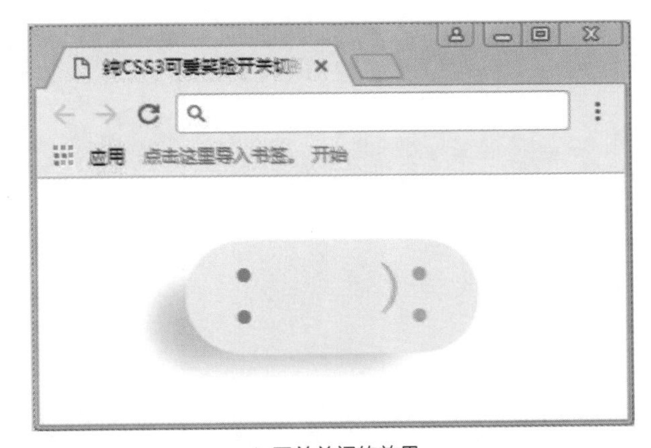

▲ 开关关闭的效果

用最简单的方法制作按钮

```
*, *:after, *:before {
  -webkit-box-sizing: border-box;
          box-sizing: border-box;
  font-family: serif;
}

.toggle {
```

```
  position: fixed;
  left: 50%;
  top: 50%;
  -webkit-transform: translate(-50%, -50%);
  transform: translate(-50%, -50%);
}
.toggle:after, .toggle:before {
  content: ':';
  font-size: 20vw;
  position: absolute;
  left: 5vw;
  top: -4vw;
  z-index: 2;
  color: #3CB300;
}
.toggle:before {
  left: auto;
  right: 5vw;
  color: #B7B7B7;
}
.toggle label {
  height: 20vw;
  width: 50vw;
  background: #f5f2f0;
  border-radius: 50vw;
  position: relative;
  display: inline-block;
  content: ':';
}
.toggle label:before {
  content: ')';
  color: #3CB300;
  font-size: 10vw;
  position: absolute;
  left: 14vw;
  top: 3vw;
  -webkit-transition: 0.3s ease-in;
  transition: 0.3s ease-in;
  z-index: 2;
```

```
}
.toggle label:after {
  content: '';
  position: absolute;
  left: 0;
  top: 0;
  height: 20vw;
  width: 50vw;
  border-radius: 50vw;
  -webkit-box-shadow: 33px 18px 26px -13px rgba(0, 0, 0, 0.17);
  box-shadow: 33px 18px 26px -13px rgba(0, 0, 0, 0.17);
  -webkit-transition: -webkit-transform .3s ease-in;
  transition: -webkit-transform .3s ease-in;
  transition: transform .3s ease-in;
  transition: transform .3s ease-in, -webkit-transform .3s ease-in;
}
.toggle input {
  position: absolute;
  left: 0;
  top: 0;
  width: 100%;
  height: 100%;
  z-index: 5;
  opacity: 0;
  cursor: pointer;
}
.toggle input:checked + label:before {
  -webkit-transform: translateX(19vw);
  transform: translateX(19vw);
  color: #B7B7B7;
}
.toggle input:checked + label:after {
  -webkit-box-shadow: -33px 18px 26px -13px rgba(0, 0, 0, 0.17);
          box-shadow: -33px 18px 26px -13px rgba(0, 0, 0, 0.17);
}</html>
```

box-sizing的属性可以是以下几种。

1. content-box

content-box属性解释如下。

- 这是由CSS 2.1规定的宽度和高度行为。
- 宽度和高度分别应用到元素的内容框。
- 在宽度和高度之外绘制元素的内边距和边框。

2. border-box

border-box属性解释如下。

- 为元素设定的宽度和高度决定了元素的边框盒。
- 为元素指定的任何内边距和边框都将在已设定的宽度和高度内进行绘制。
- 通过从已设定的宽度和高度分别减去边框和内边距才能得到内容的宽度和高度。

3. inherit

Inherit属性解释如下。

规定应从父元素继承box-sizing属性的值。

课后作业

本章讲解了很多实用的知识点，包括盒子的模型应用、多列布局以及自适应窗口的应用方法，下面我们就结合这些知识做一个练习，效果如下图所示。

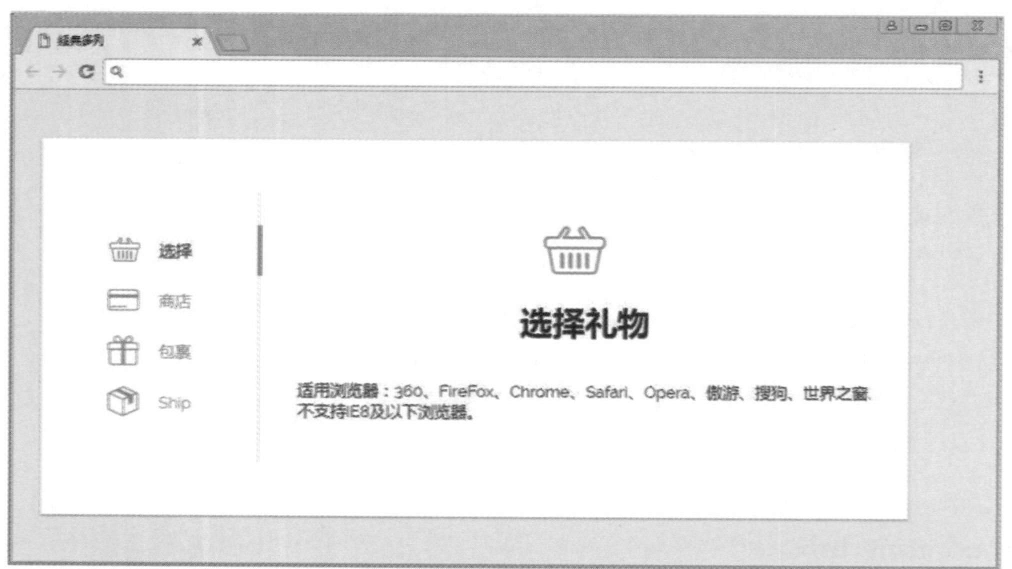

▲ 自适应窗口

代码提示如下：

```
html, body {
  margin: 0;
  padding: 0;
  width: 100%;
  /*height: 100%;*/
  background-color: #eee;
  font-family: 'Raleway';
}
#wrapper {
    width: 900px;
    height: 400px;
    position: absolute;
    top: 1px;
    bottom: 0;
    left: -62px;
    right: 0;
    margin: auto;
    background-color: #fff;
    box-shadow: 0 1px 3px rgba(0, 0, 0, 0.12), 0 1px 2px rgba(0, 0, 0, 0.24);
    display: -webkit-box;
    display: -webkit-flex;
    display: -ms-flexbox;
    display: flex;
    -webkit-box-align: center;
    -webkit-align-items: center;
    -ms-flex-align: center;
    align-items: center;
    -webkit-box-pack: left;
    -webkit-justify-content: left;
    -ms-flex-pack: left;
    justify-content: left;
    overflow: hidden;
}
#left-side ul li:hover {
  color: #333333;
  -webkit-transition: all .2s ease-out;
  transition: all .2s ease-out;
}
```

```
#left-side ul li:hover > .icon {
  fill: #333;
}
#border #line.one {
  width: 5px;
  height: 54px;
  background-color: #E74C3C;
  margin-left: -2px;
  margin-top: 35px;
  -webkit-transition: all .4s ease-in-out;
  transition: all .4s ease-in-out;
```

以上代码为代码的关键部分，想要获取完整代码请关注“德胜书坊”公众号。

Chapter 10 重要的网页元素

一日练，一日功，一日不练十日空。学完本章内容你已基本掌握了HTML 5和CSS 3的知识了。

扫描二维码，关注笔者微信

课前预热 Warming Up

变花样的文字和边框

一手好字可以给人加分，在网页中，好看的文字效果同样可以为网页带来意想不到的效果。

在网页中，文本样式也能够突出网页设计的风格，一个好的网页设计也必然少不了酷炫的文本和边框样式的点缀。下面先来看一下优秀的文字和边框设计的实例。

▲ 文字的拉伸效果

▲ 文字的3D效果

▲ 图片的边框样式

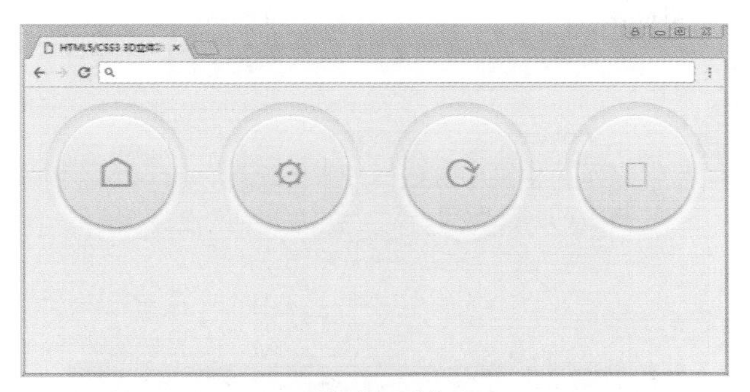

▲ 图标的阴影效果

▲ 多图并列焦点图

▲ 文字的局部阴影效果

▲ 光标划过文字发光效果

Section 01

文字让网页更突出

在网页中文字会占据很大的比例，所以设计好看的文字效果非常重要，下面将讲解文字在网页中的设计。

下图所示为文字的火焰效果。

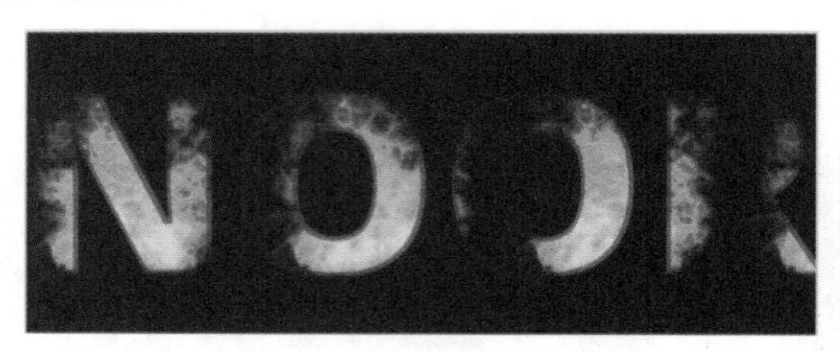

▲ 火焰的遮挡效果

01 文字的阴影效果

text-shadow还没有出现时，在网页设计中阴影一般都是用Photoshop处理后再使用的，现在有了CSS 3可以直接使用text-shadow属性来指定阴影。这个属性有两个作用，即产生阴影和模糊主体，这样在不使用图片时也能给文字增加质感。

下图所示的是文字的阴影效果。

▲ 文字的阴影效果

让文字显得立体

```
<!DOCTYPE html>
<html lang="en">
```

```
<meta charset="UTF-8">
<title>Document</title>
<head>
<style>
p{
text-align:center;                                  //定义居中
font:bold 50px Helvetica, arial, sans-serif;        //定义字体
color:#9C3;                                         //定义颜色
text-shadow:0.1em 0.1em #CC9900;                    //定义阴影
}
</style>
</head>
<body>
<p>人生若只如初见，何事秋风悲画扇。</p>
</body>
</html>
```

代码中的text-shadow:0.1em 0.1em #cc9900；声明了右下角文本阴影效果。如果把投影设置到左上角，则可以按照下面的方法设置，代码如下：

```
<style type="text/css">
p{
text-shadow:-0.1em -0.1em  #CC9900;
}
</style>
```

代码的运行效果如下图所示。

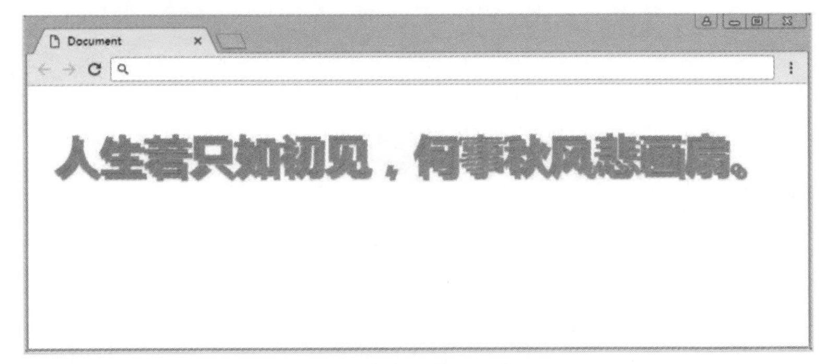

▲ 设置左上角的阴影效果

同理，如果设置阴影的文本在左下角，则可以设置如下样式，示例代码如下：

```
<style type="text/css">
p{
text-shadow:-0.1em 0.1em #CC9900;
}
</style>
```

代码的运行效果如下图所示。

▲ 设置左下角的阴影效果

也可以增加模糊效果的阴影，示例代码如下：


```
<style type="text/css">
p{
text-shadow: 0.1em 0.1em 0.3em #CC9900;
}
</style>
```

代码的运行效果如下图所示。

▲ 设置阴影模糊效果

上述代码中带颜色的部分含义如下。

text-shadow属性的第一个值表示水平位移，第二个值表示垂直位移，正值为偏右或偏下，负值为偏左或偏上，第三个值表示模糊半径，该值可选，第四个值表示阴影的颜色，该值可选。在阴影偏移之后，可以指定一个模糊半径。模糊半径是一个长度值，指出模糊效果的范围。如何计算模糊效果的具体计算方法没有指定，在阴影效果的长度值之前或之后可以选择指定一个延伸值。颜色值会被用作阴影效果的基础。如果没有指定颜色，那么将使用color属性值来替代。

用阴影增加前景色与背景色的对比

通过阴影增加前景色与背景色的对比度，下图所示的是没有添加阴影的效果和添加阴影的效果。

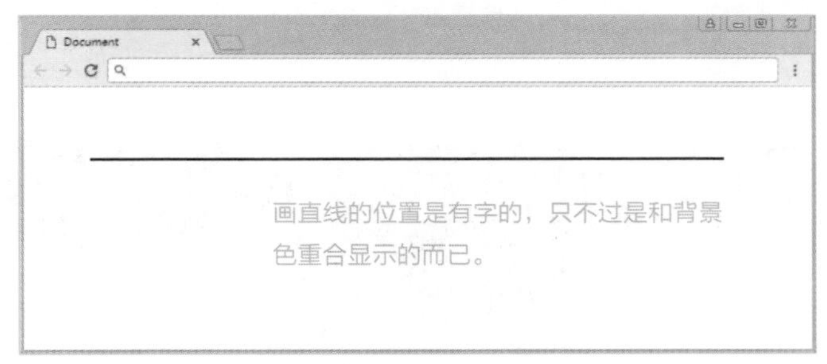

▲ 图中的文字和背景色相同

▲ 给文字添加阴影效果

扫描右侧二维码获取实例代码。

02 更多的文字效果

text-shadow属性可以接受一个以逗号分隔的阴影效果列表，并应用到该元素的文本上。阴影效果按照给定的顺序应用，因此有可能出现互相覆盖，但是它们不会覆盖文本本身，阴影效果不会改变边框的尺寸，但可能延伸到它的边界之外。阴影效果的堆叠层次和本身层次是一样的。

动动手 Try it

制作更多文字效果

制作多重阴影的效果，如下图所示。

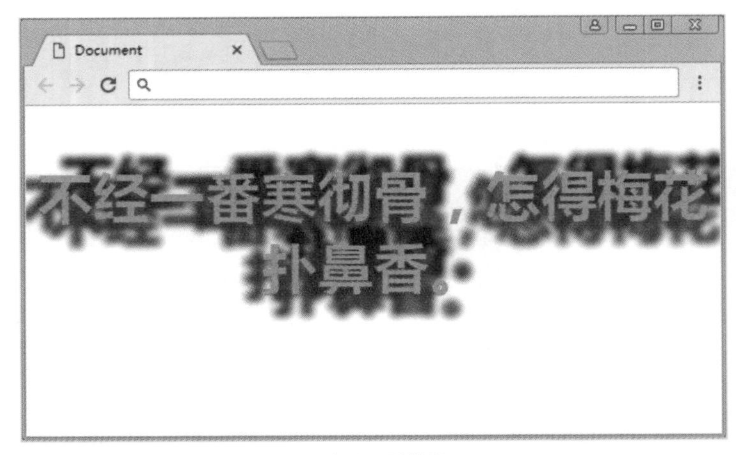

▲ 多重阴影效果

代码如下：

```
<style>
// 设置文字大小及样式
p{
text-align:center;
font:bold 50px helvetica, arial, sans-serif;
color:red;
// 设置背景的多重阴影
text-shadow: 0.2em 0.4em 0.2em #600,
-0.3em 0.1em 0.2em #060,
0.4em -0.3em 0.2em #006;
}
</style>
```

当使用text-shadow属性定义多色阴影时，每个阴影效果必须指定阴影偏移，而模糊半径、阴影颜色是可选参数。

借助阴影效果列表机制，可以使用阴影叠加出燃烧的文字特效，效果如下图所示。

▲ 火焰文字特效

代码如下：

```
<style>
body{
background:#000;
}
p{
text-align:center;
font:bold 50px helvetica, arial, sans-serif;
color:green;
//给文字设置火焰的特效
text-shadow: 0 0 4px white,          //设置颜色和偏移量
0 -5px 4px #ff3,
2px -10px 6px #fd3,
-2px -15px 11px #f80,
2px -25px 18px #f20;
}
</style>
```

接下来我们制作Photoshop中的浮雕效果，如下图所示。

▲ 文字的浮雕效果

代码如下：

```
<style>
// 设置背景颜色
body{
background:#000;
}
// 设置文字属性及阴影效果
p{
text-align:center;
padding:24px
margin:0;
font: helvetica, arial, sans-serif;
font-size:75px;
font-weight:bold;
color:green;
background:#ccc;
text-shadow: -1px -1px white,
2px 2px #333;
</style>
```


text-shadow属性还可以为文本描边，方法是分别为文本的四边添加1px的实体阴影，效果如下图所示。

▲ 文字的红色描边效果

上图效果的代码如下：

```
<style>
body{
```

```
background:#000;
}
p{
text-align:center;
padding:24px;
margin:0;
font: helvetica, arial, sans-serif;
font-size:75px;
font-weight:bold;
color:white;
background:#ccc;
text-shadow: -2px 0 red,
0 2px black,
2px 0 black,
0 -2px black;
}
</style>
```


设置阴影不发生位移，同时定义阴影模糊显示，这样可以模拟出文字外发光效果，效果如下图所示。

▲ 设置文字的外发光效果

上图效果的代码如下：

```
<style>
body{
```

```
background:#000;
}
p{
text-align:center;
padding:24px
margin:0;
font: helvetica, arial, sans-serif;
font-size:75px;
font-weight:bold;
color:#999;
background:#F60;
// 定义阴影和位移量
text-shadow:0 0 0.2em #fff,
0 0 0.2em #fff;
}
</style>
```


以上效果都是使用text-shadow属性制作出来的，通过改变属性值还可以制作出很多效果，大家可以多多练习和发掘。

03 文本溢出的设置

在编辑网页文本时经常会遇到文字太多超出容器的问题，CSS 3新特性中给出了解决方案。text-overflow属性规定当文本溢出包含元素时的处理方法。

如下图所示的是文本溢出时的效果。

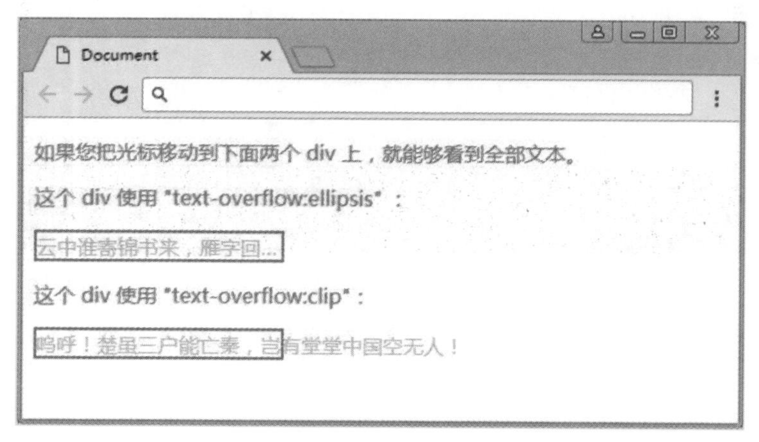

▲ 文本溢出效果

制作文本的溢出效果

```
<!DOCTYPE html>
<html lang="en">
<meta charset="UTF-8">
<title>Document</title>
<head>
<style>
p{
color:#990
}
div.test{
white-space:nowrap;                              //强制文本不进行换行
width:12em;
overflow:hidden;
border:1px solid #000000;
color:#F93;
}
div.test:hover{
text-overflow:inherit;                           // 从父元素继承 overflow 属性的值
overflow:visible;                                // 内容不会被修剪，会呈现在元素框之外
}
</style>
</head>
<body>
<p>如果您把光标移动到下面两个 div 上，就能够看到全部文本。</p>
<p>这个 div 使用 "text-overflow:ellipsis" :</p>
<div class="test" style="text-overflow:ellipsis;">
云中谁寄锦书来，雁字回时，月满西楼。
</div>
<p>这个 div 使用 "text-overflow:clip" :</p>
<div class="test" style="text-overflow:clip;">
呜呼！楚虽三户能亡秦，岂有堂堂中国空无人！
</div>
</body>
```

```
</html>
```

text-overflow属性的值可以是以下几种。

- clip：修剪文本。
- ellipsis：显示省略符号来代表被修剪的文本。
- string：使用给定的字符串来代表被修剪的文本。

04 英文单词的换行

在编辑网页文本时经常会遇到单词太长超出容器一行的问题，CSS 3新特性中给出了解决方案，word-wrap属性允许长单词或URL地址换行到下一行。下图所示分别为没有换行的单词超出容器，以及使用了word-wrap属性对单词换行的效果。

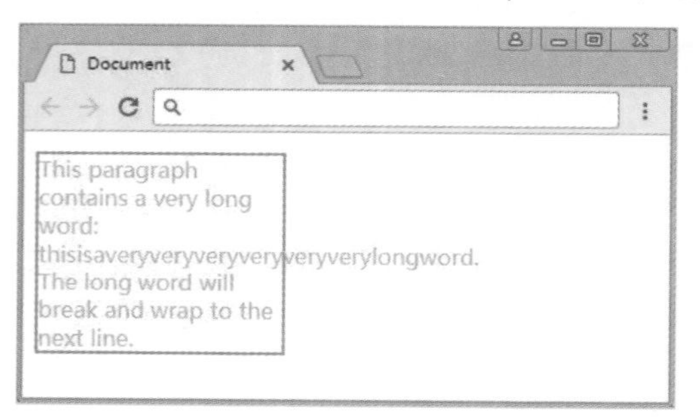

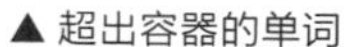
▲ 超出容器的单词

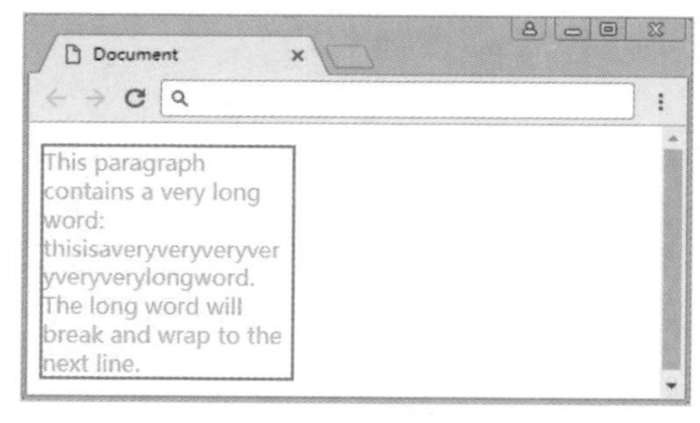

▲ 给单词强制换行

长单词的换行

```
<!DOCTYPE html>
<html lang="en">
<meta charset="UTF-8">
<title>Document</title>
<head>
<style>
p.test{
width:11em;
```

```
border:2px solid #990;
color:#F90;
word-wrap: break-word;                              //对单词换行
}
</style>
</head>
<body>
<p class="test">
This paragraph contains a very long word: thisisaveryveryveryveryveryverylong
word. The long word will break and wrap to the next line.
</p>
</body>
</html>
```

代码中带颜色的部分就是单词换行的关键代码。

动动手
Try it

拆分单词

如何对单词进行拆分才能让浏览器实现在任意位置换行呢？word-break属性和word-warp属性都是关于自动换行的操作，它们之间有什么区别呢？下图所示为使用两种属性的效果。

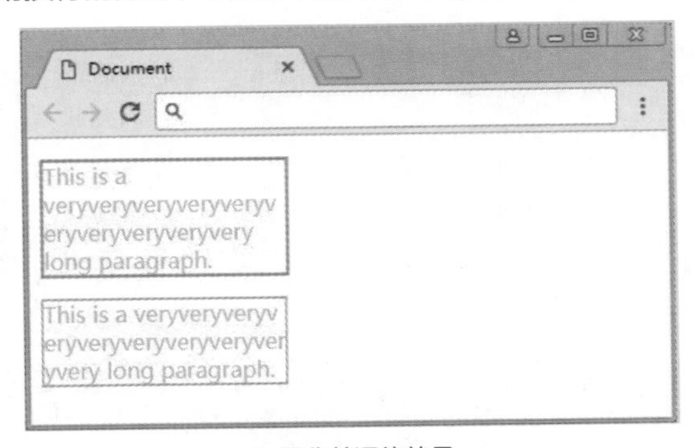

Document
This is a
veryveryveryveryveryv
eryveryveryveryvery
long paragraph.
This is a veryveryveryv
eryveryveryveryveryver
yvery long paragraph.

▲ 拆分单词的效果

扫描右侧二维码获取实例代码。

颜色让网页更好看

绚烂的颜色更容易吸引人的眼球，所以在网页设计中有时也会使用多彩的颜色让网页更加好看，而CSS 3的渐变即可轻松实现。

在介绍CSS 3渐变之前，先了解什么是渐变。其实渐变就是颜色与颜色之间的平滑过渡，在创建的过程中，创建多个颜色值，让多个颜色之间实现平滑的过渡效果。

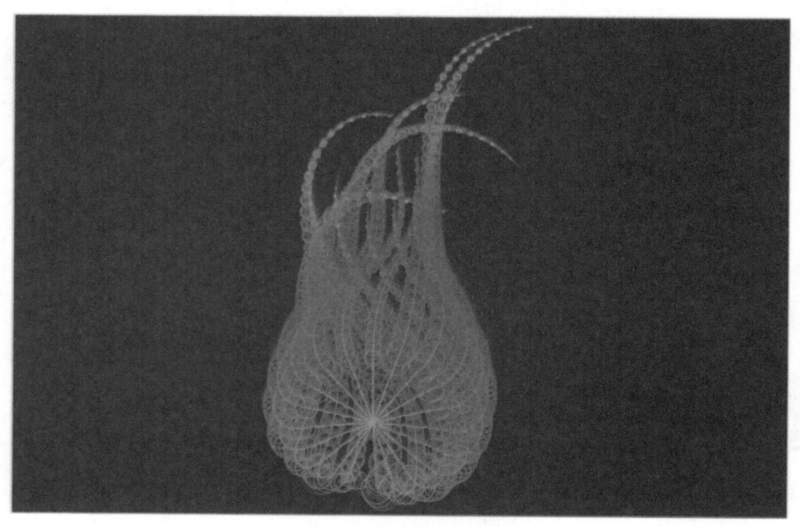

▲ 渐变色制作的章鱼效果

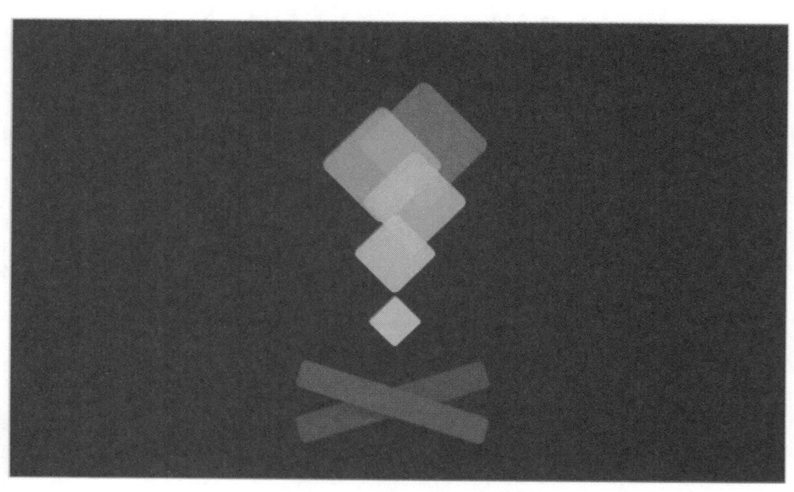

▲ 渐变色制作火的效果

▲ 带有渐变色的表盘

01 多变的颜色

学习CSS 3渐变先从最简单的线性渐变开始学起，渐变是指多种颜色之间平滑的过渡，想要实现最简单的渐变需要定义两个颜色值，一个颜色作为渐变的起点，另外一个作为渐变终点。

下图所示的是一个线性渐变的效果。

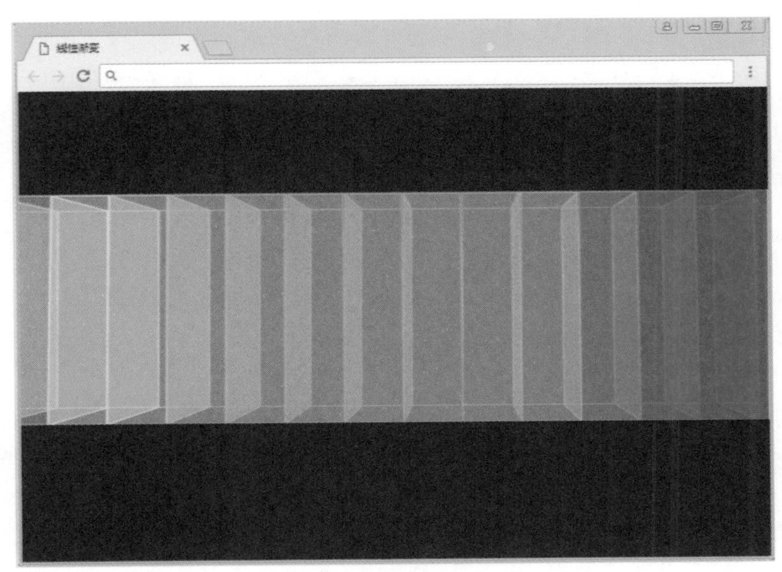

▲ 线性渐变的效果

动动手 Try it

制作颜色渐变

```
.box:nth-child(1) div {
  background: rgba(255, 64, 0, 0.3);
  border: 1px solid #ff4000;
}

.box:nth-child(2) {
  left: 50px;
  animation-delay: -0.15s;
}
.box:nth-child(2) div {
  background: rgba(255, 128, 0, 0.3);
  border: 1px solid #ff8000;
}

.box:nth-child(3) {
  left: 100px;
  animation-delay: -0.225s;
}
.box:nth-child(3) div {
  background: rgba(255, 191, 0, 0.3);
  border: 1px solid #ffbf00;
}

.box:nth-child(4) {
  left: 150px;
  animation-delay: -0.3s;
}
.box:nth-child(4) div {
  background: rgba(255, 255, 0, 0.3);
  border: 1px solid yellow;
}

.box:nth-child(5) {
```

```
  left: 200px;
  animation-delay: -0.375s;
}
.box:nth-child(5) div {
  background: rgba(191, 255, 0, 0.3);
  border: 1px solid #bfff00;
}

.box:nth-child(6) {
  left: 250px;
  animation-delay: -0.45s;
}
.box:nth-child(6) div {
  background: rgba(128, 255, 0, 0.3);
  border: 1px solid #80ff00;
}
```


代码中标红的部分rgba(128, 255, 0, 0.3);含义如下。

使用RGB颜色表示就是rgb(0, 0, 0)与rgb(255,255,255)，其实本质上是一样的，只是一个是16进制表示的，一个是二进制表示的（RGB颜色）。其中，表示半透明度的0.3前面的0是可以省略的，直接以.3表示也是可以的。

接下来制作径向渐变的效果，如下图所示，这是一个炫丽的太空背景，可以看到有许多闪耀的星星，这些星星该怎样设置呢？

▲ 星空图像

我们放大其中的一颗星星为例来讲解径向渐变的使用方法，效果如下图所示。

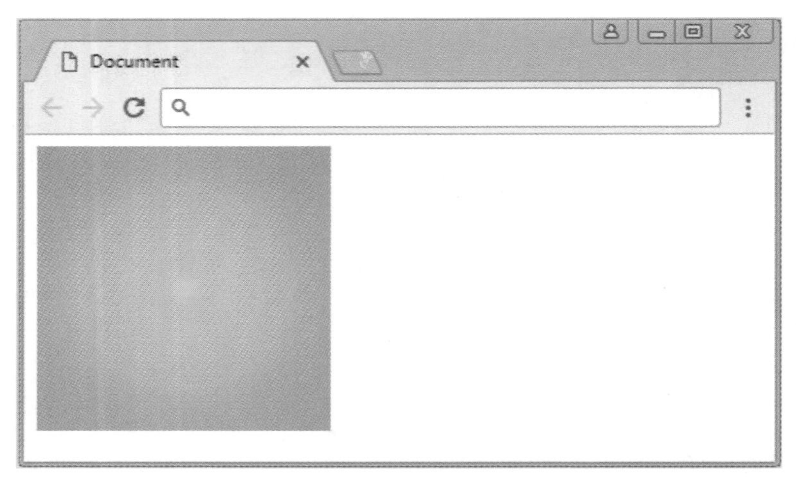

▲ 径向渐变效果

制作一颗闪闪的星星

```
<style>
div{
background:-ms-radial-gradient(pink,lightblue,yellowgreen);
background:-webkit-radial-gradient(pink,lightblue,yellowgreen);
background:-o-radial-gradient(pink,lightblue,yellowgreen);
background:-moz-radial-gradient(pink,lightblue,yellowgreen);
background:radial-gradient(pink,lightblue,yellowgreen);
}
</style>
```

代码中对应的参数如下：

```
background: radial-gradient(center, shape size, start-color, ..., last-color);
```

想要创建一个径向渐变，至少定义两种颜色节点。颜色节点，即想要呈现平稳过渡的颜色。同时，也可以指定渐变的中心、形状（圆形或椭圆形）、大小。默认情况下，渐变的中心是center（表示在中心点），渐变的形状是ellipse（表示椭圆形），渐变的大小是farthest-corner（表示到最远的角落）。

02 色彩的模式

在CSS 3中新增了HSL颜色表现方式。HSL色彩模式是工业界一种颜色标准，它通过对色调（H）、饱和度（S）和亮度（L）三个颜色通道的变化以及它们相互之间的叠加来获得各种颜色。这个标准几乎包括了人类视觉所能感知的所有颜色，在屏幕上可以重现16777216种颜色，是目前运用最广的颜色系统之一。

下图所示的就是CSS 3中的HSL颜色模式。

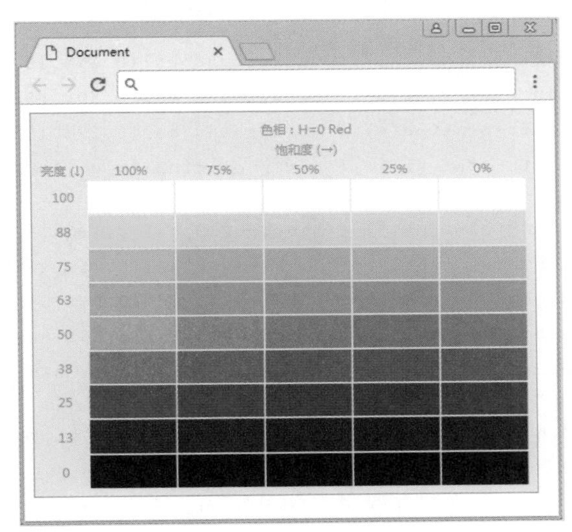

▲ HSL颜色模式

制作一个HSL颜色模式表

```
<style type="text/css">
table {
    border:solid 1px red;
    background:#eee;
    padding:6px;
}
th {
    color:red;
```

```
    font-size:12px;
    font-weight:normal;
}
td {
    width:80px;
    height:30px;
}
tr:nth-child(4) td:nth-of-type(1) { background:hsl(0,100%,100%);}//选中单元格设置
样式
tr:nth-child(4) td:nth-of-type(2) { background:hsl(0,75%,100%);}
tr:nth-child(4) td:nth-of-type(3) { background:hsl(0,50%,100%);}
tr:nth-child(4) td:nth-of-type(4) { background:hsl(0,25%,100%);}
tr:nth-child(4) td:nth-of-type(5) { background:hsl(0,0%,100%);}

tr:nth-child(5) td:nth-of-type(1) { background:hsl(0,100%,88%);}
tr:nth-child(5) td:nth-of-type(2) { background:hsl(0,75%,88%);}
tr:nth-child(5) td:nth-of-type(3) { background:hsl(0,50%,88%);}
tr:nth-child(5) td:nth-of-type(4) { background:hsl(0,25%,88%);}
tr:nth-child(5) td:nth-of-type(5) { background:hsl(0,0%,88%);}

tr:nth-child(6) td:nth-of-type(1) { background:hsl(0,100%,75%);}
tr:nth-child(6) td:nth-of-type(2) { background:hsl(0,75%,75%);}
tr:nth-child(6) td:nth-of-type(3) { background:hsl(0,50%,75%);}
tr:nth-child(6) td:nth-of-type(4) { background:hsl(0,25%,75%);}
tr:nth-child(6) td:nth-of-type(5) { background:hsl(0,0%,75%);}

tr:nth-child(7) td:nth-of-type(1) { background:hsl(0,100%,63%);}
tr:nth-child(7) td:nth-of-type(2) { background:hsl(0,75%,63%);}
tr:nth-child(7) td:nth-of-type(3) { background:hsl(0,50%,63%);}
tr:nth-child(7) td:nth-of-type(4) { background:hsl(0,25%,63%);}
tr:nth-child(7) td:nth-of-type(5) { background:hsl(0,0%,63%);}

tr:nth-child(8) td:nth-of-type(1) { background:hsl(0,100%,50%);}
tr:nth-child(8) td:nth-of-type(2) { background:hsl(0,75%,50%);}
tr:nth-child(8) td:nth-of-type(3) { background:hsl(0,50%,50%);}
tr:nth-child(8) td:nth-of-type(4) { background:hsl(0,25%,50%);}
tr:nth-child(8) td:nth-of-type(5) { background:hsl(0,0%,50%);}

tr:nth-child(9) td:nth-of-type(1) { background:hsl(0,100%,38%);}
tr:nth-child(9) td:nth-of-type(2) { background:hsl(0,75%,38%);}
```

```
tr:nth-child(9) td:nth-of-type(3) { background:hsl(0,50%,38%);}
tr:nth-child(9) td:nth-of-type(4) { background:hsl(0,25%,38%);}
tr:nth-child(9) td:nth-of-type(5) { background:hsl(0,0%,38%);}

tr:nth-child(10) td:nth-of-type(1) { background:hsl(0,100%,25%);}
tr:nth-child(10) td:nth-of-type(2) { background:hsl(0,75%,25%);}
tr:nth-child(10) td:nth-of-type(3) { background:hsl(0,50%,25%);}
tr:nth-child(10) td:nth-of-type(4) { background:hsl(0,25%,25%);}
tr:nth-child(10) td:nth-of-type(5) { background:hsl(0,0%,25%);}

tr:nth-child(11) td:nth-of-type(1) { background:hsl(0,100%,13%);}
tr:nth-child(11) td:nth-of-type(2) { background:hsl(0,75%,13%);}
tr:nth-child(11) td:nth-of-type(3) { background:hsl(0,50%,13%);}
tr:nth-child(11) td:nth-of-type(4) { background:hsl(0,25%,13%);}
tr:nth-child(11) td:nth-of-type(5) { background:hsl(0,0%,13%);}

tr:nth-child(12) td:nth-of-type(1) { background:hsl(0,100%,0%);}
tr:nth-child(12) td:nth-of-type(2) { background:hsl(0,75%,0%);}
tr:nth-child(12) td:nth-of-type(3) { background:hsl(0,50%,0%);}
tr:nth-child(12) td:nth-of-type(4) { background:hsl(0,25%,0%);}
tr:nth-child(12) td:nth-of-type(5) { background:hsl(0,0%,0%);}
</style>
```

代码中带颜色的部分表示的是：hsl(<length>,<percentage>,<percentage>)。

hsl()函数的三个参数说明如下。

- <length>：表示色调（Hue）。Hue衍生于色盘，取值可以为任意数值，其中0（或360、-360）表示红色，60表示黄色，120表示绿色，180表示青色，240表示蓝色，300表示洋红，也可以设置其他数值来确定不同颜色。
- <percentage>：表示饱和度（Saturation），即该色彩被使用了多少，或者说颜色的深浅程度、鲜艳程度。取值为0%~100%之间的值。其中0%表示灰度，即没有使用该颜色；100%饱和度最高，即颜色最艳。
- <percentage>：表示亮度（Lightness）。取值为0%~100%之间的值，其中0%表示最暗，50%表示均值，100%表示最亮，显示为白色。

03 扩展的色彩模式

HSLA色彩模式是HSL色彩模式的扩展，在色相、饱和度和亮度三个要素基础上增加了不透明度参数，使用HSLA色彩模式可以定义不同透明效果。

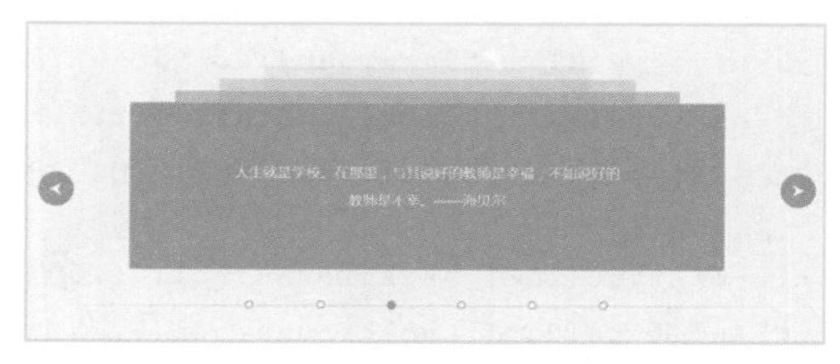

▲ 颜色的不透明度

从上图我们可以看出使用不透明度可以使图片显得更加高级。接下来我们就来讲解其原理，如下图所示。

▲ 颜色的透明度样式

制作颜色的不透明度

```
<style type="text/css">
li { height: 18px; }
li:nth-child(1) { background: hsla(120,50%,50%,0.1); }
li:nth-child(2) { background: hsla(120,50%,50%,0.2); }
li:nth-child(3) { background: hsla(120,50%,50%,0.3); }
li:nth-child(4) { background: hsla(120,50%,50%,0.4); }
li:nth-child(5) { background: hsla(120,50%,50%,0.5); }
li:nth-child(6) { background: hsla(120,50%,50%,0.6); }
li:nth-child(7) { background: hsla(120,50%,50%,0.7); }
li:nth-child(8) { background: hsla(120,50%,50%,0.8); }
li:nth-child(9) { background: hsla(120,50%,50%,0.9); }
li:nth-child(10) { background: hsla(120,50%,50%,1); }
</style>
```

代码中对应的参数如下：

```
hsla(<length>,<percentage>,<percentage>,<opacity>)
```

其中前三个参数与hsl()函数参数定义和用法相同，第四个参数<opacity>表示不透明度，取值在0~1之间。

动作让网页更高级

在CSS 3中，除了可以使用2D转换之外，还可以使用3D转换来完成酷炫的网页特效，依然是使用transform属性来完成的。

▲ 图片的3D旋转

▲ 书的翻页效果

01 图片的3D旋转

CSS 3具有一款非常实用的图片旋转插件，当光标滑过图片时，图片就会出现具有立体感的旋转动画。为什么说它实用，因为它不仅仅在视觉上具有炫酷的效果，而且旋转后会出现文字介绍，因此很多场景都可以用到这款CSS 3图片旋转插件。

下面两图所示的就是图片3D旋转的运动效果。

▲ 正常的图片效果

▲ 光标放在图片上时出现的3D旋转

制作图片的3D旋转

```
.he_3D{
display:block;
width:360px;
height:240px;
overflow:hidden;
padding:0;
margin:0;
border:0;
position:relative;
box-sizing:border-box;
-webkit-perspective:1700px;
-moz-perspective:1700px;
perspective:1700px;
-webkit-perspective-origin:50% 50%;
-moz-perspective-origin:50% 50%;
perspective-origin:50% 50%;
}
```

```
.he_3D_inner{
width:100%;
height:100%;
padding:0;
margin:0;
position:relative;
-webkit-transform-style:preserve-3d;
-moz-transform-style:preserve-3d;
transform-style:preserve-3d;
}
```

transform-style属性的值可以是以下两种。

- flat：表示所有子元素在2D平面呈现。
- preserve-3d：表示所有子元素在3D空间中呈现。

02 高级图标

在前面的章节中讲解了CSS 3的文本阴影，同样的CSS 3也有盒子阴影，利用盒子阴影可以制作出3D效果。

下面两图所示的是图标的正常显示效果和光标放在图标上的效果。

▲ 正常显示的图标效果

▲ 光标放在图标上的显示效果

制作扁平化的图标

```
<!DOCTYPE html>
<html lang="en">
```

```
<head>
<meta charset="UTF-8">
<title>Document</title>
<style>
body{
background: #ccc;
}
div{
width: 200px;
height: 50px;
margin:30px auto;
font-size: 30px;
line-height: 45px;
text-align: center;
color:#fff;
border:5px solid #fff;
border-radius: 10px;
background: #f46;
cursor:pointer;
}
div:hover{                                   //鼠标滑动效果
box-shadow: 0 10px 40px 5px #f46;
}
</style>
</head>
<body>
<div>扁平化图标</div>
</body>
</html>
```


代码中带颜色的部分含义如下。

- border-radius：是一个简写属性，用于设置边框的圆角，一个值表示的是四个角都是一样的大小。
- box-shadow：向框添加一个或多个阴影。该属性是由逗号分隔的阴影列表，每个阴影由2～4个长度值、可选的颜色值以及可选的nset关键词来规定。省略长度的值是0。

课后作业

本章内容非常重要，重点介绍了网页中文字、色彩的特效设置，以及让网页中元素动起来的方法。本章的课后练习我们做一个磁带的运动效果，巩固前面所学。

下图所示的是磁带的运动效果。

▲ 磁带运动动画

代码提示如下：

```
.mixtape-bottom {
  position: absolute;
  border-bottom: 60px solid #101010;
  border-left: 15px solid transparent;
  border-right: 15px solid transparent;
  height: 0;
  width: 214.7239263804px;
  left: 50%;
  bottom: -1px;
  transform: translate(-50%);
}
.mixtape-bottom-circle:nth-child(1) {
  top: 30px;
  left: 20px;
}
.mixtape-bottom-circle:nth-child(2) {
  top: 30px;
  right: 20px;
```

```
}
.mixtape-bottom-circle:nth-child(3) {
  top: 20px;
  left: 50px;
  border-radius: 0;
}
.mixtape-bottom-circle:nth-child(4) {
  top: 20px;
  border-radius: 0;
  right: 50px;
}
.mixtape-detail .tape-hole {
  display: block;
  background: black;
  position: absolute;
  height: 3px;
  width: 40px;
  bottom: -4px;
}
.mixtape-detail .tape-hole:nth-of-type(1) {
  left: 90px;
}
.mixtape-detail .tape-hole:nth-of-type(2) {
  left: 170px;
}
.mixtape-detail .tape-hole:nth-of-type(3) {
  left: 250px;
}

@keyframes spinning {
  0% {
    transform: rotateZ(0deg);
  }
  100% {
    transform: rotateZ(360deg);
  }
}
```

以上为部分提示代码，想要获取完整代码请关注“德胜书坊”公众号。

特效是用什么做的

Warming Up
JavaScript怎样嵌入

Section 01
流行的网页样式

Section 02
炫酷特效的前提

Test
课后作业

特效可以让网页更加炫酷，知识不难，难的是坚持学习知识的决心和态度。基础前面已经打好，何不让前途更光明呢？

扫描二维码，关注笔者微信

课前预热 Warming Up

JavaScript怎样嵌入

毋庸置疑的是JavaScript可以让网页"活"起来，学会它可以让你对动态网页的设计更加得心应手。

JavaScript是一种网络脚本语言，已经被广泛用于Web应用开发，常用来为网页添加各式各样的动态功能，为用户提供更流畅美观的浏览效果。JavaScript到底能做什么呢？先来看下面图片的效果。

▲ 焦点显示的图片效果

▲ 实现弹出图片效果

▲ 制作轮播图效果

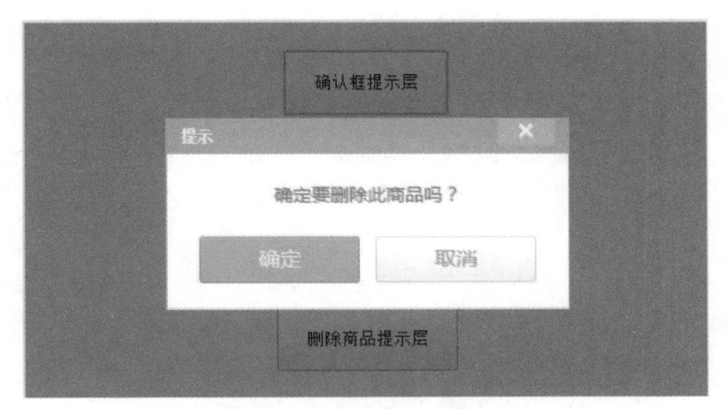

▲ JavaScript控制的提示框

▲ 模拟iPhone X背景切换动画

▲ 使用JavaScript控制图片翻转

怎么样，看过上面的图片有没有感觉JavaScript的功能很强大？下面就带领大家进入Java-Script的世界。

流行的网页样式

JavaScript是一种直译式脚本语言，是一种动态类型、弱类型、基于原型的语言，内置支持类型。

它的解释器被称为JavaScript引擎，为浏览器的一部分，广泛用于客户端的脚本语言，最早是在HTML（标准通用标记语言下的一个应用）网页上使用，用来给HTML网页增加动态功能。

▲ 图片的轮播阴影效果

01 JavaScript的作用

JavaScript的作用主要有以下几个方面。

- 在HTML页面嵌入动态文本。

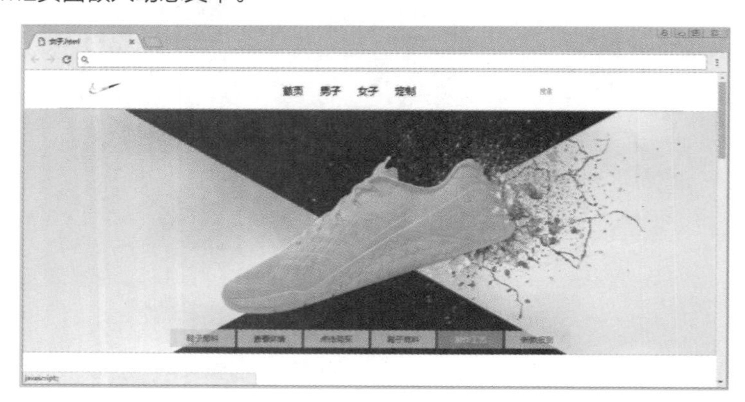

▲ banner的轮播图效果

- 对浏览器事件作出响应。

▲ 浏览器自动关闭

- 读写HTML元素。

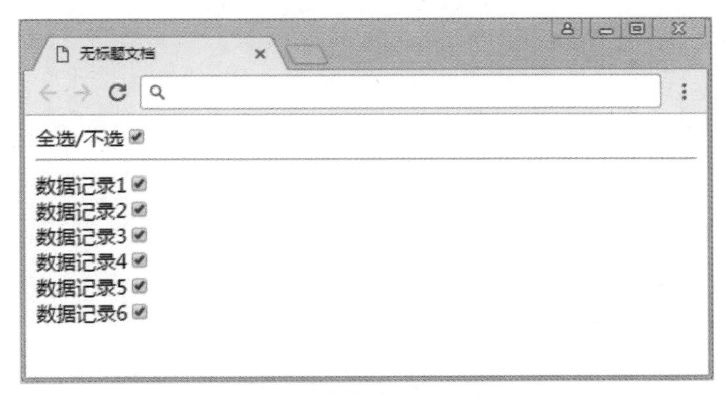

▲ 单击“全选”按钮效果

- 在数据被提交到服务器之前验证数据。

▲ 验证数据

- 检测访客的浏览器信息。

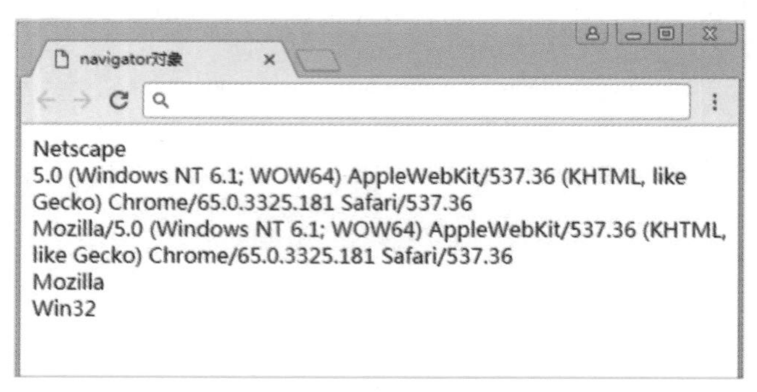

▲ 检测浏览器信息

- 控制cookies，包括创建和修改等。

▲ 指定时间倒计时

- 基于Node.js技术进行服务器端编程。

▲ 服务器端编程

02 JavaScript的特点

通常JavaScript脚本是通过嵌入到HTML中来实现自身功能的。JavaScript脚本语言同其他语言一样，有它自身的基本数据类型、表达式和算术运算符及基本程序框架。JavaScript提供了四种基本的数据类型和两种特殊数据类型用来处理数据和文字，而变量提供存放信息的地方，表达式则可以完成较复杂的信息处理。

JavaScript脚本语言具有以下特点。

- 脚本语言：JavaScript是一种解释型的脚本语言，C、C++等语言先编译后执行，而JavaScript是在程序的运行过程中逐行进行解释的。
- 基于对象：JavaScript是一种基于对象的脚本语言，它不仅可以创建对象，也能使用现有的对象。
- 简单：JavaScript语言中采用的是弱类型的变量类型，对使用的数据类型未作出严格的要求，是基于Java基本语句和控制的脚本语言，其设计简单紧凑。
- 动态性：JavaScript是一种采用事件驱动的脚本语言，它不需要经过Web服务器就可以对用户的输入作出响应。在访问一个网页时，使用鼠标在网页中进行单击或上下移动、窗口移动等操作，JavaScript都可以直接对这些事件给出相应的响应。
- 跨平台性：JavaScript脚本语言不依赖于操作系统，仅需要浏览器的支持。因此一个JavaScript脚本在编写后可以带到任意机器上使用，前提是该机器中的浏览器支持JavaScript脚本语言，目前JavaScript已被大多数的浏览器所支持。

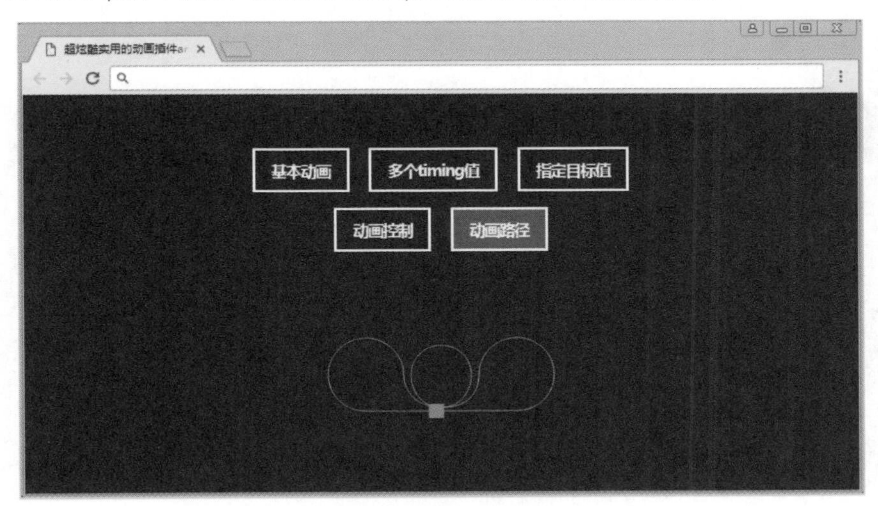

▲ 使用JavaScript控制动画路径

03 JavaScript的应用

如果在HTML页面中插入JavaScript，需要使用<script>标签。HTML中的脚本必须位于<script>与</script>标签之间。脚本可被放置在HTML页面的<body>和<head>部分中。<script>和</script>之间的代码行包含了JavaScript，例如:

```
<script>
    alert(" 我的第一个 JavaScript");
</script>
```

上面的代码浏览器会解释并执行位于<script>和</script>之间的JavaScript代码。

早期版本的实例可能会在<script>标签中使用type="text/javascript"，现在已经不必这样做了。JavaScript是现在所有浏览器以及HTML 5中的默认脚本语言。

可以在HTML文档中放入不限数量的脚本。脚本可位于HTML的<body>或<head>部分中，或者同时存在于两个部分中。

通常的做法是把函数放入<head>部分中，或者放在页面底部。这样就可以把它们安置到同一位置处，不会干扰页面的内容。

1. <head>中的JavaScript

把一个JavaScript函数放置到HTML页面的<head>部分，该函数会在单击按钮时被调用。

单击按钮出现文字

调用函数的示例代码如下：

```
<!DOCTYPE html>
<html>
<head>
<script>
function myFunction()
{
document.getElementById("demo").innerHTML=" 我的第一个 JavaScript 函数 ";
}
</script>
</head>
<body>
<h1> 我的 Web 页面 </h1>
<p id="demo"> 一个段落 </p>
<button type="button" onclick="myFunction()"> 尝试一下 </button>
</body>
</html>
```

代码的运行效果如下图所示。

▲ 调用函数效果

2. <body>中的JavaScript函数

把一个JavaScript函数放置到HTML页面的<body>部分，该函数会在单击按钮时被调用。

<body>部分添加函数的示例代码如下：

```
<!DOCTYPE html>
<html>
<body>
<h1>我的 Web 页面</h1>
<p id="demo">一个段落</p>
<button type="button" onclick="myFunction()">尝试一下</button>
<script>
function myFunction()
{
document.getElementById("demo").innerHTML="我的第一个 JavaScript 函数";
}
</script>
</body>
</html>
```

代码的运行效果如下图所示。

▲ 调用函数效果

3. 外部的JavaScript

也可以把脚本保存到外部文件中。外部文件通常包含被多个网页使用的代码。外部JavaScript文件的文件扩展名是.js。如需使用外部文件，请在<script>标签的"src"属性中设置该.js文件。

示例代码如下：

```
<!DOCTYPE html>
<html>
<body>
<script src="myScript.js"></script>
</body>
</html>
```

JavaScript书写的位置

可以将脚本放置于<head>或者<body>中，实际运行效果与在<script>标签中编写脚本完全一致。外部脚本不能包含<script>标签。

炫酷特效的前提

当要把JavaScript代码插入HTML页面里面，需要使用 <script> 标签（同时使用 type 属性来定义脚本语言）。

这样，<script type="text/javascript">和</script>就可以告诉浏览器JavaScript从何处开始，到何处结束。例如：xxxx字段是JavaScript代码效果执行，用来向页面写入输出。

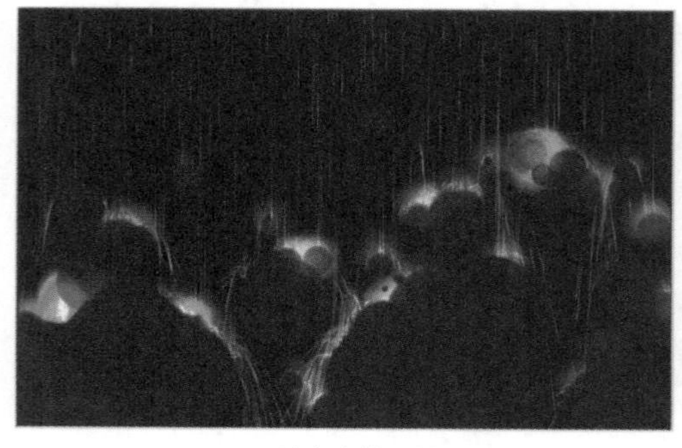

▲ 动态火焰风暴

▲ 图片的抖动效果

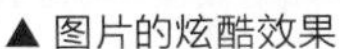

▲ 图片的炫酷效果

▲ 图片的分裂效果

01 掌握一些类型

JavaScript中有六种简单数据类型（也称为基本数据类型）：Undefined、Null、Boolean、Number和String，还有一种复杂数据类型——Object，Object本质上是由一组无序的名值对组成的。

1. Undefined类型

▲ Undefined用法样式

上图效果的代码如下：

```
<script type="text/javascript">
var t1=""
var t2
if (t1===undefined) {alert("t1 is undefined")}
if (t2===undefined) {alert("t2 is undefined")}
</script>
```

Undefined类型只有一个值，即特殊的undefined。在使用var声明变量但未对其加以初始化时，这个变量的值就是undefined，例如：

```
var message;
alert(message == undefined) //true
```

2. Null类型

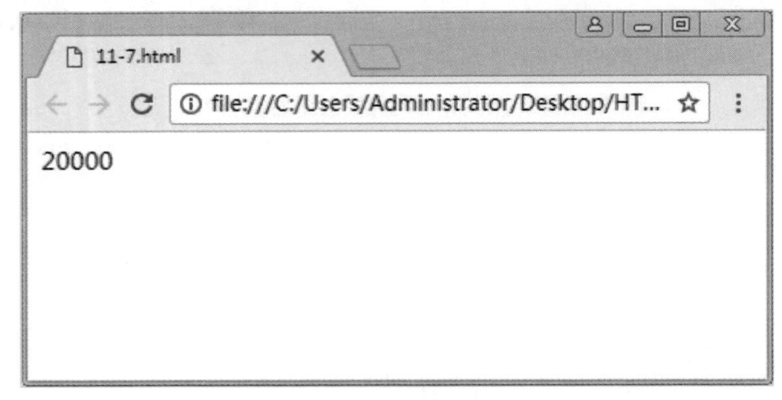

▲ Null类型示例效果

上图效果的代码如下：

```
<script type="text/javascript">
function employee(name,job,born)
{
this.name=name;
this.job=job;
this.born=born;
}
var bill=new employee("Bill Gates","Engineer",1985);
employee.prototype.salary=null;
bill.salary=20000;
document.write(bill.salary);
</script>
```

Null类型是第二个只有一个值的数据类型，这个特殊的值是null。从逻辑角度来看，null值表示一个空对象指针，而这也正是使用typeof操作符检测null时会返回"object"的原因，例如：

```
var car = null;
alert(typeof car); // "object"
```

如果定义的变量准备在将来用于保存对象，那么最好将该变量初始化为null而不是其他值。这样一来，只要直接检测null值就可以知道相应的变量是否已经保存了一个对象的引用，例如：

```
if(car != null)
{
// 对 car 对象执行某些操作
}
```

实际上，undefined值是派生自null值的，因此ECMA-262规定对它们的相等性测试要返回true。

```
alert(undefined == null); //true
```

尽管null和undefined有这样的关系，但它们的用途完全不同。无论在什么情况下都没有必要把一个变量的值显式地设置为undefined，可是同样的规则对null却不适用。换句话说，只要意在保存对象的变量还没有真正保存对象，就应该明确地让该变量保存null值。这样做不仅可以体现null作为空对象指针的惯例，而且也有助于进一步区分null和undefined。

3. Boolean类型

该类型只有两个字面值：true和false。这两个值与数字值不是一回事，因此true不一定等于1，而false也不一定等于0。

虽然Boolean类型的字面值只有两个，但JavaScript中所有类型的值都有与这两个Boolean值等价的值。要将一个值转换为其对应的Boolean值，可以调用类型转换函数Boolean()，例如：

```
var message = 'Hello World';
var messageAsBoolean = Boolean(message);
```

在这个例子中，字符串message被转换成了一个Boolean值，该值被保存在message-AsBoolean变量中。可以对任何数据类型的值调用Boolean()函数，而且总会返回一个Boolean值。至于返回的这个值是true还是false，取决于要转换值的数据类型及其实际值。下表中给出了各种数据类型及其对象的转换规则。

数据类型	转换为 true 的值	转换为 false 的值
Boolean	True	False
String	任何非空字符串	（空字符串）
Object	任何对象	Null
Undefined	n/a（不适用）	Undefined

4. Number类型

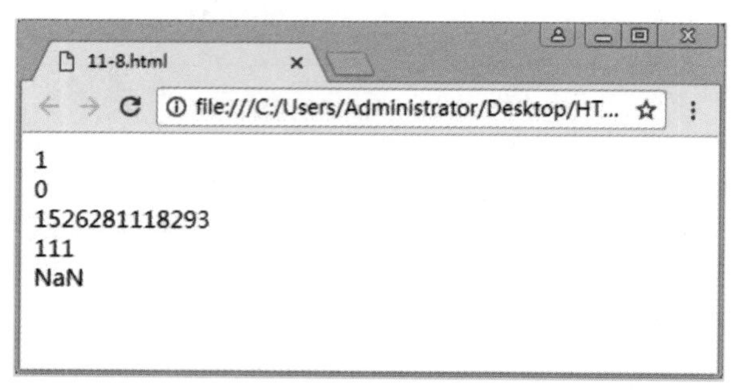

▲ Number类型效果图

图中的样式代码如下：

```
<script type="text/javascript">
var test1= new Boolean(true);
var test2= new Boolean(false);
var test3= new Date();
var test4= new String("111");
var test5= new String("111 99");
document.write(Number(test1)+ "<br />");
document.write(Number(test2)+ "<br />");
document.write(Number(test3)+ "<br />");
document.write(Number(test4)+ "<br />");
document.write(Number(test5)+ "<br />");
</script>
```


这种类型用来表示整数和浮点数值，还有一种特殊的数值，即NaN（非数值 Not a Number）。这个数值用于表示一个本来要返回数值的操作数未返回数值的情况（这样就不会抛出错误了）。例如，在其他编程语言中，任何数值除以0都会导致错误，从而停止代码执行。但在JavaScript中，任何数值除以0会返回NaN，因此不会影响其他代码的执行。

NaN本身有两个非同寻常的特点。首先，任何涉及NaN的操作（如NaN/10）都会返回NaN，这个特点在多步计算中可能会出问题。其次，NaN与任何值都不相等，包括NaN本身。

下面的代码会返回false。

```
alert(NaN == NaN);    //false
```

JavaScript中有一个isNaN()函数，这个函数接受一个参数，该参数可以使用任何类型，而函数会帮我们确定这个参数是否“不是数值”。isNaN()在接收一个值之后，会尝试将这个值转换为数值。某些不是数值的值会直接转换为数值，例如字符串“10”或Boolean值。而任何不能被转换为数值的值都会导致这个函数返回true。例如：

```
alert(isNaN(NaN));          //true
alert(isNaN(10));           //false(10是一个数值)
alert(isNaN("10"));         //false(可能被转换为数值10)
alert(isNaN("blue"));       //true(不能被转换为数值)
alert(isNaN(true));         //false(可能被转换为数值1)
```

有三个函数可以把非数值转换为数值：Number()、parseInt()和parseFloat()。第一个函数，即转型函数Number()可以用于任何数据类型，而另外两个函数则专门用于把字符串转换成数值。这三个函数对于同样的输入会返回不同的结果。

5. String类型

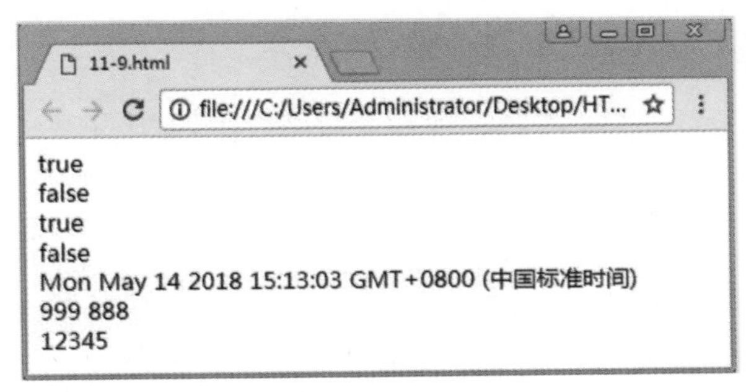

▲ Tring类型示例效果

上图效果的代码如下：

```
<script type="text/javascript">
var test1= new Boolean(1);
var test2= new Boolean(0);
var test3= new Boolean(true);
var test4= new Boolean(false);
var test5= new Date();
var test6= new String("999 888");
var test7=12345;
document.write(String(test1)+ "<br />");
document.write(String(test2)+ "<br />");
document.write(String(test3)+ "<br />");
document.write(String(test4)+ "<br />");
document.write(String(test5)+ "<br />");
document.write(String(test6)+ "<br />");
document.write(String(test7)+ "<br />");
```

```
</script>
```

String类型用于表示由零或多个16位Unicode字符组成的字符序列，即字符串。字符串可以由单引号(')或双引号(")表示。

```
var str1 = "Hello";
var str2 = 'Hello';
```

任何字符串的长度都可以通过访问其length属性取得。

```
alert(str1.length);                          // 输出 5
```

要把一个值转换为一个字符串有两种方式。第一种是使用几乎每个值都有的toString()方法。

```
var age = 11;
var ageAsString = age.toString();            // 字符串 "11"
var found = true;
var foundAsString = found.toString();        // 字符串 "true"
```


数值、布尔值、对象和字符串值都有toString()方法。但null和undefined值没有这个方法。

多数情况下，调用toString()方法不必传递参数。但是，在调用数值的toString()方法时，可以传递一个参数，输出数值的基数。

```
var num = 10;
alert(num.toString());          //"10"
alert(num.toString(2));         //"1010"
alert(num.toString(8));         //"12"
alert(num.toString(10));        //"10"
alert(num.toString(16));        //"a"
```

通过这个例子可以看出，通过指定基数，toString()方法会改变输出的值。而数值10根据基数的不同，可以在输出时被转换为不同的数值格式。

6. Object类型

对象其实就是一组数据和功能的集合。对象可以通过执行new操作符后跟要创建的对象类型的名称来创建。而创建Object类型的实例并为其添加属性和（或）方法，就可以创建自定义对象。

```
var o = new Object();
```

02 了解一些语句

在JavaScript中主要有两种基本语句：一种是循环语句，如for、while；一种是条件语句，如if等。另外还有一些其他的程序控制语句，下面就来详细介绍基本语句的使用。

1. if语句

条件语句用于基于不同的条件来执行不同的动作，在写代码时，总是需要为不同的决定来执行不同的动作。可以在代码中使用条件语句来完成该任务。

在JavaScript中，可使用以下条件语句。

- if语句：只有当指定条件为true时，使用该语句来执行代码。
- if...else语句：当条件为true时执行代码，当条件为false时执行其他代码。
- JavaScript三目运算：当条件为true时执行代码，当条件为false时执行其他代码。
- if...else if....else语句：使用该语句来选择多个代码块之一来执行。
- switch语句：使用该语句来选择多个代码块之一来执行。

只有当指定条件为true时，该语句才会执行代码。

语法描述如下：

```
if (condition)
  {
 当条件为 true 时执行的代码
  }
```

需要注意的是请使用小写的if，使用大写字母（IF）会生成JavaScript错误。

单击按钮出现问候语

```
<!DOCTYPE html>
<html>
<head>
<meta charset="utf-8">
<title>if 语句 </title>
</head>
<body>
<p> 如果时间早于 18:00，会获得问候 "Good day"。</p>
```

```
<button onclick="myFunction()">点击这里</button>
<p id="demo"></p>
<script>
function myFunction(){
var x="";
var time=new Date().getHours();
if (time<18){
x="Good day";
}
document.getElementById("demo").innerHTML=x;
}
</script>
</body>
</html>
```

代码的运行效果如下图所示。

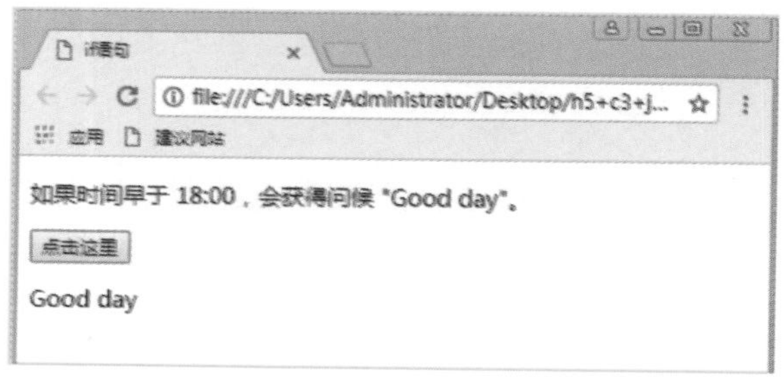

▲ 问候语设置效果

在这个语法中，没有...else...已经告诉浏览器只有在指定条件为true时才执行代码。

2. if...else语句

使用if...else语句在条件为true时执行代码，在条件为false时执行其他代码。

语法描述如下：

```
if (condition)
  {
  当条件为 true 时执行的代码
  }
else
  {
  当条件不为 true 时执行的代码
  }
```

用时间点来设置问候语

```
<!DOCTYPE html>
<html>
<head>
<meta charset="utf-8">
<title> if....else 语句 </title>
</head>
<body>
<p> 点击这个按钮，获得基于时间的问候。</p>
<button onclick="myFunction()"> 点击这里 </button>
<p id="demo"></p>
<script>
function myFunction()
{
var x="";
var time=new Date().getHours();
if (time<20)
{
x="Good day";
}
else
{
x="Good evening";
}
document.getElementById("demo").innerHTML=x;
}
</script>
</body>
</html>
```

代码的运行效果如下图所示。

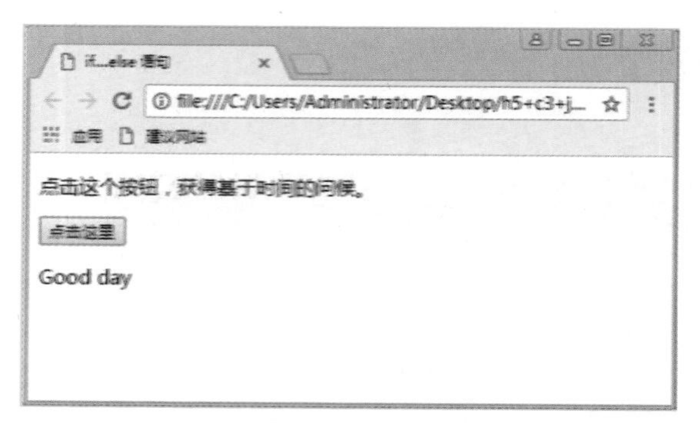

▲ 基于时间点的问候语

3. for语句

for语句的作用是循环可以将代码块执行指定的次数。

如果希望一遍又一遍地运行相同的代码，并且每次的值都不同，那么使用循环是很方便的。可以像下面这样输出数组的值。

一般写法：

```
document.write(cars[0] + "<br>");
document.write(cars[1] + "<br>");
document.write(cars[2] + "<br>");
document.write(cars[3] + "<br>");
document.write(cars[4] + "<br>");
document.write(cars[5] + "<br>");
```

使用for循环：

```
for (var i=0;i<cars.length;i++)
{
document.write(cars[i] + "<br>");
}
```

for循环的语法描述如下：

```
for (语句 1; 语句 2; 语句 3)
  {
  被执行的代码块
  }
```

语法含义：语句1表示（代码块）开始前执行starts；语句2表示定义运行循环（代码块）的条件；语句3表示在循环（代码块）已被执行之后执行。

通常会使用语句1初始化循环中所用的变量（var i=0），语句1是可选的，也就是说不使用语句1也可以，可以在语句1中初始化任意（或者多个）值。

语句2用于评估初始变量的条件，语句2同样是可选的，如果语句2返回true，则循环再次开始，如果返回false，则循环将结束。如果省略了语句2，那么必须在循环内提供break，否则循环就无法停下来，这样有可能导致浏览器崩溃。

语句3会增加初始变量的值，语句3也是可选的，它有多种用法，增量可以是负数（i--），或者更大（i=i+15），语句3也可以省略（如当循环内部有相应的代码时）。

让代码循环计算5次

```
<!DOCTYPE html>
<html>
<head>
<meta charset="utf-8">
<title>for 语句 </title>
</head>
<body>
<p> 点击按钮循环代码 5 次。</p>
<button onclick="myFunction()"> 点击这里 </button>
<p id="demo"></p>
<script>
function myFunction(){
var x="";
for (var i=0;i<5;i++){
x=x + " 该数字为 " + i + "<br>";
}
document.getElementById("demo").innerHTML=x;
}
</script>
</body>
</html>
```

代码的运行效果如下图所示。

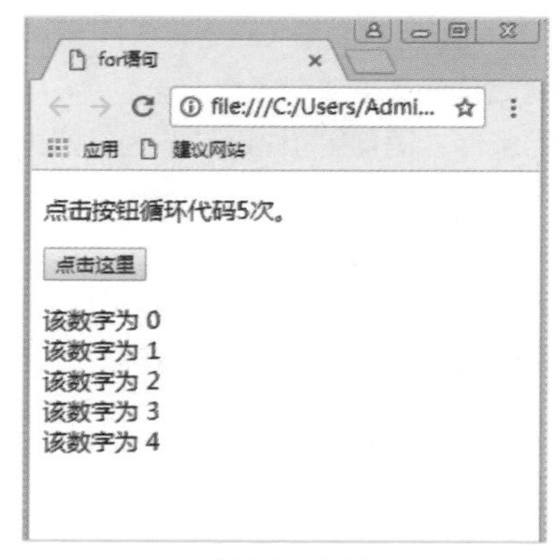

▲ 循环5次的效果

从上面的例子中可以总结出以下几个特点。

- 在循环开始之前设置变量（var i=0）。
- 定义循环运行的条件（i 必须小于 5）。
- 在每次代码块已被执行后增加一个值（i++）。

4. while语句

JavaScript中的while循环的目的是为了反复执行语句或代码块。只要指定条件为true，循环就可以一直执行代码块。

语法描述如下：

```
while （条件）
  {
  需要执行的代码
  }
```

一直循环代码

```
<!DOCTYPE html>
<html>
<head>
<meta charset="utf-8">
<title> while 语句 </title>
```

```
</head>
<body>
<p>点击下面的按钮，只要 i 小于 5 就一直循环代码块。</p>
<button onclick="myFunction()">点击这里</button>
<p id="demo"></p>
<script>
function myFunction(){
var x="",i=0;
while (i<5){
x=x + "该数字为 " + i + "<br>";
i++;
}
document.getElementById("demo").innerHTML=x;
}
</script>
</body>
</html>
```


代码的运行效果如下图所示。

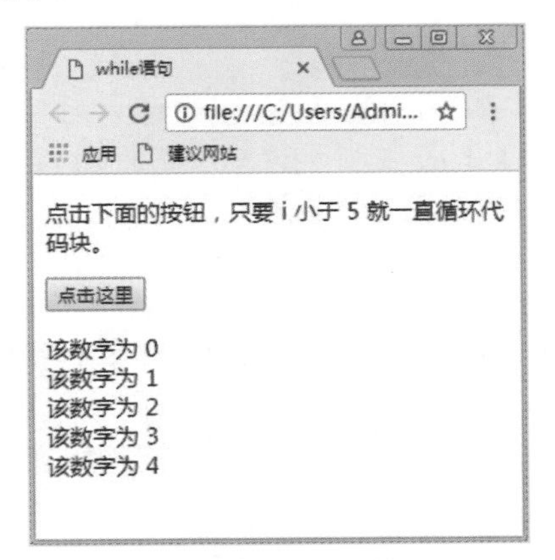

▲ 小于5就无限循环的效果

本例中只要变量i小于5，循环将继续运行。

03 应用哪些事件

与浏览器进行交互的时候浏览器就会触发各种事件。比如打开某个网页时，浏览器加载完成这个网页，就会触发一个load事件；当单击页面中的某个“地方”，浏览器就会在那个“地方”触发一个click事件。

对此可以编写JavaScript，通过监听某一事件来实现某些功能扩展。例如监听load事件，显示欢迎信息，那么当浏览器加载完一个网页之后，就会显示欢迎信息。

1. 监听事件

浏览器会根据某些操作触发对应事件，如果需要针对某种事件进行处理，则需要监听这个事件。监听事件的方法主要有以下几种。

- HTML内联属性（避免使用）

HTML元素里面直接填写事件有关属性，属性值为JavaScript代码，即可在触发该事件的时候执行属性值的内容。

例如：

```
<button onclick="alert('点击了这个按钮');">点击这个按钮</button>
```

onclick属性表示触发click，属性值内容（JavaScript代码）会在单击该HTML节点时执行。

显而易见，使用这种方法JavaScript代码与HTML代码耦合在了一起，不便于维护和开发。所以除非在必须使用的情况（如统计链接点击数据）下才用，否则尽量避免使用这种方法。

- DOM属性绑定

也可以直接设置DOM属性来指定某个事件对应的处理函数，这个方法比较简单。

例如：

```
element.onclick = function(event){
    alert('你点击了这个按钮');
};
```

上面代码就是监听element节点的click事件。它比较简单易懂，而且有较好的兼容性。但是也有缺陷，因为直接赋值给对应属性，如果在后面代码中再次为element绑定一个回调函数，会覆盖之前回调函数的内容。

虽然也可以用一些方法实现多个绑定，但还是推荐下面的标准事件监听函数。

- 使用事件监听函数

标准的事件监听函数如下：

```
element.addEventListener(<event-name>, <callback>, <use-capture>);
```

表示在element这个对象上面添加一个事件监听器，当监听到有<event-name>事件发生的时候，调用<callback>这个回调函数。至于<use-capture>这个参数，表示该事件监听是在“捕获”阶段中监听（设置为true）还是在“冒泡”阶段中监听（设置为false）。

用标准事件监听函数改写上面的例子，代码如下：

```
var btn = document.getElementsByTagName('button');
btn[0].addEventListener('click', function() {
    alert('你点击了这个按钮');
}, false);
```

最好为HTML结构定义个id或者class属性，方便选择，在这里只作为演示使用。

制作阻止页面，示例代码如下：

```
<html>
<meta charset="UTF-8">
  <body>
    <button id="btn">点击这里</button>
  </body>
</html>
<script type="text/javascript">
var btn = document.getElementById('btn');
btn.addEventListener('click', function(){
    alert('你点击了这里');
}, false);
</script>
```

运行结果如下图所示：

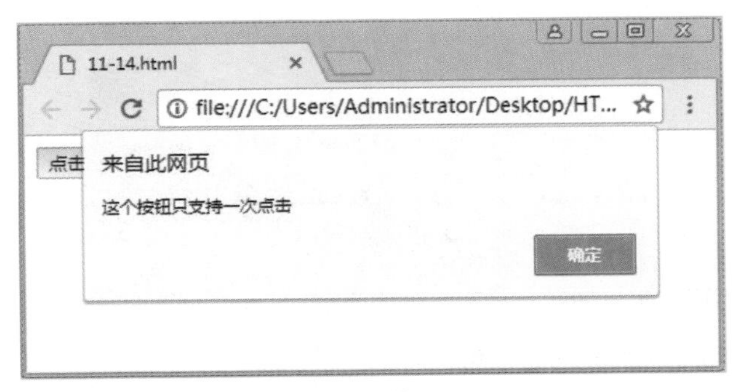

▲ 监听效果

2. 移除事件监听

当为某个元素绑定了一个事件，每次触发这个事件的时候，都会执行事件绑定的回调函数。如果想解除绑定，需要使用removeEventListener方法。

```
element.removeEventListener(<event-name>, <callback>, <use-capture>);
```

需要注意的是，绑定事件时的回调函数不能是匿名函数，必须是一个声明的函数，因为解除事件绑定时需要传递这个回调函数的引用，才可以断开绑定。

移除监听事件示例代码如下：

```
<html>
<body>
<button id="btn">点击这里</button>
</body>
</html>
<script type="text/javascript">
var btn = document.getElementById('btn');
var fun = function(){
alert('这个按钮只支持一次点击');
btn.removeEventListener('click', fun, false);
};
btn.addEventListener('click', fun, false);
</script>
```


运行结果如下图所示。

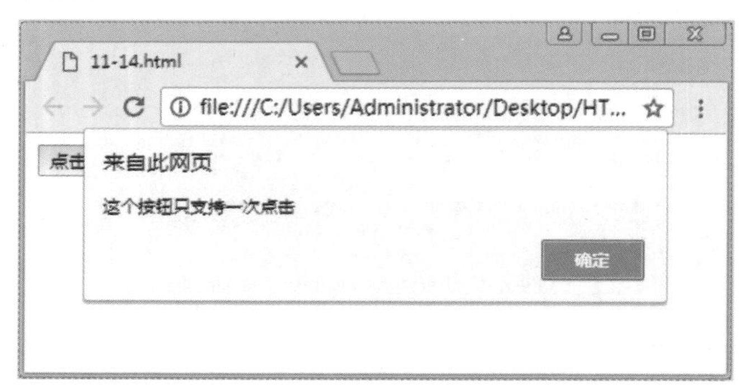

▲ 移除监听效果

当关闭此弹窗后再次单击按钮，将不会弹出弹窗。

3. 用JavaScript模拟触发内置事件

内置的事件也可以被JavaScript模拟触发，比如下面函数模拟触发单击事件，代码如下：

```
function simulateClick() {
  var event = new MouseEvent('click', {
    'view': window,
    'bubbles': true,
    'cancelable': true
```

```
  });
  var cb = document.getElementById('checkbox');
  var canceled = !cb.dispatchEvent(event);
  if (canceled) {
    // A handler called preventDefault.
    alert("canceled");
  } else {
    // None of the handlers called preventDefault.
    alert("not canceled");
  }
}
```

4. 自定义事件

可以自定义事件实现更灵活的设计开发，事件用好了可以是一个强大的工具，基于事件的开发有很多优势，自定义事件函数有Event、CustomEvent和dispatchEvent。

直接自定义事件，使用Event构造函数，代码如下：

```
var event = new Event('build');
// Listen for the event.
elem.addEventListener('build', function (e) { ... }, false);
// Dispatch the event.
elem.dispatchEvent(event);
```

CustomEvent可以创建一个更高级的自定义事件，还可以附带一些数据，代码如下：

```
var myEvent = new CustomEvent(eventname, options);
```

代码中的options可以是：

```
{
    detail: {
        ...
    },
    bubbles: true,
    cancelable: false
}
```

其中detail可以存放一些初始化的信息，可以在触发的时候调用。其他属性就是定义该事件是否具有冒泡等功能。

04 事件的句柄

很多动态性的程序都定义了事件句柄，当某个事件发生时，Web浏览器会自动调用相应的事件句柄。由于客户端JavaScript的事件是由HTML对象引发的，因此事件句柄被定义为这些对象的属性。要定义在用户单击表单中的复选框时调用事件句柄，只需把处理代码作为复选框的HTML标记的属性，代码如下：

```
<input type="checkbox" name="options"
value="giftwrap" onclick="giftwrap=this.checked;">
```

在这段代码中，onclick的属性值是一个字符串，其中包含一个或多个JavaScript语句。如果其中有多条语句，必须使用分号将每条语句隔开。当指定的事件发生时，字符串的JavaScript代码就会被执行。

需要说明的是，HTML的事件句柄属性并不是定义JavaScript事件句柄的唯一方式。也可以在一个<script>标记中使用JavaScript代码来为HTML元素指定JavaScript事件句柄。下面介绍几个最常用的事件句柄属性。

- onclick：所有类似按钮的表单元素和标记<a>及<area>都支持该句柄属性。当用户单击元素时会触发它。如果onclick处理程序返回false，则浏览器不执行任何与按钮和链接相关的默认动作，例如它不会进行超链接或提交表单。
- onmousedown和onmouseup：这两个事件句柄和onclick非常相似，只不过分别在用户按下和释放鼠标按钮时触发。大多数文档元素都支持这两个事件句柄属性。
- onmouseover和onmouseout：分别在鼠标指针移到或移出文档元素时触发。
- onchange：<input>、<select>和<textarea>元素支持这个事件句柄。在用户改变了元素显示的值，或移出了元素的焦点时触发。
- onload：这个事件句柄出现在<body>标记上，当文档及其外部内容完全载入时触发。onload句柄常常用来触发操作文档内容的代码，因为它表示文档已经达到了一个稳定的状态并且修改它是安全的。

05 怎样处理事件

产生了事件，就要去处理，Javascript事件处理程序主要有以下三种方式。

1. HTML事件处理程序

直接在HTML代码中添加事件处理程序，如下面这段代码：

```
<input id="btn1" value="按钮" type="button" onclick="showmsg();">
```

```
<script>
function showmsg(){
alert("HTML 添加事件处理 ");
}
</script>
```

从上面的代码中可以看出，事件处理是直接嵌套在元素里面的，这样有一个问题，就是HTML代码和JavaScript的耦合性太强，如果想要改变JavaScript中showmsg，那么不但要在JavaScript中修改，还需要到HTML中修改，一两处的修改我们能接受，但是当代码达到万行级别的时候，修改起来就会非常麻烦了，所以不推荐使用该方法。

2. DOM0级事件处理程序

作用是为指定对象添加事件处理，代码如下：

```
<input id="btn2" value=" 按钮 " type="button">
<script>
var btn2= document.getElementById("btn2");
btn2.onclick=function(){
alert("DOM0 级添加事件处理 ");}
btn.onclick=null;// 如果想要删除 btn2 的点击事件，将其置为 null 即可
</script>
```


从上面的代码可以看出，相对于HTML事件处理程序，DOM0级事件HTML代码和JavaScript代码的耦合性已经大大降低。但是，聪明的程序员还是不太满足，期望寻找更简便的处理方式，下面就来看一下第三种处理方法。

3. DOM2级事件处理程序

DOM2也是对特定的对象添加事件处理程序，但是主要涉及两个方法，用于处理指定和删除事件处理程序的操作：addEventListener()和removeEventListener()。它们都接收三个参数，即要处理的事件名、作为事件处理程序的函数和一个布尔值（是否在捕获阶段处理事件）。

对特定的对象添加事件处理程序，代码如下：

```
<input id="btn3" value=" 按钮 " type="button">
<script>
var btn3=document.getElementById("btn3");
btn3.addEventListener("click",showmsg,false);// 这里我们把最后一个值置为 false，即
不在捕获阶段处理，一般来说冒泡处理在各浏览器中兼容性较好
function showmsg(){
```

```
alert("DOM2 级添加事件处理程序 ");
}
btn3.removeEventListener("click",showmsg,false);// 如果想要把这个事件删除，只需要传入同样的参数即可
</script>
```

这里可以看到，在添加删除事件处理的时候，最后一种方法更直接，也最简便。但是需要注意的是，在删除事件处理的时候，传入的参数一定要与之前的参数一致，否则删除会失效。

课后作业

在网页设计中，文字有很多的特效，为了用户有更好的交互体验，设计师经常给文字或背景作一些效果，下面的强化练习为大家准备了让文字进行渐变的效果。

最终的效果如下图所示。

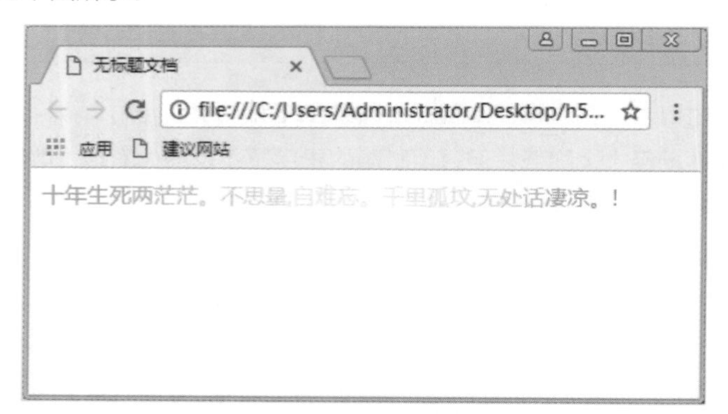

▲ 文字渐变的效果

效果的代码提示如下：

```
<script language="JavaScript">
<!-- Hide
function MakeArray(n){
   this.length=n;
   for(var i=1; i<=n; i++) this[i]=i-1;
   return this
```

```
}
hex=new MakeArray(16);
hex[11]="A"; hex[12]="B"; hex[13]="C"; hex[14]="D"; hex[15]="E"; hex[16]="F";
function ToHex(x){
   var high=x/16;
   var s=high+"";
   s=s.substring(0,2);
   high=parseInt(s,10);
   var left=hex[high+1];
   var low=x-high*16;
   s=low+"";
   s=s.substring(0,2);
   low=parseInt(s,10);
   var right=hex[low+1];
   var string=left+""+right;
   return string;
}
</script>
```

以上代码是关键部分的提示代码，想要获取完整代码请关注“德胜书坊”公众号。

读书笔记

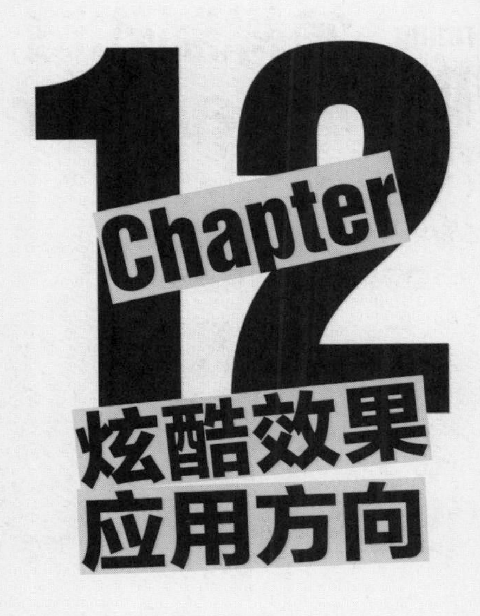

炫酷效果应用方向

恭喜你，学习完本章内容你的小目标就要实现了，可以成为一名前端设计师了！

扫描二维码，关注笔者微信

课前预热 Warming Up

怎样制作滚动banner

在网页中不能把banner并排放着，不仅占空间，而且也不好看，这时候就需要把它们重叠起来滚动播放。

本章将讲解JavaScript函数的应用，包括函数的定义、参数及调用的方法。同时也会选取网页中一些典型特效，讲解其应用。

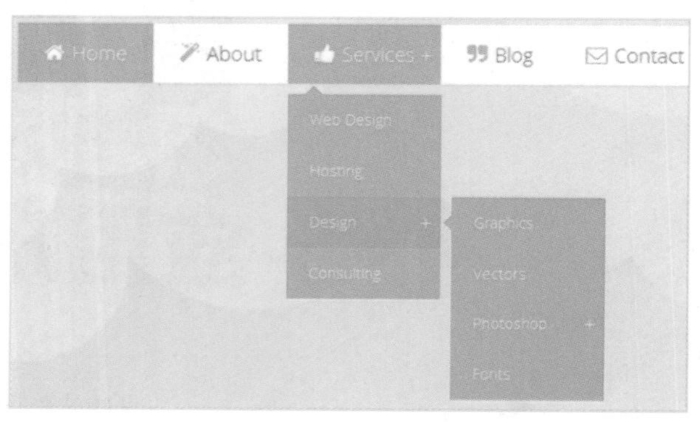

▲ 使用JavaScript制作下拉菜单

▲ 使用JavaScript制作烟花效果

▲ 使用JavaScript制作照片浏览器

▲ 使用JavaScript制作解锁效果

▲ 天气预报插件支持手机端滑动

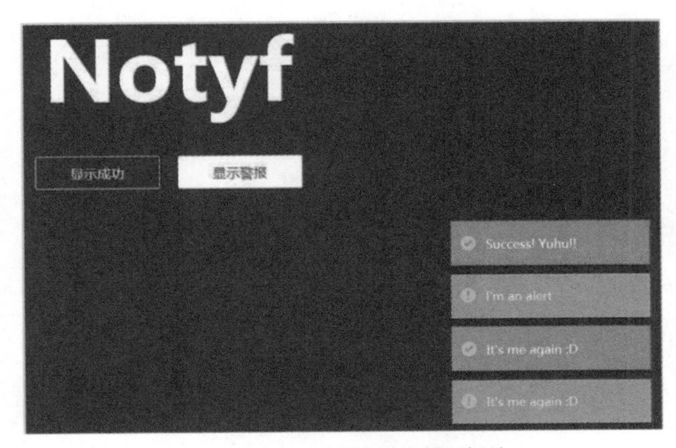

▲ JavaScript右下角信息提示插件

扫描右侧二维码了解更多JavaScript的知识。

这个函数不一样

函数是由事件驱动的或者当它被调用时执行的可以重复使用的代码块。

JavaScript函数语法，函数就是括在花括号中的代码块，前面使用了关键词function：当调用该函数时，会执行函数内的代码。可以在某事件发生时直接调用函数（比如当用户单击按钮时），并且可由JavaScript在任何位置进行调用。

01 函数定义

JavaScript使用关键字function定义函数。函数可以通过声明定义，也可以是一个表达式。

JavaScript函数语法描述如下：


```
function functionname()
{
执行代码
}
```

当调用该函数时，会执行函数内的代码。可以在某事件发生时直接调用函数（如当用户单击按钮时），并且可由JavaScript在任何位置进行调用。

单击按钮显示“你好”

```
<script>
function myFunction()
{
alert("你好!");
}
</script>
```

代码的运行效果如下图所示。

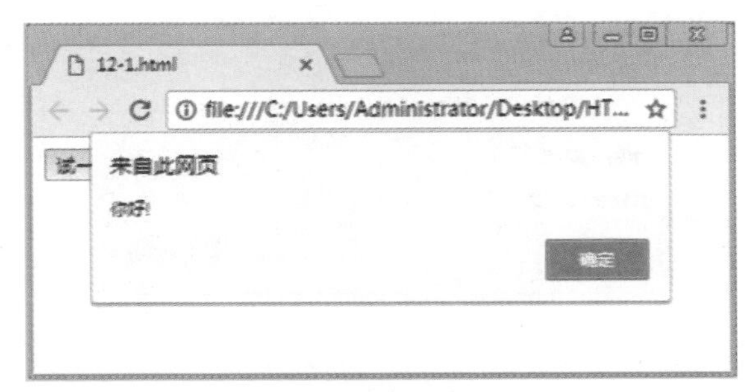

▲ 显示欢迎语

1. 调用带参数的函数

在调用函数时，可以向其传递值，这些值被称为参数，这些参数可以在函数中使用。可以发送任意多的参数，由逗号(,)分隔：

语法格式如下：

```
myFunction(argument1,argument2)
当声明函数时，请把参数作为变量来声明
function myFunction(var1,var2)
{
代码
}
```

变量和参数必须以一致的顺序出现。第一个变量就是第一个被传递的参数的给定值，依此类推。

单击按钮出现欢迎词

```
<script>
function myFunction(name,job)
{
alert("欢迎" + name + ",此" + job);
}
</script>
```

代码的运行效果如下图所示。

▲ 单击按钮的效果

2. 带有返回值的函数

如果希望函数将值返回调用它的地方，可以通过return语句来实现。在使用return语句时，函数会停止执行，并返回指定的值。

语法描述如下：

```
function myFunction()
{
var x=5;
return x;
}
```


上面的函数会返回值5。整个JavaScript不会停止执行，JavaScript从调用函数的地方继续执行代码。

函数调用将被返回值取代：

```
var myVar=myFunction();
```

函数myFunction()所返回的值myVar的变量值是5。

制作一个计算器

```
<script>
function myFunction(a,b){
return a*b;
}
```

```
document.getElementById("demo").innerHTML=myFunction(5,7);
</script>
```

代码的运行效果如下图所示。

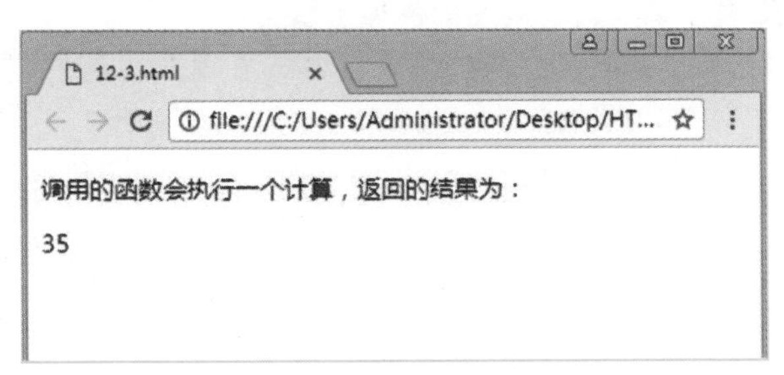

▲ 计算结果

如果希望退出函数时，也可以使用return语句。

语法描述如下：

```
function myFunction(a,b)
{
if (a>b)
  {
  return;
  }
x=a+b
}
```

上述语法中，如果a大于b，则上面的代码将退出函数，并不会计算a和b的总和。

02 函数参数

JavaScript函数对参数的值（arguments）没有进行任何检查，其参数与大多数其他语言的函数参数的区别在于：它不会关注有多少个参数被传递，不关注传递的参数的数据类型。

JavaScript参数的规则如下。

- JavaScript函数定义时参数没有指定数据类型。
- JavaScript函数对隐藏参数（arguments）没有进行检测。
- JavaScript函数对隐藏参数（arguments）的个数没有进行检测。

1. 默认参数

如函数在调用时缺少参数，参数会默认设置为undefined，最好为参数设置一个默认值。

动动手 Try it

给参数设置默认值

```
<!DOCTYPE html>
<html>
<head>
<meta charset="utf-8">
<title></title>
</head>
<body>
<p> 设置参数的默认值 </p>
<p id="demo"></p>
<script>
function myFunction(x, y) {
    if (y === undefined) {
        y = 0;
    }
    return x * y;
}
document.getElementById("demo").innerHTML = myFunction(4);
</script>
</body>
</html>
```


代码的运行效果如下图所示。

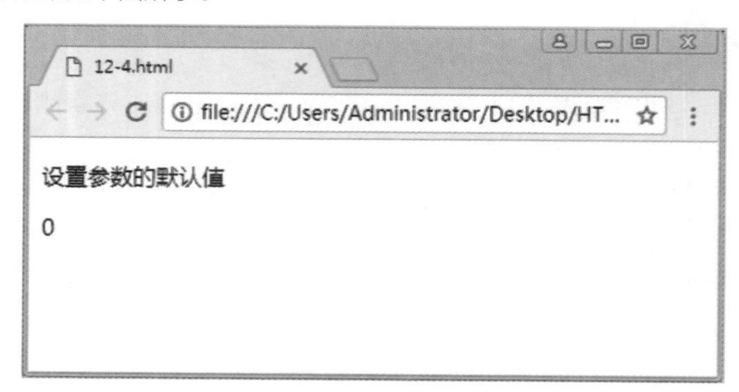

▲ 默认值的设置

也可以这样设置默认参数：

```
function myFunction(x, y) {
    y = y || 0;
}
```

这段代码表示如果y已经定义，y||0返回y，因为y是true，否则返回0，因为undefined为false。

2. Arguments对象

JavaScript函数有一个内置的对象arguments，如果函数调用时设置了过多的参数，参数将无法被引用，因为无法找到对应的参数名，只能使用arguments对象来调用。

arguments对象包含了函数调用的参数数组，通过这种方式可以很方便地找到最后一个参数的值。

设置查找值的函数

```
<script>
x = findMax(1, 123, 500, 115, 44, 88);
function findMax() {
var i, max = arguments[0];
if(arguments.length < 2){
return max;
}
for (i = 1; i < arguments.length; i++) {
if (arguments[i] > max) {
max = arguments[i];
}
}
return max;
}
document.getElementById("demo").innerHTML = findMax(4, 5, 9);
</script>
```

代码的运行效果如下图所示。

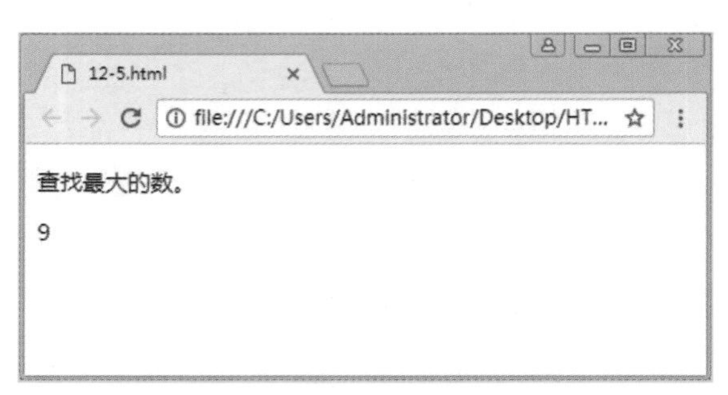

▲ 查找最大值的效果

3. 通过值传递参数

在函数中调用的参数是函数的参数，如果函数修改参数的值，将不会修改参数的初始值（在函数外定义）。

示例代码如下：

```
var x = 1;
// 通过值传递参数
function myFunction(x) {
    x++; // 修改参数 x 的值，将不会修改在函数外定义的变量 x
    console.log(x);
}
myFunction(x); // 2
console.log(x); // 1
```


JavaScript函数传值只是将参数的值传入函数，函数会另外配置内存保存参数值，所以并不会改变原参数的值。

4. 通过对象传递参数

在JavaScript中，可以引用对象的值，因此在函数内部修改对象的属性就会修改其初始的值，修改对象属性可作用于函数外部（全局变量）。

示例代码如下：

```
var obj = {x:1};
// 通过对象传递参数
function myFunction(obj) {
    obj.x++; // 修改参数对象 obj.x 的值，函数外定义的 obj 也将会被修改
    console.log(obj.x);
}
myFunction(obj); // 2
console.log(obj.x); // 2
```

03 函数调用

在JavaScript中，函数的调用方法有四种，分别是函数模式、方法模式、构造器模式和上下文模式。

1. 函数模式

这种模式是一个简单的函数调用，函数名的前面没有任何引导内容。

语法描述如下：

```
function foo () {}
var func = function () {};
...
foo();
func();
 (function (){})();
```

此语法中this的含义是：在函数中this表示全局对象，在浏览器中是window。

2. 方法模式

方法模式是依附于一个对象，将函数赋值给对象的一个属性，那么就成为了方法。

语法描述如下：

```
function f() {
this.method = function () {};
}
var o = {
method: function () {}
}
```

此语法中this的含义是：这个依附的对象。

3. 构造器调用模式

在创建对象的时候，构造函数做了什么呢?由于构造函数只是给this添加成员，没有做其他事情，而方法也可以完成这个操作，就this而言，构造函数与方法没有本质区别。

构造函数的特征如下。

- 使用new关键字来引导构造函数。
- 构造函数中this与方法中一样，表示对象，但构造函数中的对象是刚创建出来的对象。
- 构造函数中不需要return，就会默认return this。

如果手动添加return，相当于return this。

如果手动添加return基本类型，则无效，还是保留原来返回this。

如果手动添加return null或return undefiend，则无效。

如果手动添加return对象类型，那么原来创建的this会被丢掉，返回是return后面的对象。

4. 上下文调用模式

上下文就是环境，就是自定义设置this的含义。

语法描述如下：

```
函数名.apply(对象,[参数]);
函数名.call(对象,参数);
```

上述语法中函数名的含义如下。

- 函数名表示的是函数本身，使用函数进行调用的时候默认this是全局变量。
- 函数名也可以是方法提供，使用方法调用的时候，this是指当前对象。
- 使用apply进行调用后，无论是函数，还是方法都无效。this由apply的第一个参数决定。

如果函数或方法中没有this的操作，那么无论什么函数调用其实都一样；如果是函数调用foo()，就类似foo.apply(window)；如果是方法调用o.method()，就类似o.method.apply(o)。

表单中的应用

表单是用户与Web页面交互最频繁的页面元素之一，本节就详细讲解表单元素该怎样运用JavaScript对象。

▲ 简易的计算器

▲ 单击图片出现跳动的文字

上图所示的样式都是可以用JavaScript实现。

01 按钮对象

目前最常使用的按钮就是“提交”按钮，在一个表单中，为了防止用户在表单填写完毕之前误点了提交这种情况的发生，通常都需要验证，最简单的方法就是在单击“提交”按钮的时候进行必填项检测，并控制按钮的默认行为，下图所示的就是这样的一个效果。

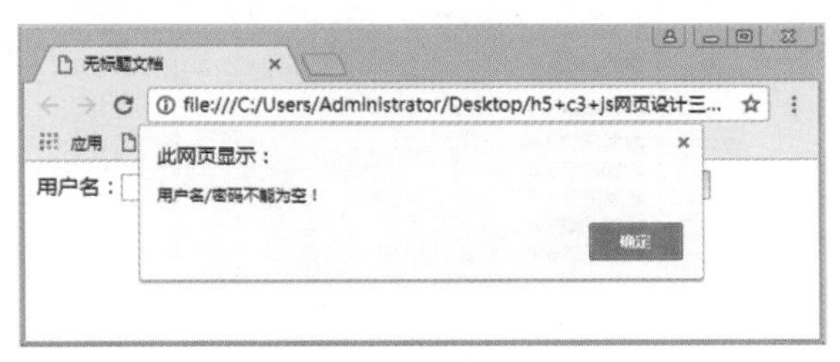

▲ 单击按钮出现的提示

设置表单的按钮对象

```
<script>
autoForm.elements[autoForm.elements.length-1].onclick = function(e){
// 检测必填项
if(autoForm.userName.value == "" || autoForm.userPwd.value == ""){
alert("用户名/密码不能为空！ ");
// 阻止默认行为
if(e)
e.preventDefault();                        // 标准方式
else
event.returnValue = false;                 //IE 方式
}
}
</script>
```

上面图中显示的效果是没有填写用户名和密码出现的提示。

02 复选框对象

复选框通常用于批量的数据传递或者批量的数据处理，那么该如何运用JavaScript来控制这些复选框呢？下面就来讲解这些知识。

下图所示的是一个可以全选的复选框方法。

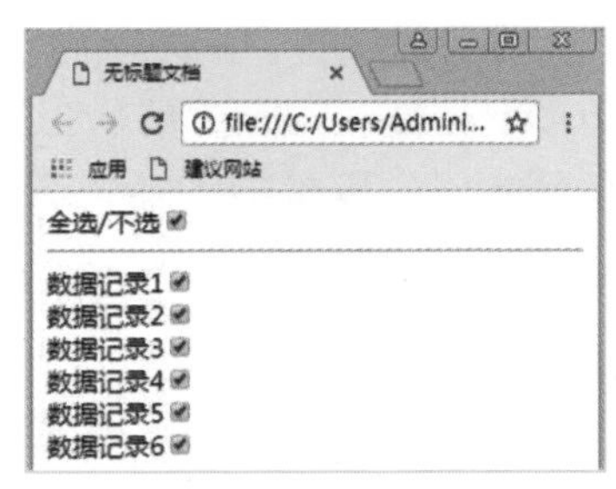

▲ 全选复选框的效果

可以全选的复选框


```
<script>
var selector = document.getElementById('selector');
selector.onclick = function(){
for(var i=0;i<autoForm.elements.length;i++){
autoForm.elements[i].checked = this.checked;
}
}
</script>
```

上述代码就是可以制作全选复选框的代码样式。

03 列表框对象

列表框在HTML中通常表现为下拉列表框，如果想使用列表来改变页面行为可以通过监听列表事件来执行相应的处理。下图所示的是单击列表框，显示其颜色。

▲ 单击列表显示颜色的效果

设置列表框对象

```
<script>
var baseColor = 0x000;
var colorSelector = document.getElementById("selector");
colorSelector.onchange = function(){
for(var i=0;i<this.options.length;i++){
if(this.options[i].selected)
baseColor ^= parseInt(this.options[i].value);
}
baseColor = baseColor.toString(16);
if(baseColor.length == 1)baseColor = "00"+baseColor;
if(baseColor.length == 2)baseColor = "0"+baseColor;
document.getElementById('block').style.background = "#"+baseColor;
}
</script>
```


上述代码就是列表框对象的设置方法。

04 增加列表框

在网页中填写表格的时候会遇到列表框不够用的情况，这时就需要用户自己来添加列表框，这个增加列表框的效果该怎么设置呢？

下图所示的是用户添加input的效果。

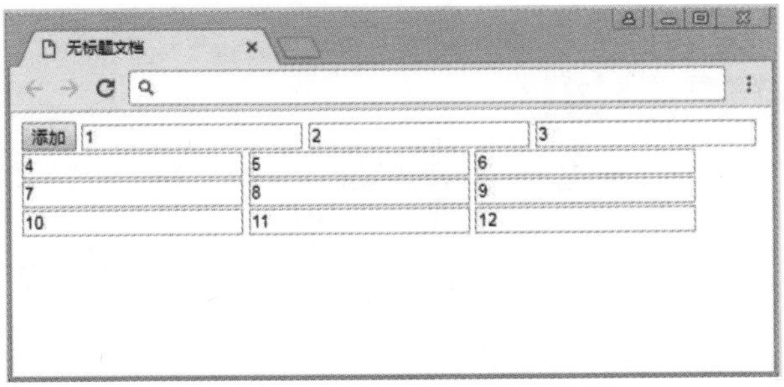

▲ 自主添加input效果

与用户的互动效果

```
<script>var i=1</script>
<input type=button onclick="document.body.insertAdjacentHTML('beforeEnd','<in
put type=text name='+i+' value='+i+++'> ')" value=添加>
```

上述代码中标红的部分就是添加列表框的关键代码。

05 表单中的时间

在设计网页的时候会有时间的设置，该怎么调用时间呢？用什么代码才能实现如下图所示的效果呢？接下来为大家讲解实现的方法。

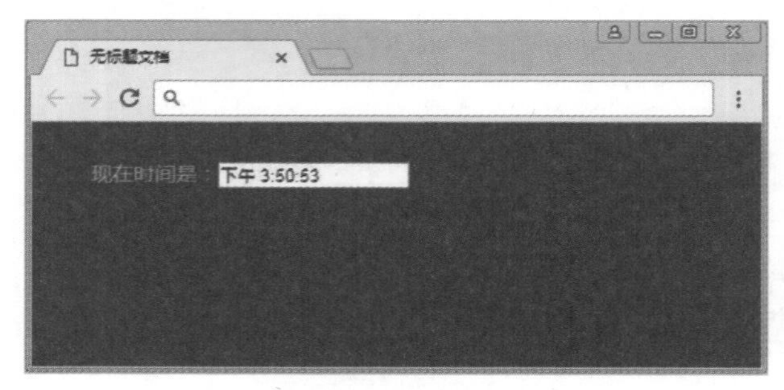

▲ 显示时间的效果

调用时间

```
<body  onLoad="gettime()">
<script language="JavaScript">
function gettime()
{ var t = new Date();
```

```
var hours = t.getHours();
var minutes = t.getMinutes();
var seconds = t.getSeconds();
var show_str ="";
show_str +=(hours > 12) ? "下午 ": "上午 ";
show_str += ((hours > 12) ? hours-12 : hours);
show_str += ((minutes <10) ? ":0" : ":") + minutes;
show_str += ((seconds <10) ? ":0" : ":") + seconds;
document.show_time.name1.value = show_str;
timerID = setTimeout("gettime()",1000); }
</script>
<form name="show_time" onSubmit="0">
现在时间是：<input type="text" name="name1" size=16 value="">
</form>
</body>
```

网页中的应用

接下来讲解的是JavaScript事件的分析，讲解一些网页中经常用到的网页效果，比如鼠标滑过时的效果、轮播图的效果等。

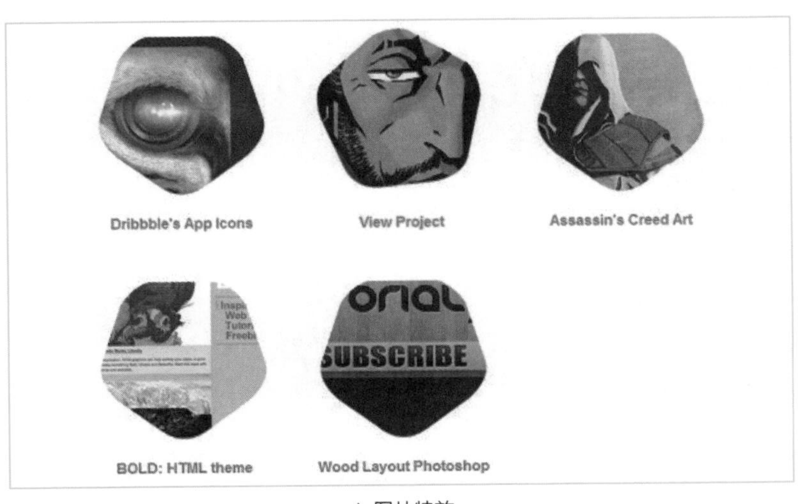

▲ 图片特效

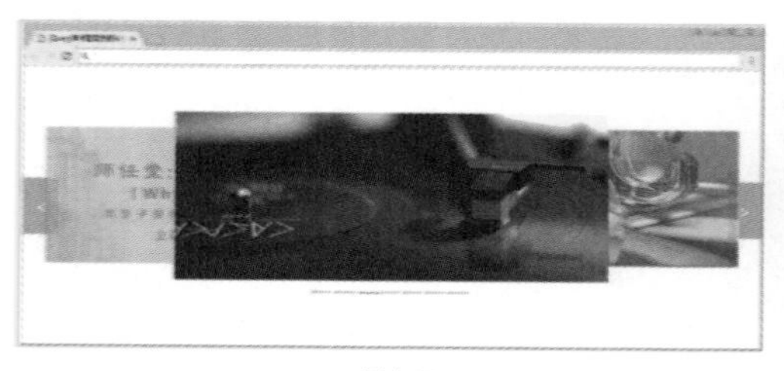

▲ 轮播图

▲ 文字特效

01 轮播图效果

图片轮播在很多网站中都能看到，各种轮播特效在有限的空间中展示了几倍于空间大小的内容，并且有着良好的视觉效果。其实轮播图的写法有很多，这里以一个简单的示例说明。

制作一个网页的轮播图

HTML部分。

添加图片和翻页按钮代码如下：

＊建议使用谷歌浏览器或者360浏览器

```
<div class="container">
    <div class="wrap" style="left: -600px;">
      <img src="test1.jpg" alt="">
      <img src="test2.jpg" alt="">
      <img src="test3.jpg" alt="">
      <img src="test4.jpg" alt="">
      <img src="test5.jpg" alt="">
      <img src="test3.jpg" alt="">
      <img src="test1.jpg" alt="">
    </div>
    <div class="buttons">
      <span class="on">1</span>
      <span>2</span>
      <span>3</span>
      <span>4</span>
      <span>5</span>
```

```
    </div>
    <a href="javascript:;" rel="external nofollow" rel="external nofollow" rel="external nofollow" rel="external nofollow" class="arrow arrow_left"><</a>
    <a href="javascript:;" rel="external nofollow" rel="external nofollow" rel="external nofollow" rel="external nofollow" class="arrow arrow_right">></a>
  </div>
```

上述代码写完之后的效果如下图所示。

▲ 图片都显示在页面中

CSS部分。

CSS样式部分（图片组的处理）跟淡入淡出式就不一样了，淡入淡出只需要显示或者隐藏对应序号的图片就行了，直接通过display来设定。

左右切换式则采用图片li浮动，父层元素ul总宽为总图片宽，并设定为有限banner宽度下隐藏超出宽度的部分。然后当想切换到某序号的图片时，则采用其ul定位left样式设定相应属性值实现。

比如显示第一张图片初始定位left为0px, 要想显示第二张图片则需要left:-400px处理。

示例代码如下：

```
<style>
    * {
      margin:0;
      padding:0;
    }
    a{
      text-decoration: none;
    }
```

```
.container {
  position: relative;
  width: 600px;
  height: 400px;
  margin:100px auto 0 auto;
  box-shadow: 0 0 5px green;
  overflow: hidden;
}
.container .wrap {
  position: absolute;
  width: 4200px;
  height: 400px;
  z-index: 1;
}
.container .wrap img {
  float: left;
  width: 600px;
  height: 400px;
}
.container .buttons {
  position: absolute;
  right: 5px;
  bottom:40px;
  width: 150px;
  height: 10px;
  z-index: 2;
}
.container .buttons span {
  margin-left: 5px;
  display: inline-block;
  width: 20px;
  height: 20px;
  border-radius: 50%;
  background-color: green;
  text-align: center;
  color:white;
  cursor: pointer;
}
.container .buttons span.on{
```

```
    background-color: red;
  }
  .container .arrow {
    position: absolute;
    top: 35%;
    color: green;
    padding:0px 14px;
    border-radius: 50%;
    font-size: 50px;
    z-index: 2;
    display: none;
  }
  .container .arrow_left {
    left: 10px;
  }
  .container .arrow_right {
    right: 10px;
  }
  .container:hover .arrow {
    display: block;
  }
  .container .arrow:hover {
    background-color: rgba(0,0,0,0.2);
  }
</style>
```

CSS部分的代码完成之后再来看一下效果，如下图所示，这时的轮播图已经出现样式了，但是单击翻页按钮的时候不能动。

▲ 图片折叠放在一起的效果

JavaScript部分。

页面基本已经构建好，就可以进行JavaScript处理了。

全局变量制作：

```
var curIndex = 0, // 当前 index
      imgArr = getElementsByClassName("imgList")[0].getElementsByTagName("li"),
// 获取图片组
      imgLen = imgArr.length,
      infoArr = getElementsByClassName("infoList")[0].getElementsByTagName("li"),
// 获取图片 info 组
      indexArr = getElementsByClassName("indexList")[0].getElementsByTagName("li");
// 获取控制 index 组
```

自动切换定时器处理：

```
  // 定时器自动变换 2.5 秒每次
 var autoChange = setInterval(function(){
   if(curIndex < imgLen -1){
     curIndex ++;
   }else{
     curIndex = 0;
   }
   // 调用变换处理函数
   changeTo(curIndex);
 },2500);
```

同样的，有一个重置定时器的函数：

```
// 清除定时器时候的重置定时器 -- 封装
 function autoChangeAgain(){
     autoChange = setInterval(function(){
     if(curIndex < imgLen -1){
       curIndex ++;
     }else{
       curIndex = 0;
     }
   // 调用变换处理函数
     changeTo(curIndex);
   },2500);
   }
```

因为有一些class，所以需要使用class函数的模拟：

```
// 通过 class 获取节点
 function getElementsByClassName(className){
   var classArr = [];
   var tags = document.getElementsByTagName('*');
   for(var item in tags){
     if(tags[item].nodeType == 1){
       if(tags[item].getAttribute('class') == className){
         classArr.push(tags[item]);
       }
     }
   }
   return classArr;                         // 返回
 }

 // 判断 obj 是否有此 class
 function hasClass(obj,cls){             //class 位于单词边界
   return obj.className.match(new RegExp('(\\s|^)' + cls + '(\\s|$)'));
  }
  // 给 obj 添加 class
 function addClass(obj,cls){
   if(!this.hasClass(obj,cls)){
      obj.className += cls;
   }
 }
 // 移除 obj 对应的 class
 function removeClass(obj,cls){
   if(hasClass(obj,cls)){
     var reg = new RegExp('(\\s|^)' + cls + '(\\s|$)');
        obj.className = obj.className.replace(reg,'');
   }
 }
```

要左右切换，需要动态地设置element.style.left进行定位。因为要有一个渐进的过程，所以再进行阶段处理。

定位的时候left的设置有点复杂，要考虑方向等情况，代码如下：

```
// 图片组相对原始左移 dist px 距离
function goLeft(elem,dist){
```

```
if(dist == 400){        //第一次时设置 left 为 0px 或者直接使用内嵌法 style="left:0;"
elem.style.left = "0px";
}
var toLeft;                                          //判断图片移动方向是否为左
dist = dist + parseInt(elem.style.left);             //图片组相对当前移动距离
if(dist<0){
toLeft = false;
dist = Math.abs(dist);
}else{
toLeft = true;
}
for(var i=0;i<= dist/20;i++){                        //这里设定缓慢移动，10 阶每阶 40px
 (function(_i){
var pos = parseInt(elem.style.left);                 //获取当前 left
setTimeout(function(){
pos += (toLeft)? -(_i * 20) : (_i * 20);             //根据 toLeft 值指定图片组位置改变
//console.log(pos);
elem.style.left = pos + "px";
},_i * 25);                                          //每阶间隔 50 毫秒
})(i);
}
}
```


上述代码中初始了left的值为0px，如果不初始或者把初始的left值写在行内CSS样式表里，就会报错取不到值。

所以直接在JavaScript中初始化或者在HTML中内嵌初始化也可以。

接下来就是切换的函数实现了，比如要切换到序号为num的图片，代码如下：

```
//左右切换处理函数
function changeTo(num){
//设置 image
var imgList = getElementsByClassName("imgList")[0];
goLeft(imgList,num*400);                                    //左移一定距离
//设置 image 的 info
var curInfo = getElementsByClassName("infoOn")[0];
removeClass(curInfo,"infoOn");
addClass(infoArr[num],"infoOn");
//设置 image 的控制下标 index
var _curIndex = getElementsByClassName("indexOn")[0];
```

```
removeClass(_curIndex,"indexOn");
addClass(indexArr[num],"indexOn");
}
```

然后再给左右箭头还有右下角那堆index绑定事件处理，代码如下：

```
//给左右箭头和右下角的图片 index 添加事件处理
function addEvent(){
for(var i=0;i<imgLen;i++){
//闭包防止作用域内活动对象 item 的影响
(function(_i){
//鼠标滑过则清除定时器，并作变换处理
indexArr[_i].onmouseover = function(){
clearTimeout(autoChange);
changeTo(_i);
curIndex = _i;
};
//鼠标滑出则重置定时器处理
indexArr[_i].onmouseout = function(){
autoChangeAgain();
};
})(i);
}
//给左箭头 prev 添加上一个事件
var prev = document.getElementById("prev");
prev.onmouseover = function(){
//滑入清除定时器
clearInterval(autoChange);
};
prev.onclick = function(){
//根据 curIndex 进行上一个图片处理
curIndex = (curIndex > 0) ? (--curIndex) : (imgLen - 1);
changeTo(curIndex);
};
prev.onmouseout = function(){
//滑出则重置定时器
autoChangeAgain();
};
//给右箭头 next 添加下一个事件
```

```
var next = document.getElementById("next");
next.onmouseover = function(){
clearInterval(autoChange);
};
next.onclick = function(){
curIndex = (curIndex < imgLen - 1) ? (++curIndex) : 0;
changeTo(curIndex);
};
next.onmouseout = function(){
autoChangeAgain();
};
}
```

代码的运行效果如下图所示。

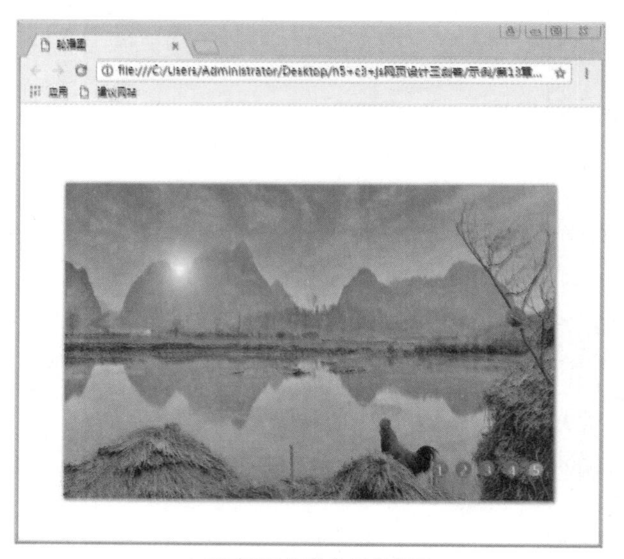

▲ 自动循环播放的图片效果

至此，一个轮播图就制作完成了。

02 字体闪烁效果

在网页中，为了更好地吸引用户的注意力，设计者会为重要的信息添加效果，比如闪烁、震动等，下面就来讲解怎样用JavaScript设计文字的闪烁效果。

如下图所示的是当光标放在文字上的时候出现闪烁的效果。

▲ 文字闪烁的效果

制作文字的闪烁效果

```
<html>
 <head>
 <meta charset="gb2312" />
 <title>js 实现文字闪烁特效 </title>
 </head>
<script>
 var flag = 0;
 function start(){
 var text = document.getElementById("myDiv");
 if (!flag)
 {
 text.style.color = "red";
 text.style.background = "#0000ff";
 flag = 1;
 }else{
 text.style.color = "";
 text.style.background = "";
 flag = 0;
 }
 setTimeout("start()",500);
 }
</script>
 <body onload="start()">
 <span id="myDiv">JavaScript 的世界是如此的精彩！ </span>
```

```
  </body>
</html>
```

本实例同样是运用if...else函数制作的效果。

03 鼠标滑过效果

网页中为了突出某件商品的重要性通常会给商品的图片作出效果，最常见的是给图片应用震动的效果，下面就来讲解使用JavaScript实现图片的震动效果，如下图所示。

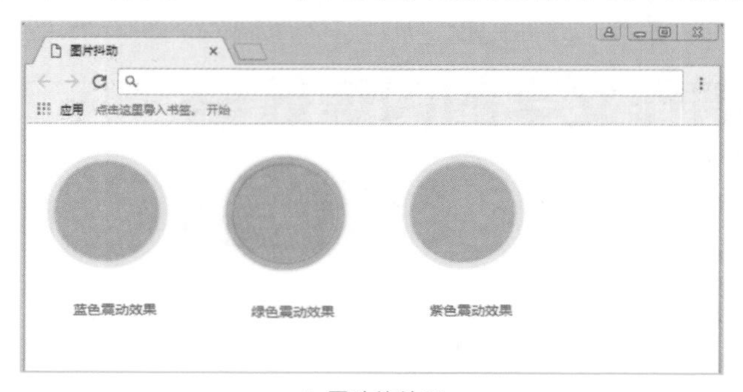

▲ 震动的效果

制作鼠标滑过图片的震动效果

```
<html>
<head>
<meta http-equiv="Content-Type" content="text/html; charset=gb2312">
<title>鼠标滑过 图片震动效果</title>
<style>.shakeimage {
 POSITION: relative
}
</style>
</head>
<body>
<script language=JavaScript1.2>
```

```
<!--
var rector=3
var stopit=0
var a=1
function init(which){
stopit=0
shake=which
shake.style.left=0
shake.style.top=0
}
function rattleimage(){
if ((!document.all&&!document.getElementById)||stopit==1)
return
if (a==1){
shake.style.top=parseInt(shake.style.top)+rector
}
else if (a==2){
shake.style.left=parseInt(shake.style.left)+rector
}
else if (a==3){
shake.style.top=parseInt(shake.style.top)-rector
}
else{
shake.style.left=parseInt(shake.style.left)-rector
}
if (a<4)
a++
else
a=1
setTimeout("rattleimage()",50)
}
function stoprattle(which){
stopit=1
which.style.left=0
which.style.top=0
}
//-->
</script>>
```

运行这段代码，当光标放在图片上的时候，图片出现震动效果。

网页中的特效

在设计网页中也会用到时间的特效和窗口的特效，即显示用户在网页中停留的时间、显示当前的日期和窗口自动关闭等。

▲ 网页中的倒计时

▲ 鼠标滑动后出现复古效果

01 显示网页停留时间

显示网页停留时间相当于设计一个计时器，用于显示浏览者在该页面停留了多长时间。下图所示的就是一个网页中的计时效果。

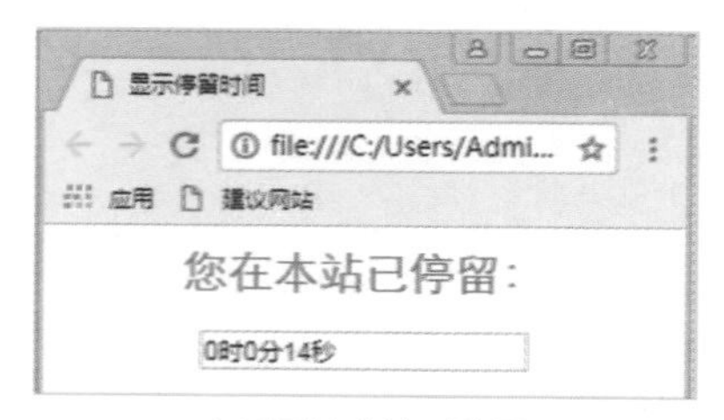

▲ 网页中的计时效果

显示所在网页停留的时间

```
<html>
<script language="javascript">
```

```
var second=0;
var minute=0;
var hour=0;
window.setTimeout("interval();",1000);    //设置时间一秒刷新一次
function interval()                         //设置计时器
{
second++;
if(second==60)
{
second=0;minute+=1;
}
if(minute==60)
{
minute=0;hour+=1;
}
document.form1.textarea.value = hour+"时"+minute+"分"+second+"秒";//将计时器的数值显示在form表单中
window.setTimeout("interval();",1000);   //设置时间一秒刷新一次
}
</html>
```

思路是设置三个变量：second、minute和hour。然后让second不停地+1，并且利用setTimeout实现页面每隔一秒刷新一次，当second大于等于60时，minute开始+1，并且让second重新置零。同理，当minute大于等于60时，hour开始+1。这样即可实现计时功能。

02 制作定时关闭窗口

制作定时关闭的窗口经常出现在网页的广告中，可以给这些广告设定定时关闭窗口的时间。

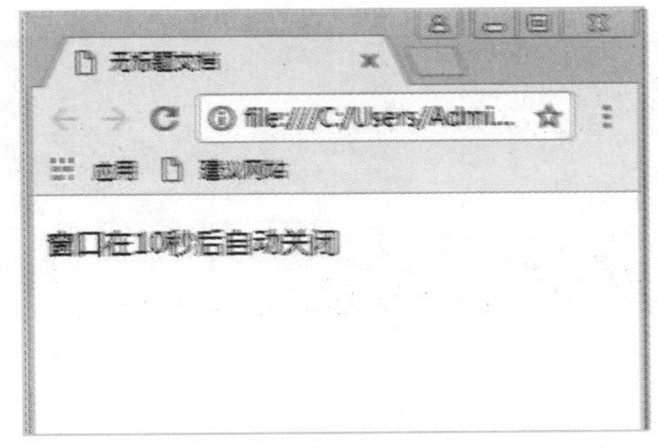

▲ 定时关闭窗口效果

让窗口在设定好的时间自动关闭

```
<!doctype html>
<script type="text/javascript">
function webpageClose(){
window.close();
}
setTimeout( webpageClose,10000)            //10s 后关闭
</script>
</html>
```

这个效果很简单，只需要window.close()就可以实现。

课后作业

本章的知识在设计网页的时候经常会用到，特别是轮播图的效果几乎是每张网页都会运用到，所以本章的课后练习我们就来做一个轮播图，效果如下图所示。

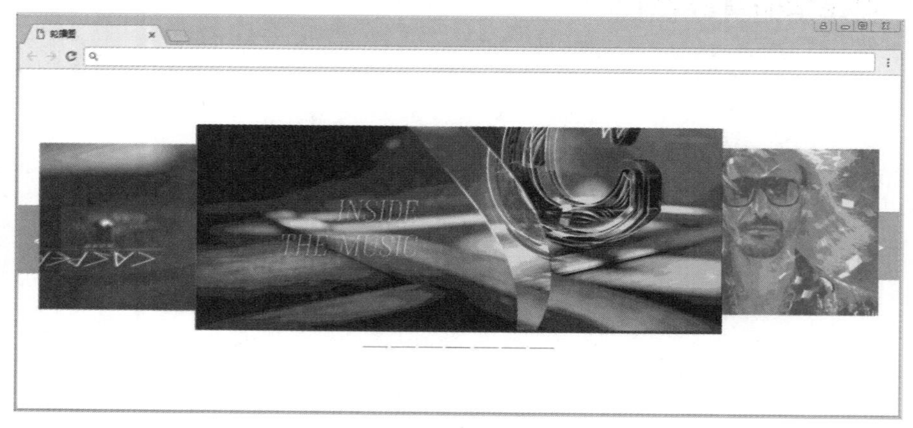

▲ 轮播图效果

提示代码如下：

```
<script type="text/javascript">
// 通过底下按钮点击切换
$a.each(function(){
$(this).click(function(){
var myindex=$(this).index();
var b=myindex-index;
if(b==0){
return;
}
else if(b>0) {
/*
* splice(0,b) 的意思是从索引 0 开始，取出数量为 b 的数组
* 因为每次点击之后数组都被改变了，所以当前显示的这个照片的索引才是 0
* 所以取出从索引 0 到 b 的数组，就是从原本的这个照片到需要点击的照片的数组
* 这时候原本的数组也将这部分数组进行移除了
* 再把移除的数组添加到原本的数组的后面
*/
var newarr=cArr.splice(0,b);
cArr=$.merge(cArr,newarr);
$("li").each(function(i,e){
$(e).removeClass().addClass(cArr[i]);
})
index=myindex;
show();
}
else if(b<0){
/*
* 因为 b<0，所以取数组的时候是倒序来取的，也就是说我们可以先把数组的顺序颠倒一下
* 而 b 现在是负值，所以取出索引 0 到 -b 即为需要取出的数组
* 也就是从原本的照片到需要点击的照片的数组
* 然后将原本的数组跟取出的数组进行拼接
* 再次倒序，使原本的倒序变为正序
*/
</script>
```

上述代码为部分提示代码，想要获取完整代码，请关注“德胜书坊”公众号。

图书在版编目（CIP）数据

HTML5炼成记：Web前端开发（HTML5+CSS3+JavaScript）12堂必修课：全彩印刷／德胜高新教育编著. 一 北京：中国青年出版社，2019.2
ISBN 978-7-5153-5398-2
I.①H… II.①德… III. ①超文本标记语言-程序设计 ②网页制作工具 ③JAVA语言-程序设计 IV. ①TP312.8 ②TP393.092.2
中国版本图书馆CIP数据核字（2018）第254495号

策划编辑 张 鹏
责任编辑 张 军
封面设计 彭 涛

HTML5炼成记：Web前端开发（HTML5+CSS3+JavaScript）12堂必修课（全彩印刷）
德胜高新教育/编著

出版发行：中国青年出版社
地 址：北京市东四十二条21号
邮政编码：100708
电 话：（010）50856188 / 50856189
传 真：（010）50856111
企 划：北京中青雄狮数码传媒科技有限公司
印 刷：山东百润本色印刷有限公司
开 本：787 x 1092 1/16
印 张：19
版 次：2019年7月北京第1版
印 次：2019年7月第1次印刷
书 号：ISBN 978-7-5153-5398-2
定 价：89.90元
（附赠语音视频教学+同步案例文件+HTML速查手册+PDF电子书+海量设计素材与源文件）

本书如有印装质量等问题，请与本社联系
电话：（010）50856188 / 50856189
读者来信：reader@cypmedia.com
投稿邮箱：author@cypmedia.com
如有其他问题请访问我们的网站：http://www.cypmedia.com

Chapter 01 Web前端必备常识

Chapter 02 快速了解HTML 5

Chapter 03 canvas如何应用

Chapter 04 表单知识准备

Chapter 05 CSS轻松学

Chapter 01 Web前端必备常识

随着互联网信息技术的深入发展，前端开发工程师已成为市场上极具竞争力的人才。许多学生，包括以前学习过UI、Java，或者完全零基础的，都想学习前端。许多初学者说，当他们看到这些密集的知识点时会感到头晕目眩。事实上，前端是一个宽泛的主题，虽然内容比较多，而且没有跟踪可循，但在学习前端时，你不必惊慌，只要一步一步脚踏实地，不怕学习不好前端！

1.1 Web是如何工作的

通常将那些凡是向Web服务器请求获取资源的软件称为Web客户端。Web客户端的工作流程是：用户单击超链接或在浏览器中输入后，此时浏览器将该信息转换成标准的HTTP请求发送给Web服务器。当Web服务器接收到HTTP请求后，根据请求内容查找所需信息资源，找到相应资源后，Web服务器将该部分资源通过标准的HTTP响应发送回浏览器，最后浏览器接收到响应后将HTML文档显示出来。

1.1.1 Internet与万维网

因特网是互联网的英文名字，汉译音为因特网，也有人把它称之为国际计算机互联网，是目前世界上影响最大的国际性计算机网络。万维网WWW是World Wide Web的缩写，中文称为“万维网”、“环球网”，常简称为Web，包括Web客户端和Web服务器程序，是一种网络服务，是因特网的一个产物。具体区别如下：

因特网（Internet）又称国际计算机互联网，是目前世界上影响最大的国际性计算机网络。其准确的描述是：因特网是一个网络的网络（a network of network）。它通过TCP/IP网络协议将各种不同类型、不同规模、位于不同地理位置的物理网络联接成一个整体。同时，它也是一个国际性的通信网络集合体，融合了现代通信技术和现代计算机技术，集各个部门、领域的各种信息资源为一体,从而构成网上用户共享的信息资源网。它的出现是世界由工业化走向信息化的必然和象征。

因特网最早来源于1969年美国国防部高级研究计划局（Defense Advanced Research Projects Agency, DARPA）的前身ARPA建立的ARPAnet，最初的ARPAnet主要用于军事研究。1972年，ARPAnet首次与公众见面，由此成为现代计算机网络诞生的标志。ARPAnet在技术上的另一个重大贡献是TCP/IP协议簇的开发和使用。ARPAnet试验并奠定了因特网存在和发展的基础，较好地解决了异种计算机网络之间互联的一系列理论和技术问题。

同时，局域网和其他广域网的产生和发展对因特网的进一步发展起了重要作用。其中，最有影响的就是美国国家科学基金会（National Science Foundation, NSF）建立的美国国家科学基金网NSFnet。它于1990年6月彻底取代了ARPAnet而成为因特网的主干网，但NSFnet对因特网的最大贡献是使因特网向全社会开放。随着网上通信量的迅猛增长，1990年9月，由Merit、IBM和MCI公司联合建立了先进网络与科学公司ANS（Advanced Network & Science, Inc），其目的是建立一个全美范围的T3级主干网，能以45Mb/s的速率传送数据，相当于每秒传送1400页文本信息，到1991年底，NSFnet的全部主干网都已经与ANS提供的T3级主干网相通。

近十年来，随着社会、科技、文化和经济的发展，特别是计算机网络技术和通信技术的大发展，人们对开发和使用信息资源越来越重视，这强烈刺激着因特网的发展。在因特网上，按从事的业务分类包括了广告公司、航空公司、农业生产公司、艺术、导航设备、书店、化工、通信、计算机、咨询、娱乐、财贸、各类商店、旅馆等100多类，覆盖了社会生活的方方面面，构成了一个信息社会的缩影。

万维网（World Wide Web：www）：又称环球网。万维网的历史很短，1989年CERN（欧洲粒子物理实验室）的研究人员为了研究的需要，希望能开发出一种共享资源的远程访问系统，这种系统能够提供统一的接口来访问各种不同类型的信息，包括文字、图像、音频、视频信息。1990年各种人员完成了最早期的浏览器产品，1991年开始在内部发行WWW，这就是万维网的开始。目前，大多数知名公司都在Internet上建立了自己的万维网网站。

Tips

因特网于1969年诞生于美国，最初名为“阿帕网”（ARPAnet），是一个军用研究系统，后来又成为连接大学及高等院校计算机的学术系统，现在则已发展成为一个覆盖五大洲150多个国家的开放型全球计算机网络系统，拥有许多服务商。普通电脑用户只需要一台个人计算机，用电话线通过调制解调器和因特网服务商连接，便可进入因特网。但因特网并不是全球唯一的互联网络，例如在欧洲，跨国的互联网络就有“欧盟网”（Euronet）、“欧洲学术与研究网”（EARN）、“欧洲信息网”（EIN），在美国还有“国际学术网”（BITNET），世界范围的还有“飞多网”（全球性的BBS系统）等，也就是说在因特网上构建的万维网！！所以，因特网与万维网两者是有区别的！

1.1.2 Web架构

Web程序的架构基本上可以分成以下三类：

（1）基于“WEB页面/文件”

例如CGI和php/ASP程序。程序的文件分别存储在不同的目录里，与URL相对应。当HTTP请求提交至服务器时，URL直接指向某个文件，然后由该文件来处理请求，并返回响应结果。

可以想像，我们在站点根目录的news目录下放置一个readnews.php文件。

这种开发方式最自然、最易理解，也是PHP最常用的方式。要注意产生的URL对搜索引擎不友好，不过你可以用服务器提供的URL重写方案来处理，例如Apache的mod_rewrite。

（2）基于“动作”(Action)

这是MVC架构的WEB程序所采用的最常见的方式。目前主流的WEB框架像Struts、Webwork（Java）、Ruby on Rails（Ruby）、Zend Framework（PHP）等都采用这种设计。URL映射到控制器（controller）和控制器中的动作（action），由action来处理请求并输出响应结果。这种设计和上面的基于文件的方式一样，都是请求/响应驱动的方案，离不开HTTP。

可以想像在实际代码中，我们会有一个控制器newsController，其中有一个readAction。不同框架可能默认实现方式稍有不同，有的是一个Controller一个文件，其中有多个Action，有的是每个Action对应一个文件。当然这些你都可以自己控制，题外话。

这种方式的URL通常都很漂亮，对搜索引擎友好，因为很多框架都自带有URL重写功能，可以自由规定URL中controller、action及参数出现的位置。

另外，还有更直接的基于URL的设计方案，那就是REST。通过人为规定URL的构成形式（比如Action限制成只有几种）来促进网站之间的互相访问，降低开发的复杂性，提高系统的可伸缩性。REST对于Web Services来说是一个创新。

虽然本文讨论的是单个项目所采用的架构，而REST是为了解决网站之间的通讯问题，但REST的出现，会对单个项目的架构造成影响（很显然你在开发时就要构造规范的URL）。将来混用REST和MVC应该也是一种趋势。RoR提供很好的REST支持，Zend Framework也提供了Zend_Rest来支持REST，包括Server和Client。

（3）基于“组件”（Component，GUI设计也常称控件）、事件驱动的架构

最常见的是微软的.NET。基本思想是把程序分成很多组件，每个组件都可以触发事件，调用特定的事件处理器来处理（比如在一个HTML按钮上设置onClick事件链接到一个PHP函数）。这种设计远离HTTP，HTTP请求完全抽象，映射到一个事件。

事实上这种设计原本最常应用于传统桌面GUI程序的开发，例如Delphi，Java Swing等。所有表现层的组件比如窗口，或者HTML表单都可以由IDE来提供，我们只需要在IDE里点击或拖动鼠标就能够自动添加一个组件，并且添加一个相应的事件处理器。

这种开发方式的优点在于：

- 复用性-代码高度可重用。
- 易于使用-通常只需要配置控件的属性，编写相关的事件处理函数。

1.2 Web测试内容

Web测试分为6个部分：功能测试、性能测试（包括负载/压力测试）、用户界面测试、兼容性测试、安全测试和接口测试。

1.2.1 功能测试

功能测试中包括了下面几种测试：

（1）链接测试

链接是Web应用系统的一个主要特征，它是在页面之间切换和指导用户去一些不知道地址的页面的主要手段。链接测试可分为三个方面。首先，测试所有链接是否按指示的那样确实链接到了该链接的页面；其次，测试所链接的页面是否存在；最后，保证Web应用系统上没有孤立的页面，所谓孤立页面是指没有链接指向该页面，只有知道正确的URL地址才能访问。

（2）表单测试

当用户通过表单提交信息的时候，都希望表单能正常工作。

如果使用表单来进行在线注册，要确保提交按钮能正常工作，当注册完成后应返回注册

成功的消息。如果使用表单收集配送信息，应确保程序能够正确处理这些数据，最后能让客户收到包裹。要测试这些程序，需要验证服务器能正确保存这些数据，而且后台运行的程序能正确解释和使用这些信息。

表单测试还有重要的一点：测试html语言的特殊标记，如<th>、<td>等，在表单中输入这些字符进行各种操作后看系统是否会报错。

表单中的数据会经过两次校验：一是脚本校验，在输入时脚本会自动进行初步的判断，判断数据是否合法；二是程序提交时也会对数据的准确性进行校验，此时，测试时注意测试这两次数据校验标准是否一致。

（3）cookies测试

Cookies通常用来存储用户信息和用户在某应用系统的操作，当一个用户使用Cookies访问了某一个应用系统时，Web服务器将发送关于用户的信息，把该信息以Cookies的形式存储在客户端计算机上，这可用来创建动态和自定义页面，或者存储登录等信息。如果Web应用系统使用了Cookies，就必须检查Cookies是否能正常工作。测试的内容可包括Cookies是否起作用，是否按预定的时间进行保存，刷新对Cookies有什么影响等。如果在cookies中保存了注册信息，请确认该cookie能够正常工作而且已对这些信息进行加密处理。如果使用cookie来统计次数，需要验证次数累计正确。

（4）数据库测试

在Web应用技术中，数据库起着重要的作用，数据库为Web应用系统的管理、运行、查询和实现用户对数据存储的请求等提供空间。在Web应用中，最常用的数据库类型是关系型数据库，可以使用SQL对信息进行处理。

在使用了数据库的Web应用系统中，一般情况下，可能发生两种错误，分别是数据一致性错误和输出错误。数据一致性错误主要是由于用户提交的表单信息不正确而造成的，而输出错误主要是由于网络速度或程序设计问题等引起的，针对这两种情况，可分别进行测试。

（5）设计语言测试

Web设计语言版本的差异可以引起客户端或服务器端严重的问题，例如使用哪种版本的HTML等。当在分布式环境中开发时，开发人员都不在一起，这个问题就显得尤为重要。除了HTML的版本问题外，不同的脚本语言，例如Java、Javascript、ActiveX、VBscript或Perl等也要进行验证。

1.2.2 性能测试

性能测试也包括了许多测试，具体测试类型如下：

（1）连接速度测试

用户连接到Web应用系统的速度根据上网方式的变化而变化，它们或是电话拨号，或是宽带上网。当下载一个程序时，用户可以等较长的时间，但如果仅仅访问一个页面就不会这样。如果Web系统响应时间太长（例如超过5秒钟），用户就会因没有耐心等待而离开。

另外，有些页面有超时的限制，如果响应速度太慢，用户可能还没来得及浏览内容，就需要重新登录了。而且，连接速度太慢，还可能引起数据丢失，使用户得不到真实的页面。

（2）负载测试

负载测试是为了测量Web系统在某一负载级别上的性能，以保证Web系统在需求范围内能正常工作。负载级别可以是某个时刻同时访问Web系统的用户数量，也可以是在线数据处理的数量。例如：Web应用系统能允许多少个用户同时在线？如果超过了这个数量，会出现什么现象。Web应用系统能否处理大量用户对同一个页面的请求。

（3）压力测试

负载测试应该安排在Web系统发布以后，在实际的网络环境中进行测试。因为一个企业内部员工，特别是项目组人员总是有限的，而一个Web系统能同时处理的请求数量将远远超出这个限度，所以，只有放在Internet上，接受负载测试，其结果才是正确可信的。

进行压力测试是指实际破坏一个Web应用系统，测试系统的反映。压力测试是测试系统的限制和故障恢复能力，也就是测试Web应用系统会不会崩溃，在什么情况下会崩溃。黑客常常提供错误的数据负载，直到Web应用系统崩溃，接着当系统重新启动时获得存取权。

压力测试的区域包括表单、登录和其他信息传输页面等。

1.2.3 用户界面测试

用户界面的测试包括了下面几种测试：

（1）导航测试

导航描述了用户在一个页面内操作的方式，在不同的用户接口控制之间，例如按钮、对话框、列表和窗口等；或在不同的连接页面之间。通过考虑下列问题，可以决定一个Web应用系统是否易于导航：导航是否直观？Web系统的主要部分是否可通过主页存取？Web系统是否需要站点地图、搜索引擎或其他的导航帮助？

在一个页面上放太多的信息往往会起到与预期相反的效果。Web应用系统的用户趋向于目的驱动，很快地扫描一个Web应用系统，看是否有满足自己需要的信息，如果没有，就会很快地离开。很少有用户愿意花时间去熟悉Web应用系统的结构，因此，Web应用系统导航帮助要尽可能地准确。

导航的另一个重要方面是Web应用系统的页面结构、导航、菜单、连接的风格是否一致。确保用户凭直觉就知道Web应用系统里面是否还有内容，内容在什么地方。

Web应用系统的层次一旦决定，就要着手测试用户导航功能，让最终用户参与这种测试，效果将更加明显。

（2）图形测试

在Web应用系统中，适当的图片和动画既能起到广告宣传的作用，又能发挥美化页面的功能。一个Web应用系统的图形可以包括图片、动画、边框、颜色、字体、背景、按钮等。图形测试的内容有：

- 要确保图形有明确的用途，图片或动画不要胡乱地堆在一起，以免浪费传输时间。Web应用系统的图片尺寸要尽量地小，并且要能清楚地说明某件事情，一般都链接到某个具体的页面。
- 验证所有页面字体的风格是否一致。
- 背景颜色应该与字体颜色和前景颜色相搭配。
- 图片的大小和质量也是一个很重要的因素，一般采用JPG或GIF压缩，最好能使图片的大小减小到30k以下。
- 最后，需要验证的是文字回绕是否正确。如果说明文字指向右边的图片，应该确保该图片出现在右边。不要因为使用图片而使窗口和段落排列古怪或者出现孤行。

通常来说，使用少许或尽量不使用背景是个不错的选择。如果你想用背景，那么最好使用单色的，和导航条一起放在页面的左边。另外，图案和图片可能会转移用户的注意力。

（3）内容测试

内容测试用来检验Web应用系统提供信息的正确性、准确性和相关性。

信息的正确性是指信息是可靠的还是误传的，例如，在商品价格列表中，错误的价格可能引起财政问题甚至导致法律纠纷；信息的准确性是指是否有语法或拼写错误，这种测试通常使用一些文字处理软件来进行，例如使用Microsoft Word的“拼音与语法检查”功能；信息的相关性是指是否在当前页面可以找到与当前浏览信息相关的信息列表或入口，也就是一般Web站点中的所谓“相关文章列表”。

对于开发人员来说，可能先有功能然后才对这个功能进行描述。大家坐在一起讨论一些新的功能，然后开始开发，在开发的时候，开发人员可能不注重文字表达，他们添加文字可能只是为了对齐页面。不幸的是，这样出来的产品可能会产生严重的误解，因此测试人员和公关部门一起检查内容的文字表达是否恰当。否则，公司可能陷入麻烦之中，也可能引起法律方面的问题。测试人员应确保站点看起来更专业些，过分地使用粗体字、大字体和下划线可能会让用户感到不舒服。在进行用户可用性方面的测试时，最好先请图形设计专家对站点进行评估。你可能不希望看到一篇到处是黑体字的文章，所以相信你也希望自己的站点能更专业一些。最后，需要确定是否列出了相关站点的链接。很多站点希望用户将邮件发到一个特定的地址，或者从某个站点下载浏览器。但是如果用户无法点击这些地址，他们可能会觉得很迷惑。

（4）表格测试

需要验证表格是否设置正确。用户是否需要向右滚动页面才能看见产品的价格？把价格放在左边，而把产品细节放在右边是否更有效？每一栏的宽度是否足够宽，表格里的文字是否都有折行？是否有因为某一格的内容太多，而将整行的内容拉长的情况？

（5）整体界面测试

整体界面是指整个Web应用系统的页面结构设计，是给用户的一个整体感。例如：当用户浏览Web应用系统时是否感到舒适，是否凭直觉就知道要找的信息在什么地方？整个Web应用系统的设计风格是否一致？对整体界面的测试过程，其实是一个对最终用户进行调查的过程。一般Web应用系统采取在主页上做一个调查问卷的形式，来得到最终用户的反馈信息。

对所有的用户界面测试来说，都需要有外部人员（与Web应用系统开发没有联系或联系很少的人员）的参与，最好是最终用户的参与。

1.2.4 兼容性测试

兼容性测试包括了下面几种测试：

（1）平台测试

市场上有很多不同的操作系统类型，最常见的有Windows、Unix、Macintosh、Linux等。Web应用系统的最终用户究竟使用哪一种操作系统，取决于用户系统的配置。这样，就可能会发生兼容性问题，同一个应用可能在某些操作系统下能正常运行，但在另外的操作系统下可能会运行失败。

因此，在Web系统发布之前，需要在各种操作系统下对Web系统进行兼容性测试。

（2）浏览器测试

浏览器是Web客户端最核心的构件，来自不同厂商的浏览器对Java、Javascript、ActiveX、plug-ins或不同的HTML规格有不同的支持。例如，ActiveX是Microsoft的产品，是为Internet Explorer而设计的，Javascript是Netscape的产品，Java是Sun的产品等。另外，框架和层次结构风格在不同的浏览器中也有不同的显示，甚至根本不显示。不同的浏览器对安全性和Java的设置也不一样。

测试浏览器兼容性的一个方法是创建一个兼容性矩阵。在这个矩阵中，测试不同厂商、不同版本的浏览器对某些构件和设置的适应性。

（3）分辨率测试

页面版式在640×400、600×800或1024×768的分辨率模式下是否显示正常、字体是否太小以至于无法浏览、或者是太大、文本和图片是否对齐。

Modem/连接速率

是否有这种情况，用户使用28.8modem下载一个页面需要10分钟，但测试人员在测试的时候使用的是T1专线。用户在下载文章或演示的时候，可能会等待比较长的时间，但却不会耐心等待首页的出现。最后，需要确认图片不会太大。

（4）打印机测试

用户可能会将网页打印下来。因此在设计网页的时候要考虑到打印问题，注意节约纸张和油墨。有不少用户喜欢阅读而不是盯着屏幕，因此需要验证网页打印是否正常。有时在屏幕上显示的图片和文本的对齐方式可能与打印出来的东西不一样。测试人员至少需要验证订单确认页面打印是正常的。

（5）组合测试

最后需要进行组合测试。600×800的分辨率在MAC机上可能还不错，但是在IBM兼容机上却很难看。在IBM机器上使用Netscape能正常显示，但却无法使用Lynx来浏览。如果是内部使用的Web站点，测试可能会轻松一些。如果公司指定使用某个类型的浏览器，那么只需在该浏览器上进行测试。如果所有的人都使用T1专线，可能不需要测试下载施加（但需要注意的是，可能会有员工从家里拨号进入系统）。有些内部应用程序，开发部门可能在系统需求中声明不支持某些系统而只支持那些已设置的系统。但是，理想的情况是，系统能在所有机器上运行，这样就不会限制将来的发展和变动。

1.2.5 安全测试

即使站点不接受信用卡支付，安全问题也是非常重要的。Web站点收集的用户资料只能在公司内部使用。如果用户信息被黑客泄露，客户在进行交易时，就不会有安全感。

（1）目录设置

Web安全的第一步就是正确设置目录。每个目录下应该有index.html或main.html页面，这样就不会显示该目录下的所有内容。我服务的一个公司没有执行这条规则。我选中一幅图片，单击鼠标右键，找到该图片所在的路径com/objects/images，然后在浏览器地址栏中手动输入该路径，发现该站点所有图片的列表。这可能没什么关系。我进入下一级目录com/objects，点击jackpot，在该目录下有很多资料，其中引起我注意的是已过期页面。该公司每个月都要更改产品价格，并且保存过期页面。我翻看了一下这些记录，就可以估计他们的边际利润以及他们为了争取一个合同还有多大的降价空间。如果某个客户在谈判之前查看了这些信息，他们在谈判桌上肯定处于上风。

（2）SSL

很多站点使用SSL进行安全传送。你知道你进入一个SSL站点是因为浏览器出现了警告消息，而且在地址栏中的HTTP变成HTTPS。如果开发部门使用了SSL，测试人员需要确定是否有相应的替代页面（适用于3.0以下版本的浏览器，这些浏览器不支持SSL）。当用户进入或离开安全站点的时候，请确认有相应的提示信息。是否有连接时间限制？超过限制时间后出现什么情况？

（3）登录

有些站点需要用户进行登录，以验证他们的身份。这样对用户是方便的，他们不需要每次都输入个人资料。你需要验证系统阻止非法的用户名/口令登录，而能够通过有效登录。用户登录是否有次数限制？是否限制从某些IP地址登录？如果允许登录失败的次数为3，你在第三次登录的时候输入正确的用户名和口令，能通过验证吗？口令选择有规则限制吗？是否可以不登录而直接浏览某个页面。

Web应用系统是否有超时的限制，也就是说，用户登录后在一定时间内（例如15分钟）没有点击任何页面，是否需要重新登录才能正常使用。

（4）日志文件

在后台，要注意验证服务器日志工作正常。日志是否记录所有的事务处理、是否记录失败的注册企图、是否记录被盗信用卡的使用、是否在每次事务完成的时候都进行保存、是否记录IP地址，以及是否记录用户名。

（5）脚本语言

脚本语言是常见的安全隐患。每种语言的细节有所不同。有些脚本允许访问根目录，其他只允许访问邮件服务器，但是经验丰富的黑客可以将服务器用户名和口令发送给他们自己。找出站点使用了哪些脚本语言，并研究该语言的缺陷。此外，还需要测试没有经过授权，就不能在服务器端放置和编辑脚本的问题。最好的办法是订阅一个讨论站点使用的脚本语言安全性的新闻组。

1.2.6 接口测试

在很多情况下，web站点不是孤立的。Web站点可能会与外部服务器通讯，请求数据、验证数据或提交订单。

（1）服务器接口

第一个需要测试的接口是浏览器与服务器的接口。测试人员提交事务，然后查看服务器记录，并验证在浏览器上看到的正好是服务器上发生的。测试人员还可以查询数据库，确认事务数据已正确保存。这种测试可以归到功能测试中的表单测试和数据校验测试中。

（2）外部接口

有些web系统有外部接口。例如，网上商店可能要实时验证信用卡数据以减少欺诈行为的发生。测试的时候，要使用Web接口发送一些事务数据，分别对有效信用卡、无效信用卡和被盗信用卡进行验证。如果商店只使用Visa卡和Mastercard卡，可以尝试使用Discover卡的数据。（简单的客户端脚本能够在提交事务之前对代码进行识别，例如3表示American Express，4表示Visa，5表示Mastercard，6代表Discover）通常，测试人员需要确认软件能够处理外部服务器返回的所有可能的消息，这种情况在远程抄表中可能会体现到。

（3）错误处理

最容易被测试人员忽略的地方是接口错误处理。通常我们试图确认系统能够处理所有错误，但却无法预期系统所有可能的错误。尝试在处理过程中中断事务，看看会发生什么情况？订单是否完成？尝试中断用户到服务器的网络连接。尝试中断Web服务器到信用卡验证服务器的连接。在这些情况下，系统能否正确处理这些错误？是否已对信用卡进行收费？如果用户自己中断事务处理，在订单已保存而用户没有返回网站确认的时候，需要由客户代表致电用户进行订单确认。

1.3 Web开发工具

网络技术发展迅速，总觉得难以跟上每年都有新工具出现的步伐，这同时也意味着许多旧的工具倒在了新技术的发展之路上。

前端开发占据了web很大一部分，而且也成为了一种职业路径。如果你将前端开发当做自己的又一新技术或者作为一个可行事业，你需要为这个工作准备合适的工具。

1.3.1 前端开发工具——Foundation

不得不承认的是大多数前端开发者更喜欢使用Bootstrap框架，但是在But Zurb的Foundation最近全面更新之后，也是很值得大家关注的。因为Foundation框架跟Bootstrap一样，有为栅格、排版、按钮和其他动态元素提供的预定义CSS类。

但是它的设计更加简单，所以与一般的框架一样，它更加容易去自定义布局。而且新的Foundation还有一个姐妹框架叫做Foundation for Email，这是一个专门为电子邮件界面开发而使用的框架。这两种Foundation框架都十分棒，而且它们由Zurb的团队进行维护更新。

1.3.2 前端开发工具——CodePen

大多数开发者都知道使用cloud IDEs做前端开发十分轻便。通过它可以在任何电脑上写代码，保存项目到云端上且分享。但即使有这么多种选择，不得不说CodePen是最棒的。它启动迅速，十分可靠，易于启动且当改动代码时会自动更新，更不用说它还能支持几乎所有能想到的库。你可以通过预置HTML模板语言例如Haml或Slim，使用LESS或SASS编译代码。而且CodePen允许添加外部资源，因此可以使用像cdnjs的网站去载入其他相关的库。

毫无疑问的这是最棒的为写代码和实现新想法而生的开发工具。虽说也有一些类似的工具，但在我看来没有比CodePen更好的了。

1.3.3 前端开发工具——Unheap

如果我们去寻找一个在策划列表中的最新JS插件，是很困难的一件事情。大多数情况下只能浏览Github上比较热门的插件或在Twitter上查看一些热门项目。但是，如果有了Unheap等这类网站，我们就可以轻松快速地找到最新的jQuery插件。它们有导航、表单、网页媒体和其他分类等各种类型的插件。它基本上是一个拥有着网络上所有最佳的jQuery插件的存储库，而且它经常更新，所以我们总能找到各种新的插件。

1.3.4　前端开发工具——LivePage

有一些浏览器插件是用于开发前端的非常实用的工具。LivePage就是一种免费的谷歌扩展插件，能对本地文件做出修改后自动刷新页面。这意味着可以在本地编辑自己的HTML/CSS/JS文件，而浏览器会在每次保存时自动刷新。LivePage在火狐上也有相同的插件叫做LiveReload。

1.3.5　前端开发工具——WhatFont

排版对网页设计而言是一个巨大的挑战，是一件极其不容易的事。要找到合适的字体是很累人的一件事，但是使用如WhatFont的扩展插件，可以减轻在搜索时的麻烦。我们只需添加WhatFont到谷歌浏览器，每当看到网页上某一种字体时，点击它并悬停，就会给你所有的包括字体样式、大小等方案，甚至在可服务时给出下载地址（例如TypeKit或Webfonts）。

1.3.6　前端开发工具——Adobe Dreamweaver

首先是大名鼎鼎的Adobe Dreamweaver，Adobe Dreamweaver软件使设计人员和开发人员能充满自信地构建基于标准的网站。由于与新的Adobe CS Live在线服务Adobe BrowserLab集成，你能以可视方式或直接在代码中进行设计，使用内容管理系统开发页面并实现精确的浏览器兼容性测试。Adobe HTML 5开发工具Pack包括标识HTML 5和CSS3功能的新代码，从而使Dreamweaver用户能够方便地使用HTML 5标记。HTML 5开发工具扩展包还更新和改进了WebKit引擎以支持Dreamweaver实时视图中的视频和音频。用户利用CSS3新功能能够更方便地设计多屏网页，并且可以预览在多种浏览器和设备之间进行渲染的过程。

表1.1对以上各款常用工具的特性进行了整理。

表1.1　常用工具

序号	工具	特性
1	Foundation	一款类似Bootstrap的框架
2	CodePen	实现新创意代码
3	Unheap	最新的jQuery插件库
4	LivePage	自动刷新浏览器
5	WhatFont	在网络上找到最好看的字体
6	Dreamweaver	同时提供代码提示和设计视图渲染支持

1.4 安装和使用HBuilder

HBuilder是DCloud（数字天堂）推出的一款支持HTML 5的Web开发IDE。HBuilder的编写用到了Java、C、Web和Ruby。HBuilder本身主体是由Java编写，它基于Eclipse，所以顺其自然地兼容了Eclipse的插件。快，是HBuilder的最大优势，通过完整的语法提示和代码输入法、代码块等，大幅提升HTML、js、css的开发效率。

1.4.1 安装HBuilder

HBuilder下载地址：在HBuilder官网http://www.dcloud.io/点击免费下载，下载最新版的HBuilder。HBuilder目前有两个版本，一个是windows版，一个是mac版。下载的时候根据自己的电脑选择适合自己的版本。

1.4.2 使用HBuilder新建项目

安装完软件之后就可以使用其创建项目了，创建web文件或者创建自己需要的项目，步骤如下所示。

依次点击“文件→新建→Web项目”进行创建。按下Ctrl+N，W可以触发快速新建。如图1.1、图1.2所示。

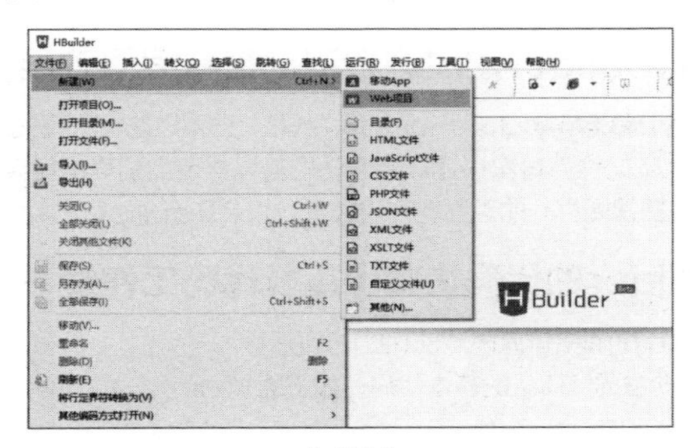

▲ 图1.1

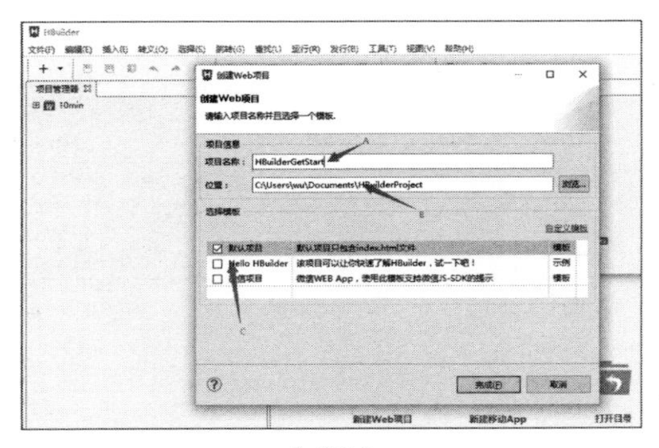

▲ 图1.2

如上图，请在A处填写新建项目的名称，B处填写（或选择）项目保存路径（更改此路径HBuilder会记录，下次默认使用更改后的路径），C处可选择使用的模板。

1.4.3　使用HBuilder创建HTML页面

在项目资源管理器中选择刚才新建的项目，依次点击“文件→新建→HTML文件”选择文件（按下Ctrl+N，W可以触发快速新建（MacOS请使用Command+N，然后左键点击HTML文件），并选择空白文件模板，如下图1.3所示。

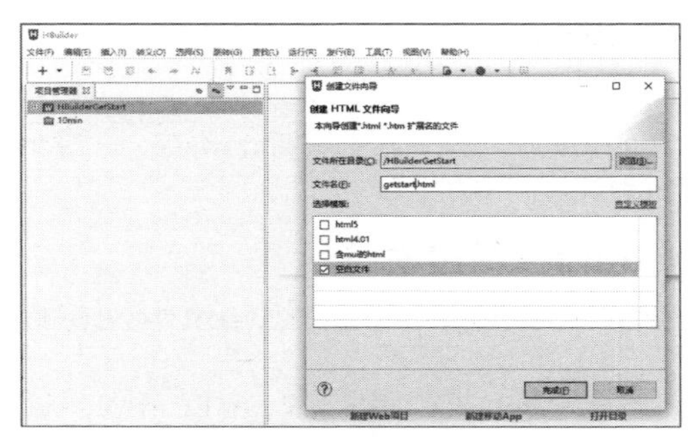

▲ 图1.3

1.4.4　使用HBuilder边改边看试试查看编程效果

Win系统按下Ctrl+P（MacOS为Command+P）进入边改边看模式，在此模式下，如果当前打开的是HTML文件，每次保存均会自动刷新以显示当前页面效果（若为JS、CSS文件，如与当前浏览器视图打开的页面有引用关系，也会刷新）。

1.4.5　HBuilder的代码块减少重复代码工作量

在打开的getstart.html中输入H，如下图1.4所示。

然后按下8，自动生成HTML的基本代码，如下图1.5所示。

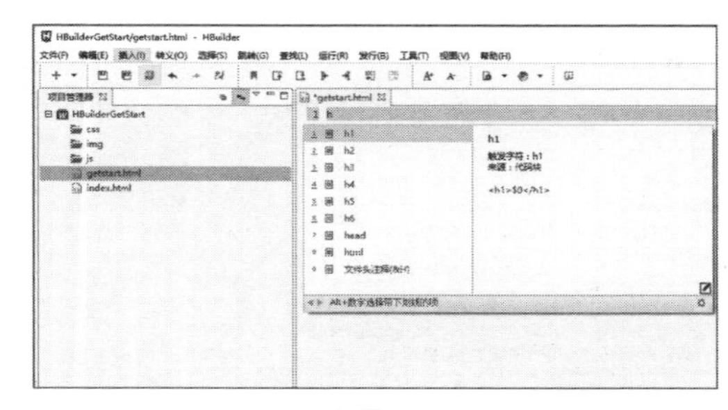

▲ 图1.4

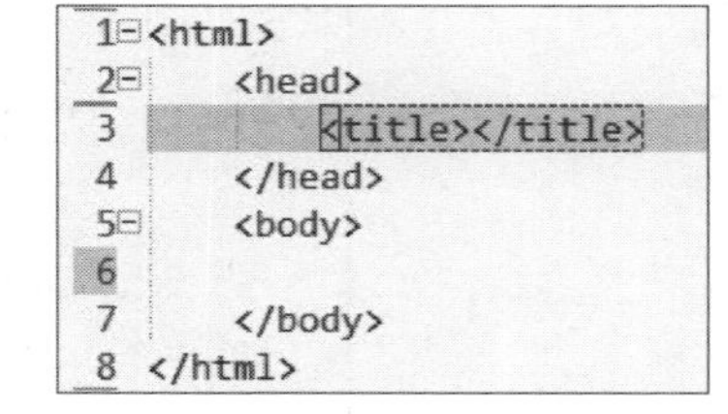

▲ 图1.5

Chapter 02 快速了解HTML 5

HTML的英文全称是Hyper Text Markup Language，翻译过来就是网页超文本标记语言，是全球广域网上描述网页内容和外观的标准。HTML 5是标准通用标记语言下的一个应用超文本标记语言（HTML）的第五次重大修改。较之以前的版本不同的是HTML 5不仅仅用来表示Web内容，其新功能会将web带进一个新的成熟的平台。在HTML 5上，视频、音频、图像、动画、以及同计算机的交互都被标准化。

2.1 熟识HTML

HTML是为“网页创建和其他可在网页浏览器中看到的信息”设计的一种标记语言，被用来结构化信息——例如标题、段落和列表等，也可用来在一定程度上描述文档的外观和语义。由蒂姆·伯纳斯-李Tim Berners-Lee给出原始定义，由IETF用简化的SGML（标准通用标记语言）语法进行进一步发展的HTML，后来成为国际标准，由万维网联盟（W3C）维护。包含HTML内容的文件最常用的扩展名是.html，但是像DOS这样的旧操作系统限制扩展名为最多3个字符，所以.htm扩展名也被使用。虽然现在使用得比较少一些了，但是.htm扩展名仍旧普遍被支持。编者可以用任何文本编辑器或所见即所得的HTML编辑器来编辑HTML文件。早期的HTML语法被定义成较松散的规则，以有助于不熟悉网络出版的人采用。网页浏览器接受了这个现实，并且可以显示语法不严格的网页。随着时间的流逝，官方标准渐渐趋于严格的语法，但是浏览器继续显示一些远称不上合乎标准的HTML。使用XML的严格规则的XHTML（可扩展超文本标记语言）是W3C计划中的HTML的接替者。虽然很多人认为它已经成为当前的HTML标准，但是它实际上是一个独立的、和HTML平行发展的标准。W3C目前的建议是使用XHTML 1.1、XHTML 1.0或者HTML 4.01进行网络出版。

自1999年12月发布HTML 4.01后，后继的HTML 5和其他标准被束之高阁，为了推动Web标准化运动的发展，一些公司联合起来，成立了一个叫做Web Hypertext Application Technology Working Group（Web超文本应用技术工作组-WHATWG）的组织。WHATWG致力于Web表单和应用程序，而W3C（World Wide Web Consortium，万维网联盟）专注于XHTML 2.0。在2006年，双方决定进行合作，来创建一个新版本的HTML，这个新版本的HTML就是今天所熟知的HTML 5。

HTML 5添加了很多的语法特征，其中<audio>、<video>和<canvas>元素，同时集成了SVG内容。这些元素是为了更容易地在网页中添加并处理多媒体和图片内容而添加的。其他新的元素包括<section>、<article>、<heade>、r<nav>和<footer>，是为了丰富文档的数据内容。新的属性的添加也是为了同样的目的，同时API和DOM已经成为HTML 5中的基础部分。HTML 5还定义了处理非法文档的具体细节，使得所有浏览器和客户端能都一致地处理语法的错误。

2.2 HTML 5优势

HTML 5与以往的HTML版本不同，HTML 5在字符集/元素和属性等方面做了大量的改进。在讨论HTML 5编程之前，首先带领大家学习使用HTML 5的一些优势，以便为后面的编程之路做好铺垫。

2.2.1 强大的交互性

HTML 5与之前的版本相比，在交互上做了很大的文章。以前所能看见的页面中的文字都是只能看，不能修改的。而在HTML 5中只需要添加一个contenteditable属性，即可看见的页面内容变得可编辑。

实例 01 制作一个可以被编辑的页面

代码如下所示。

```
<!doctype html>
<html>
<head>
<meta charset="utf-8">
<title> 无标题文档 </title>
</head>
<body>
<p> 不能被用户编辑：关关雎鸠，在河之洲。窈窕淑女，君子好逑。</p>
<p contenteditable="true"> 可以被用户编辑：关关雎鸠，在河之洲。窈窕淑女，君子好逑。
</p>
</body>
</html>
```

只需要在p标签内部加入contenteditable属性，并且让其值为真。在浏览器中显示的效果如图2.1所示。

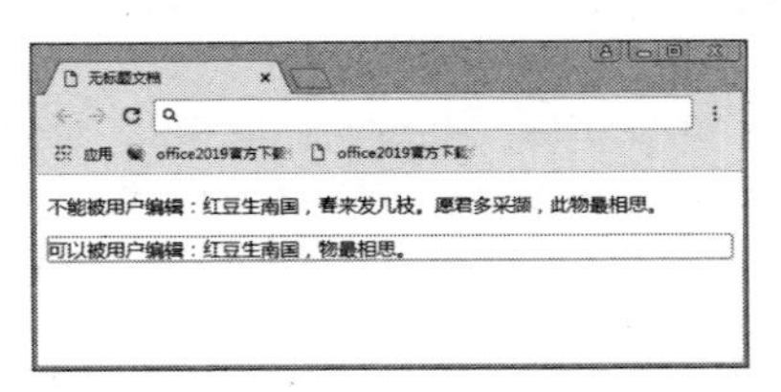

▲ 图2.1

通过上图可以看出HTML 5在交互方面对用户提供了很大便利与权限，但是HTML 5的强大交互远不止这一点。除了对用户展现出了非常友好的态度之外，其实对开发者也是非常友好的。例如以前在一个文本输入框输入提示字提醒用户“请输入您的账号”等这样的操作来提醒用户页面中的某些输入框的功能，在HTML 5以前需要写大量的javascript代码来完成这一操作，但是在HTML 5当中只需要一个“placeholder”属性即可轻松搞定，为开发人员省下了大量的时间与精力。

实例 02 表单中的提示内容

代码如下所示。

```
<!doctype html>
<html>
<head>
<meta charset="utf-8">
<title> 无标题文档 </title>
</head>
<body>
<form action="#" method="post">
<p><input type="text" value="" placeholder=" 输入您的用户名 "></p>
<p><input type="password" value="" placeholder=" 再输入您的密码 "></p>
</form>
</body>
</html>
```

代码的运行效果如下图2.2所示。

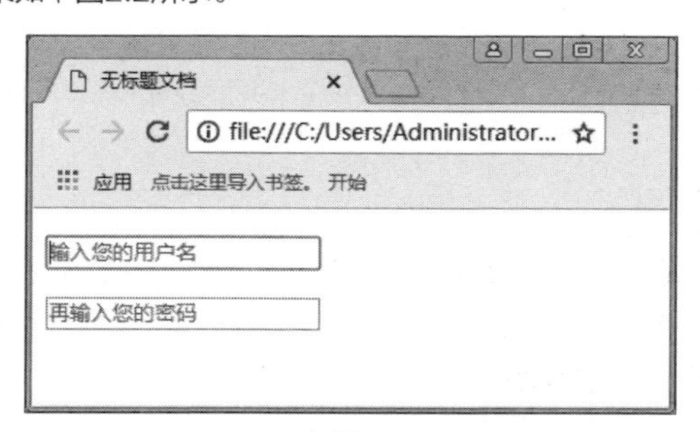

▲ 图2.2

HTML 5除了为用户和开发人员提供便利，还精心考虑到了各大浏览器厂商。例如以前要在网页当中看视频，在浏览器当中是需要flash插件的，这样无形中就增加了浏览器的负担，而现在只需要一个简单vedio既可满足用户在网页中看视频的需求，而无需再去装一些外部的插件了。

2.2.2 使用HTML 5的优势

使用HTML 5的原因如下：

（1）简单

HTML 5使创建网站变得更加简单。新的HTML标签像<header>、<footer>、<nav>、<section>、<aside>等，使阅读者更加容易去访问内容。在以前，即使定义了class或者id阅读者也没有办法去了解给出的一个div究竟是什么。使用新语义学的定义标签，你可以更好地了解HTML文档，并且创建一个更好的使用体验。

（2）视频和音频支持

以前想要在网页上实现视频和音频的播放都是需要借助flash等第三方插件完成的，而在HTML 5中我们可以直接使用标签<video>和<audio>来访问资源。而且HTML 5视频和音频标签基本将它们视为图片：<video src=" "/>。但是其他参数例如宽度和高度或者自动播放呢？不必担心，只需要像其他HTML标签一样定义：<video src="url" width="640px" height="380px" autoplay/>。

HTML 5帮助我们把以前非常繁琐的过程变得非常简单，然而一些过时的浏览器可能对HTML 5的支持度并不是很友好，你需要添加更多代码来让它们正确工作。但是这个代码还是比<embed>和<object>来的简单得多。

（3）文档声明

没错，就是doctype，没有更多内容了。是不是非常简单？不需要拷贝粘贴一堆无法理解的代码，也没有多余的head标签。最大的好消息在于，除了简单，它能在每一个浏览器中正常工作，即使是名声狼藉的IE6也没有问题。

（4）结构清晰语义明确的代码

如果你对于简单、优雅、容易阅读的代码有所偏好的话，HTML 5绝对是一个为你量身定做的东西。HTML 5允许你写出简单清晰富于描述的代码，符合语义学的代码允许你分开样式和内容。

使用HTML 5可以通过使用语义学的HTML header标签描述内容来最后解决div以及class定义问题。以前需要大量地使用div来定义每一个页面内容区域，但是使用新的<section>、<article>、<header>、<footer>、<aside>和<nav>标签，可以让代码更加清晰易于阅读。

（5）强大的本地存储

HTML 5中引入了新特性本地存储，这是一个非常酷炫的新特性。有一点像比较老的技术cookie和客户端数据库的融合。但是它比cookie更好用，存储量也更加庞大，因为支持多个windows存储，它拥有更好的安全和性能，而且浏览器关闭后数据也可以保存。

本地存储对于很多情况来说都不错，它是HTML 5工具中一个不需要第三方插件实现的。能够保存数据到用户的浏览器中意味你可以简单地创建一些应用特性例如：保存用户信息、缓存数据、加载用户上一次的应用状态。

（6）交互升级

我们都喜欢更好的页面交互，人们偏好于对于用户有反馈的动态网站，用户可以享受互动的过程。HTML 5中的<canvas>标签允许你做更多的互动和动画，就像我们使用Flash达到的效果，经典游戏水果忍者我们就可以通过canvas画图功能来实现。

（7）HTML 5游戏

前几年，基于HTML 5开发的游戏非常火爆。近两年虽然基于HTML 5的游戏已经受到了不小的冲击，但是如果能找到合适的盈利模式，HTML 5依然还是在手机端开发游戏的首选技术。

（8）移动互联网

现如今移动设备已经占领世界。这意味着今后传统的PC机器将会面临巨大的挑战以及我们的生活以后只需要一部智能手机即可被安排得妥妥当当，现在有多少年轻人还不会使用手机支付的？还有多少人不会使用手机端订外卖的？HTML 5是最移动化的开发工具。随着Adobe宣布放弃移动flash开发，用户将会考虑使用HTML 5来开发web应用。当手机浏览器完全支持HTML 5时，那么开发移动项目将会和设计更小的触摸显示一样简单。这里有很多的meta标签允许用户优化移动：viewport:允许用户定义viewport宽度和缩放设置；全屏浏览器：ISO指定的数值允许Apple设备全屏模式显示；Home screen icons:就像桌面收藏，这些图标可以用来添加收藏到IOS和Android移动设备的首页。

2.3 HTML 5语法

在HTML 5中的语法和之前版本有些变化，因为HTML 5设计为化繁为简的准则文档的类型和字符说明等都进行了简化，下面将进行说明。

2.3.1 文档类型声明

DOCTYPE声明是HTML文件中必不可少的，位于文件第一行，在HTML4中，它的声明方法如下。

```
<!DOCTYPE html PUBLIC "-//W3C//DTD XHTML 1.0 Transitional//EN" "http://
www.w3.org/TR/xhtml1/DTD/xhtml1-transitional.dtd">
```

在HTML 5中，刻意不使用版本声明，一份文档将会适用于所有版本的HTML。HTML 5中的DOCTYPE声明方法（不区分大小写）如下。

```
<!DOCTYPE html>
```

另外，当使用工具时，也可以在DOCTYPE声明方式中加入SYSTEM识别符，声明方法如下所示。

```
<!DOCTYPE HTML SYSTEM"about:legacy-compat">
```

在HTML 5中，像这样的DOCTYPE声明方式是允许的，不区分大小写，引号不区分单引号和双引号。

使用HTML 5的DOCTYPE会触发浏览器以标准兼容模式显示页面。众所周知，网页都有多种显示模式，浏览器会根据DOCTYPE来识别该使用哪种模式，以及使用什么规则来验证页面。

2.3.2 字符编码

在HTML4中，使用<meta>元素的形式指定文件中的字符编码，如下所示。

```
<meta http-equiv="Content-Type" content="text/html; charset=utf-8" >
```

在HTML 5中，可以使用对<meta>元素直接追加charset属性的方式来指定字符编码，如下所示。

```
<meta charset="utf-8">
```

两种方法都有效，可以继续使用前面一种方式，即通过content元素的属性来指定，但是不能同时混合使用两种方式。在以前的网站代码中可能会存在下面代码的标记方式，但在HTML 5中，下面这种字符编码方式将被认为是错误的。

```
<meta charset="utf-8" http-equiv="Content-Type" content="text/html;
charset=utf-8" >
```

从HTML 5开始，对于文件的字符编码推荐使用UTF-8。

2.3.3 省略引号

属性两边既可以用双引号，也可以用单引号。HTML 5在此基础上做了一些改进，当属性值不包括空字符串、<、>、=、单引号、双引号等字符时，属性值两边的引号可以省略。下面的写法都是合法的。

```
<input type="text">
<input type='text'>
<input type=text>
```

2.4 HTML 5元素分类

HTML 5新增了很多个元素，也废除了不少元素，根据现有的标准规范，把HTML 5的元素按等级定义为结构性元素、级块性元素、行内语义性元素和交互性元素四大类。

2.4.1 结构性元素

结构性元素主要负责Web的上下文结构的定义，确保HTML文档的完整性，这类元素包括以下几项内容。

- Section：在Web页面应用中，该元素也可以用于区域的章节表述。
- Header：页面主体上的头部，注意区别于head元素。这类可以给初学者提供一个判断的小技巧，head元素中的内容往往是不可见的，header元素往往在一对body元素之中。
- Footer：页面底部，通常会在这里标出网站的一些相关信息，例如，关于我们、法律声明、邮件信息和管理入口等。
- Nav：是专门用于菜单导航、链接导航的元素，是navigator的缩写。
- Article：用于表示一篇文章的主体内容，一般文字集中显示的区域。

2.4.2 级块性元素

级块性元素主要完成Web页面区域的划分，确保内容有效分隔，这类元素包括以下几项内容。

- Aside：用以表示注记、贴士、侧栏、摘要、插入的引用等作为补充主体的内容。从一个简单页面显示上看，就是侧边栏，可以在左边，也可以在右边。从一个页面的局部看，就是摘要。

- Figure：是对多个元素组合并展示的元素，通常与figcaption联合使用。
- Code：表示一段代码块。
- Dialog：用于表达人与人之间的对话，该元素还包括dt和dd这两个组合元素，它们常常同时使用，dt用于表示说话者，而dd则用来表示说话者说的内容。

2.4.3 行内语义性元素

行内语义性元素主要完成Web页面具体内容的引用和表示，是丰富内容展示的基础，这类元素包括以下几项内容。

- Meter：表示特定范围内的数值，可用于工资、数量、百分比等。
- Time：表示时间值。
- Progress：用来表示进度条，可通过对其max、min、step等属性进行控制，完成进度的表示和监视。
- Video：视频元素，用于支持和实现视频文件的直接播放，支持缓冲预载和多种视频媒体格式，如MPEG-4、OGGV和WEBM等。
- Audio：音频元素，用于支持和实现音频文件的直接播放，支持缓冲预载和多种音频媒体格式。

2.4.4 交互性元素

交互性元素主要用于功能性的内容表达，会有一定的内容和数据的关联，是各种事件的基础，这类元素包括以下几项内容。

- Details：用来表示一段具体的内容，但是内容默认可能不显示，通过某种手段（如单击）legend交互才会显示。
- Datagrid：用来控制客户端数据与显示，可以由动态脚本及时更新。
- Menu：主要用于交互表单。
- Command：用来处理命令按钮。

Chapter 03 canvas如何应用

HTML 5为我们带来了一个非常令人期待的新元素，canvas元素。这个元素可以被JS用来绘制图形。利用这个元素，我们可以创作，把自己的喜欢的图形和图像随心所欲地展现在web页面上，本章我们就一起来学习canvas元素。

3.1 canvas入门

Canvas元素允许脚本在浏览器页面当中动态地渲染点阵图像，新的HTML 5 canvas是一个原生HTML绘图簿，用于JavaScript代码，不使用第三方工具。

3.1.1 什么是canvas

本质上canvas元素是一个白板，直到在它上面“绘制”一些可视内容。与拥有各种画笔的艺术家不同，使用不同的方法在canvas上作画，或者说canvas是在浏览器上绘图的一种机制。之前都是使用jpeg、gif和png等格式的图片显示在浏览器当中，但是这样的图片是需要先创建完成再拿到页面当中的，其实就是静态的图片。这样的图显然已经不能满足当今用户的需求了，于是HTML 5canvas顺势推出，现在很多手机上的小游戏都是用canvas来做的。

Canvas是一个矩形区域，可以控制其中每一个像素。默认矩形宽度是200×150px。当然，canvas也允许我们自定义画布的大小。Canvas标记由Apple在Safari 1.3 Web浏览器中引入。对HTML的这一根本扩展的原因在于Apple希望有一种方式在Dashboard中支持脚本化的图形。Firefox和Opera都跟随了Safari的脚步，这两个浏览器都支持Canvas标记。

访问页面的时候，如果浏览器不支持canvas元素，或者不支持HTML 5 Canvas API中的某些特性，那么开发人员最好提供一份替代代码。例如，开发人员可通过一张替代图片或者一些说明性的文字告诉访问者，使用最新的浏览器可以获得更佳的浏览效果。下列代码展示了如何在canvas中指定替代文本，当浏览器不支持canvas的时候会显示这些替代内容。

在canvas元素中使用替代内容。

```
<canvas>
Update your browser to enjoy canvas!
</canvas>
```

除了上面代码中的文本外，同样还可以使用图片，不论是文本还是图片都会在浏览器不支持canvas元素的情况下显示出来。

Canvas的主要应用包括以下几个方向：

- 游戏：canvas在基于Web的图像显示方面比Flash更加立体、更加精巧，canvas游戏在流畅度和跨平台方面更强。

● 可视化数据（数据图表化）：百度的echart、d3.js、three.js。
● banner广告：Flash曾经辉煌的时代，智能手机还未曾出现。现在以及未来的智能机时代，HTML 5技术能够在banner广告上发挥巨大作用，用Canvas实现动态的广告效果再合适不过。

3.1.2 浏览器对canvas的支持情况

除了Internet Explorer以外，其他所有浏览器现在都提供对HTML 5 Canvas的支持。不过，随后会列出一部分还没有被普遍支持的规范，Canvas Text API就是其中之一，但是作为一个整体，HTML 5 Canvas规范已经非常成熟，不会有特别大的改动了。从下表中可以看到，写这本书的时候，已经有很多浏览器支持HTML 5 Canvas了。

表3.1 浏览器支持情况

浏览器	支持情况
Chrome	从1.0版本开始支持
Firefox	从1.5版本开始支持
Internet Explorer	从9.0版本开始支持
Opera	从9.0版本开始支持
Safari	从1.3版本开始支持

从上面的表格中可以看出，所有浏览器基本上都已经支持canvas，这对开发者来说是非常好的消息，这意味着开发者的canvas开发成本降低很多，也不需要再去花费大量的时间去做恼人的各浏览器之间的调试。

在创建HTML 5 canvas元素之前，首先要确保浏览器能够支持它。如果不支持，你就要为那些古董级浏览器提供一些替代文字。如下代码就是检测浏览器支持情况的一种方法。

实例 03 canvas标签的浏览器支持情况

验证canvas在浏览器中的支持情况代码如下所示：

在body中添加下面代码：

```
<canvas id="test-canvas" width="200" heigth="100">
你的浏览器不支持 Canvas
</canvas>
```

代码的运行效果如图3.1所示。

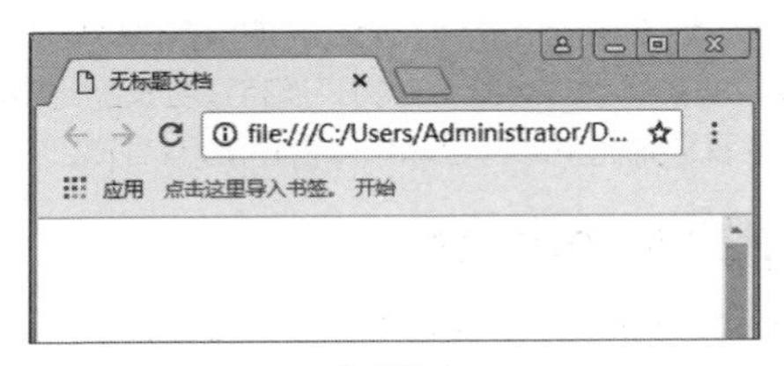

▲ 图3.1

这是一个最简单的检测支持方式，上图中没有出现“你的浏览器不支持canvas”这段话，所以浏览器支持canvas，反之则浏览器不支持canvas。

以上示例代码能判断浏览器是否支持canvas元素，但不会判断具体支持canvas的哪些特性。写本书的时候，示例中使用的API已经很稳定并且各浏览器也都提供了很好的支持，所以通常不必担心这个问题。

3.1.3 CSS和canvas

同大多数HTML元素一样，canvas元素也可以通过应用CSS的方式来增加边框，设置内边距、外边距等，而且一些CSS属性还可以被canvas内的元素继承。比如字体样式，在canvas内添加的文字，其样式默认同canvas元素本身是一样的。

此外，在canvas中为context设置属性同样要遵从CSS语法。例如，对context应用颜色和字体样式，跟在任何HTML和CSS文档中使用的语法完全一样。

3.1.4 canvas坐标

在canvas当中有一个特殊的东西叫做“坐标”！没错，就是平时所熟知的坐标体系。Canvas拥有自己的坐标体系，从最上角0，0开始，X向右是增大，Y向下是增大，也可以利用在CSS当中的盒子模型的概念来帮助理解。

Canvas坐标示意图如图3.2所示。

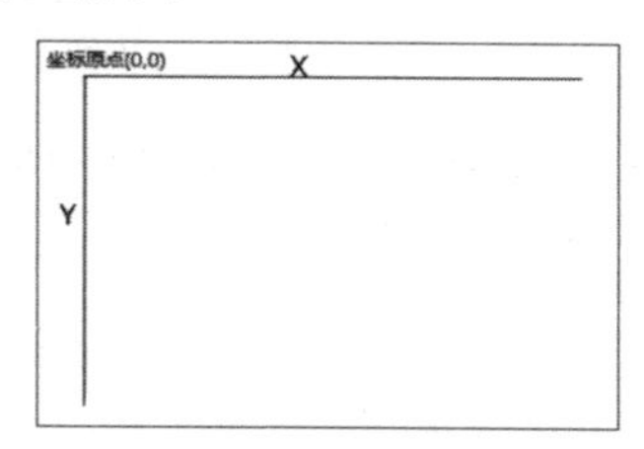

▲ 图3.2

尽管canvas元素功能非常强大，用处也很多，但在某些情况下，如果其他元素已经够用了，就不应该再使用canvas元素。例如，用canvas元素在HTML页面中动态绘制所有不同的标题，就不如直接使用标题样式标签（H1、H2等），它们所实现的效果是一样的。

3.2 怎样使用canvas

本节将深入探讨HTML 5 Canvas API。为此，使用各种HTML 5 Canvas API创建一幅类似于LOGO的图像，图像是森林场景，有树，还有适合长跑比赛的美丽跑道。虽然这个示例从平面设计的角度来看毫无竞争力，但却可以合理演示HTML 5 Canvas的各种功能。

3.2.1 在页面中加入canvas

在HTML页面中插入canvas元素非常直观。以下代码就是一段可以被插入到HTML页面中的canvas代码。

实例 04 怎样在页面中添加canvas

添加canvas方法代码如下所示。

```
<style>
canvas{
border:2px solid red;
background:green;
}
</style>
</head>
<body>
<canvas id="diagonal" width="200" height="100"></canvas>
</body>
```

代码的运行效果如图3.3所示。

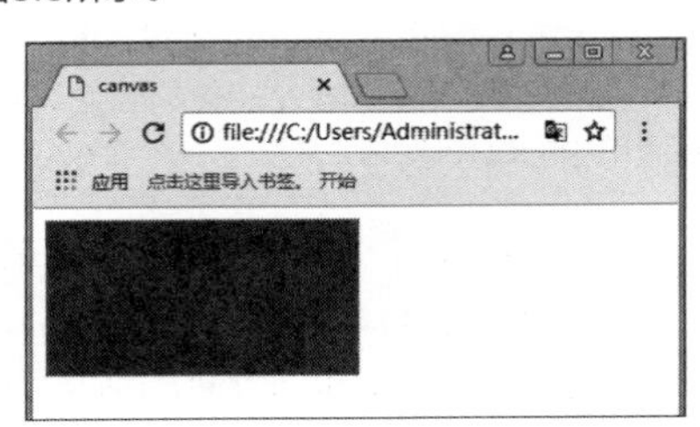

▲ 图3.3

现在已经拥有了一个带有边框和绿色背景的矩形了，这个矩形就是接下来的画布了。在没有canvas的时候想在页面上画一条对角线是非常困难的，但是自从有了canvas之后，绘制对角线的工作就变得很轻松了，在下面的代码中，只需要几行代码即可在“画布”中绘制一条标准的对角线了。

绘制直线的示例代码如下所示。

```
<script>
Function drawDiagonal(){
// 取得 canvas 元素及其绘图上下文
Var canvas=document.getElementById('diagonal');
Var context=canvas.getContext('2d');
// 用绝对坐标来创建一条路径
context.beginPath();
context.moveTo(0,200);
context.lineTo(100,0);
// 将这条线绘制到 canvas 上
context.stroke();
}
window.addEventListener("load",drawDiagonal,true);
</script>
```

代码的运行效果如图3.4所示。

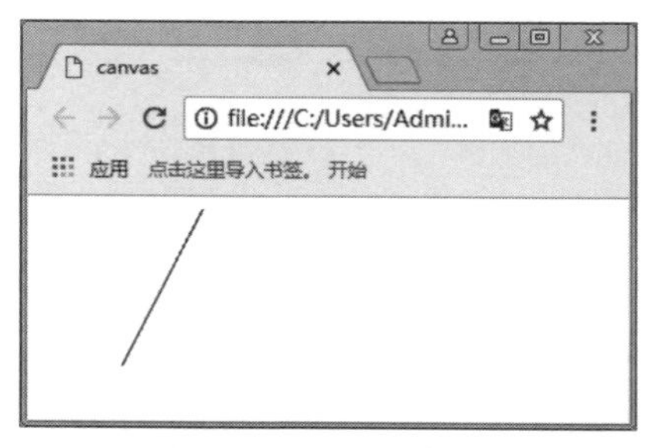

▲ 图3.4

仔细看一下上面这段绘制对角线的JavaScript代码。虽然简单，它却展示出了使用HTML 5 Canvas API的重要流程。

首先通过引用特定的canvas ID值来获取对canvas对象的访问权。这段代码中ID就是diagonal。接着定义一个context变量，调用canvas对象的getContext方法，并传入希望使用的canvas类型。代码清单中通过传入"2d"来获取一个二维上下文，这也是到目前为止唯一可用的上下文。

接下来，基于这个上下文执行画线的操作。在代码清单中，调用了三个方法一beginPath、moveTo和lineTo，传入了这条线的起点和终点的坐标。moveTo和lineTo实际上并不画线，而是在结束canvas操作的时候，通过调用context.stroke()方法完成线条的绘制。从上面的代码中可以看出，canvas中所有的操作都是通过上下文对象来完成的。在以后的canvas编程中也一样，因为所有涉及视觉输出效果的功能都只能通过上下文对象而不是画布对象来使用。这种设计使canvas拥有了良好的可扩展性，基于从其中抽象出的上下文类型，canvas将来可以支持多种绘制模型。

如前面示例演示的那样，对上下文的很多操作都不会立即反映到页面上。beginPath、moveTo以及lineTo这些函数都不会直接修改canvas的展示结果。canvas中很多用于设置样式和外观的函数也同样不会直接修改显示结果。只有当对路径应用绘制（stroke）或填充（fill）方法时，结果才会显示出来。否则，只有在显示图像、显示文本或者绘制、填充和清除矩形框的时候，canvas才会马上更新。

3.2.2 canvas中各段代码含义

下面这段代码是绘制形状的标准代码，接下来为大家详细讲解这些代码中的使用含义。

```
<canvas id="canvas" width="500" height="500"></canvas>
<script>
var canvas=document.getElementById("canvas");
var cxt=canvas.getContext("2d");
cxt.beginPath();
cxt.moveTo(250,50);
cxt.lineTo(200,200);
cxt.lineTo(300,300);
```

```
cxt.closePath();
cxt.strokeStyle="green";
cxt.stroke();
cxt.beginPath();
cxt.moveTo(350,50);
cxt.lineTo(300,200);
cxt.lineTo(400,300);
cxt.closePath();
cxt.fill();
</script>
```

上段代码中是绘制三角形的典型画法，下面讲解上述代码中的语法含义及参数。

（1）canvas坐标系：从最左上角（0,0）开始，x向右增大，y向下增大

（2）设置绘制起点（moveTo）

- 语法：cxt.moveTo（x，y）。
- 解释：设置上下文绘制路径的起点，相当于移动画笔到某个位置。
- 参数：x，y都是相对于canvas盒子的最左上角。
- 注意：绘制线段前必须先设置起点，不然绘制无效。

（3）绘制直线（lineTo）

- 语法：cxt.lineTo(x，y)。
- 解释：从x，y的位置绘制一条直线到起点/上一个线头点。
- 参数：（x，y）线头点坐标。

（4）设置绘制起点（moveTo）

- 语法：cxt.moveTo（x，y）。
- 解释：设置上下文绘制路径的起点，相当于移动画笔到某个位置。
- 参数：x，y都是相对于canvas盒子的最左上角。
- 注意：绘制线段前必须先设置起点，不然绘制无效。

（5）绘制直线（lineTo）

- 语法：cxt.lineTo(x，y)。
- 解释：从x，y的位置绘制一条直线到起点/上一个线头点。
- 参数：（x，y）线头点坐标。

（6）路径开始和闭合

- 开始路径：cxt.beginPath()；核心的作用是将不同绘制的形状进行隔离。每次执行此方法都表示重新绘制一个路径，和之前绘制的墨迹可以进行分开样式设置和管理（其实就是开一个新路径，开启新状态的绘图，新状态可以继承之前状态的样式，但是当前状态设置的所有样式只能作用于当前的状态）。
- 闭合路径：cxt.closePath()；。
- 解释：复杂的路径绘制必须使用路径开始和结束，闭合路径会自动把最后的线头和开始的线头连在一起。

（7）描边（stroke）

- 语法：cxt.stroke()；。

- 解释：根据路径绘制线。路径只是草稿，真正绘制线必须使用stroke。
- cxt.strokeStyle= “颜色”;，控制描边的颜色。
- 设置线宽：cxt.lineWidth=数字;

（8）填充（fill）

- 语法：cxt.fill()；。
- 解释：将闭合路径的内容填充具体的颜色，默认是黑色。如果需要设置别的颜色就要用cxt.fillStyle= “颜色”；。
- 注意：交叉路径的填充问题——“非零环绕原则”，顺逆时针穿插次数决定是否填充。

3.2.3 绘制矩形

下面我就将带领大家在页面中利用canvas绘制矩形与三角形，让大家对canvas有一个进一步的认识。

Canvas只是一个绘制图形的容器，除了id、class、style等属性外，还有height和width属性。在<canvas>元素上绘图主要有三步：

（1）获取<canvas>元素对应的DOM对象，这是一个Canvas对象；

（2）调用Canvas对象的getContext()方法，得到一个CanvasRenderingContext2D对象；

（3）调用CanvasRenderingContext2D对象进行绘图。

绘制矩形rect()、fillRect()和strokeRect()：

- context.rect(x, y, width, height)：只定义矩形的路径；
- context.fillRect(x, y, width, height)：直接绘制出填充的矩形；
- context.strokeRect(x, y, width, height)：直接绘制出矩形边框；

实例05 绘制矩形方法

使用canvas绘制矩形的方法代码如下所示。

```
<canvas id="demo" width="300" height="300"></canvas>
```

JavaScript代码如下：

```
<script>
Varcanvas=document.getElementById("demo");
Varcontext = canvas.getContext("2d");
// 使用 rect 方法
context.rect(10,10,190,190);
context.lineWidth = 2;
context.fillStyle = "#3EE4CB";
context.strokeStyle = "#F5270B";
context.fill();
context.stroke();
// 使用 fillRect 方法
context.fillStyle = "#1424DE";
context.fillRect(210,10,190,190);
```

```
//使用strokeRect方法
context.strokeStyle = "#F5270B";
context.strokeRect(410,10,190,190);
//同时使用strokeRect方法和fillRect方法
context.fillStyle = "#1424DE";
context.strokeStyle = "#F5270B";
context.strokeRect(610,10,190,190);
context.fillRect(610,10,190,190);
</script>
```

代码的运行效果如图3.5所示。

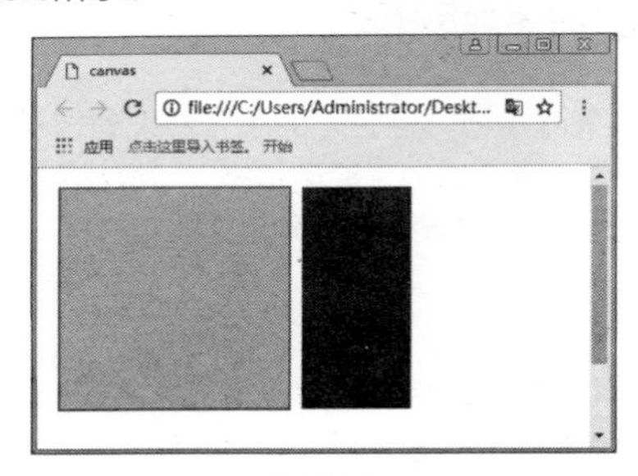

▲ 图3.5

这里需要说明两点：第一点就是stroke()和fill()绘制的前后顺序，如果fill()后面绘制，那么当stroke边框较大时，会明显的把stroke()绘制出的边框遮住一半；第二点就是设置fillStyle或strokeStyle属性时，可以通过“rgba(255,0,0,0.2)”的设置方式来设置，这个设置的最后一个参数是透明度。

另外还有一个跟矩形绘制有关的，清除矩形区域：context.clearRect(x,y,width,height)。接收参数分别为：清除矩形的起始位置以及矩形的宽和长。在上面的代码中绘制图形的最后加上：

```
context.clearRect(100,60,600,100);
```

代码的运行效果如图3.6所示。

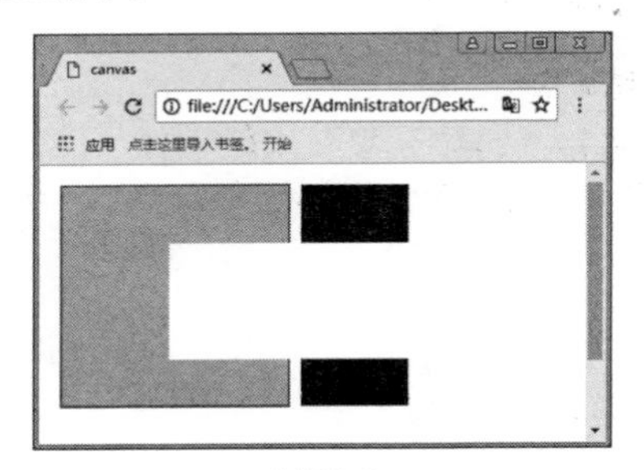

▲ 图3.6

通过上面两个案例相信大家已经对如何在canvas上制作图形有了初步的认识，基本可以总结如下：

利用fiilStyle和strokeStyle属性可以方便地设置矩形的填充和线条，颜色值使用和CSS一样，包括十六进制数，rgb()、rgba()和hsla。

- 使用fillRect可以绘制带填充的矩形。
- 使用strokeRect可以绘制只有边框没有填充的矩形。
- 如果想清除部分canvas，可以使用clearRect。

以上几个方法参数都是相同的，包括x、y和width和height。

3.3 canvas绘制曲线路径

Canvas提供了绘制矩形的API，但对于曲线，并没有提供直接可以调用的方法。所以，需要利用canvas的路径来绘制曲线。使用路径，可以绘制线条、连续的曲线及复合图形。本章将学习利用canvas的路径绘制曲线的方法。

3.3.1 绘制路径

关于绘制线条，还能提供很多有创意的方法。现在应该进一步学习稍复杂点的图形：路径。HTML 5 Canvas API中的路径代表你希望呈现的任何形状。

按照惯例，不论开始绘制何种图形，第一个需要调用的就是beginPath。这个简单的函数不带任何参数，它用来通知canvas将要开始绘制一个新的图形了。对于canvas来说，beginPath函数最大的用处是canvas需要据此来计算图形的内部和外部范围，以便完成后续的描边和填充。

路径会跟踪当前坐标，默认值是原点。canvas本身也跟踪当前坐标，不过可以通过绘制代码来修改。

调用了beginPath之后，就可以使用context的各种方法来绘制想要的形状了。到目前为止，已经用到了几个简单的context路径函数。

下一个特殊的路径函数叫做closePath。这个函数的行为同lineTo很像，唯一的差别在于closePath会将路径的起始坐标自动作为目标坐标。closePath还会通知canvas当前绘制的图形已经闭合或者形成了完全封闭的区域，这对将来的填充和描边都非常有用。

此时，可以在已有的路径中继续创建其他的子路径，或者随时调用beginPath重新绘制新路径并完全清除之前的所有路径。

实例 06 绘制一颗松树

绘制路径的代码如下所示：

```
<body>
<canvas id="demo" width="300" height="300"></canvas>
</body>
<script>
function createCanopyPath(context) {
// 绘制树冠
```

```
context.beginPath();
context.moveTo(-25, -50);
context.lineTo(-10, -80);
context.lineTo(-20, -80);
context.lineTo(-5, -110);
context.lineTo(-15, -110);
// 树的顶点
context.lineTo(0, -140);
context.lineTo(15, -110);
context.lineTo(5, -110);
context.lineTo(20, -80);
context.lineTo(10, -80);
context.lineTo(25, -50);
// 连接起点，闭合路径
context.closePath();
}
drawTrails();
function drawTrails() {
var canvas = document.getElementById('demo');
var context = canvas.getContext('2d');
context.save();
context.translate(130, 250);
// 创建表现树冠的路径
createCanopyPath(context);
// 绘制当前路径
context.stroke();
context.restore();
}
</script>
```

代码的运行效果如图3.7所示。

▲ 图3.7

从上面的代码中可以看到，在javascript中第一个函数用到的仍然是前面用过的移动和画线命令，只不过调用次数多了一些。这些线条表现的是树冠的轮廓，最后我们闭合了路径。我们为这棵树的底部留出了足够的空间，后面几节将在这里的空白处画上树干。

第二个函数这段代码中所有的调用想必大家已经很熟悉了。先获取canvas的上下文对象，保存以便后续使用，将当前位置变换到新位置，画树冠，绘制到canvas上，最后恢复上下文的初始状态。图3.7展示了我们的绘画技艺，一条简单的闭合路径表现了树冠。以后我们会详细扩展这段代码，现在算是一个好的开始。

3.3.2 描边样式

如果开发人员只能绘制直线，而且只能使用黑色，HTML 5 Canvas API就不会如此强大和流行。下面就使用描边样式让树冠看起来更像是树。下列代码展示了一些基本命令，其功能是通过修改context的属性，让绘制的图形更好看。

实例 07 给松树树冠设置样式

描边样式的制作方法代码如下所示：

```
<body>
<canvas id="demo" width="300" height="300"></canvas>
</body>
<script>
function createCanopyPath(context) {
// 绘制树冠
context.beginPath();
context.moveTo(-25, -50);
context.lineTo(-10, -80);
context.lineTo(-20, -80);
context.lineTo(-5, -110);
context.lineTo(-15, -110);
// 树的顶点
context.lineTo(0, -140);
context.lineTo(15, -110);
context.lineTo(5, -110);
context.lineTo(20, -80);
context.lineTo(10, -80);
context.lineTo(25, -50);
// 连接起点，闭合路径
context.closePath();
}
drawTrails();
function drawTrails() {
var canvas = document.getElementById('demo');
var context = canvas.getContext('2d');
context.save();
context.translate(130, 250);
// 创建表现树冠的路径
```

```
createCanopyPath(context);
// 绘制当前路径
context.stroke();
context.restore();
// 加宽线条
context.lineWidth = 4;
// 平滑路径的接合点
context.lineJoin = 'round';
// 将颜色改成棕色
context.strokeStyle = '#663300';
// 最后，绘制树冠
context.stroke();
}
</script>
```

设置上面的这些属性可以改变以后将要绘制的图形外观，这个外观起码可以保持到我们将context恢复到上一个状态。

- 将线条宽度加粗到3像素。
- 将lineJoin属性设置为round，这是修改当前形状中线段的连接方式，让拐角变得更圆滑；也可以把lineJoin属性设置成bevel或者miter（相应的context.miterLimit值也需要调整）来变换拐角样式。
- 通过strokeStyle属性改变了线条的颜色。

代码的运行效果如图3.8所示。

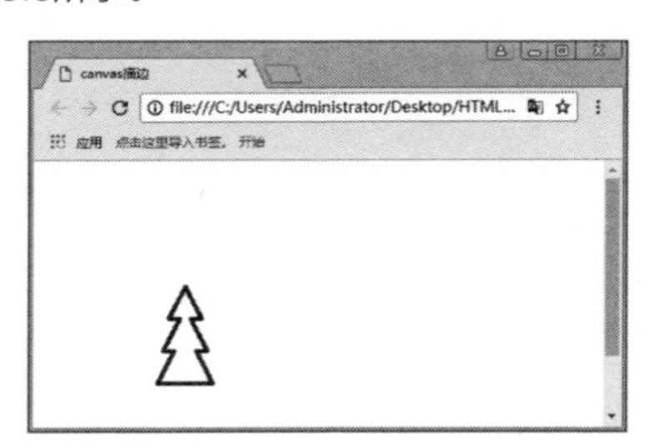

▲ 图3.8

3.3.3 填充样式

能影响canvas的图形外观的并非只有描边，另一个常用于修改图形的方法是指定如何填充其路径和子路径。从下列代码中可以看到，用宜人的绿色填充树冠很简单。

实例 08 给松树制作树叶

使用canvas填充颜色样式：

```
<body>
<canvas id="demo" width="300" height="300"></canvas>
</body>
```

```
<script>
function createCanopyPath(context) {
// 绘制树冠
context.beginPath();
context.moveTo(-25, -50);
context.lineTo(-10, -80);
context.lineTo(-20, -80);
context.lineTo(-5, -110);
context.lineTo(-15, -110);
// 树的顶点
context.lineTo(0, -140);
context.lineTo(15, -110);
context.lineTo(5, -110);
context.lineTo(20, -80);
context.lineTo(10, -80);
context.lineTo(25, -50);
// 连接起点，闭合路径
context.closePath();
}
drawTrails();
function drawTrails() {
var canvas = document.getElementById('demo');
var context = canvas.getContext('2d');
context.save();
context.translate(130, 250);
// 创建表现树冠的路径
createCanopyPath(context);
// 绘制当前路径
context.stroke();
context.restore();
// 将填充色设置为绿色并填充树冠
context.fillStyle='#339900';
context.fill();
}
</script>
```

将fillStyle属性设置成合适的颜色。然后，只要调用context的fill函数就可以让canvas对当前图形中所有的闭合路径内部的像素点进行填充，最终填充的样式如图3.9所示。

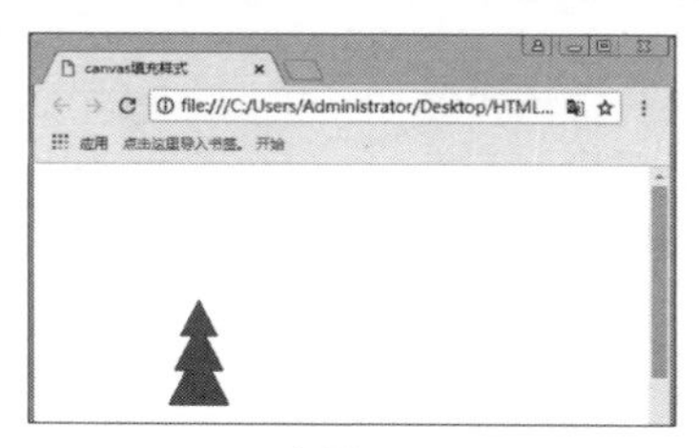

▲ 图3.9

3.3.4 绘制曲线

生活中，多数情况下不只有直线和矩形。canvas提供了一系列绘制曲线的函数。我们将用最简单的曲线函数--二次曲线，来绘制我们的林荫小路。下列代码演示了如何添加两条二次曲线。

实例 09 让松树旁边出现一条小路

曲线的绘制方法代码如下所示。

```
<body>
<canvas id="demo" width="300" height="300"></canvas>
</body>
<script>
function createCanopyPath(context) {
// 绘制树冠
context.beginPath();
context.moveTo(-25, -50);
context.lineTo(-10, -80);
context.lineTo(-20, -80);
context.lineTo(-5, -110);
context.lineTo(-15, -110);
// 树的顶点
context.lineTo(0, -140);
context.lineTo(15, -110);
context.lineTo(5, -110);
context.lineTo(20, -80);
context.lineTo(10, -80);
context.lineTo(25, -50);
// 连接起点，闭合路径
context.closePath();
}
drawTrails();
function drawTrails() {
var canvas = document.getElementById('demo');
var context = canvas.getContext('2d');
context.save();
context.translate(130, 250);
// 创建表现树冠的路径
createCanopyPath(context);
// 绘制当前路径
context.stroke();
context.restore();
// 将填充色设置为绿色并填充树冠
context.fillStyle='#339900';
context.fill();
// 保存 canvas 的状态并绘制路径
context.save();
```

```
context.translate(-10, 350);
context.beginPath();
// 第一条曲线向右上方弯曲
context.moveTo(0, 0);
context.quadraticCurveTo(170, -50, 260, -190);
// 第二条曲线向右下方弯曲
context.quadraticCurveTo(310, -250, 410,-250);
// 使用棕色的粗线条来绘制路径
context.strokeStyle = '#663300';
context.lineWidth = 20;
context.stroke();
// 恢复之前的 canvas 状态
context.restore();
}
</script>
```

跟以前一样，第一步要做的事情是保存当前canvas的context状态，因为即将变换坐标系并修改轮廓设置。要画林荫小路，首先要把坐标恢复到修正层的原点，向右上角画一条曲线。代码的运行效果如图3.10所示。

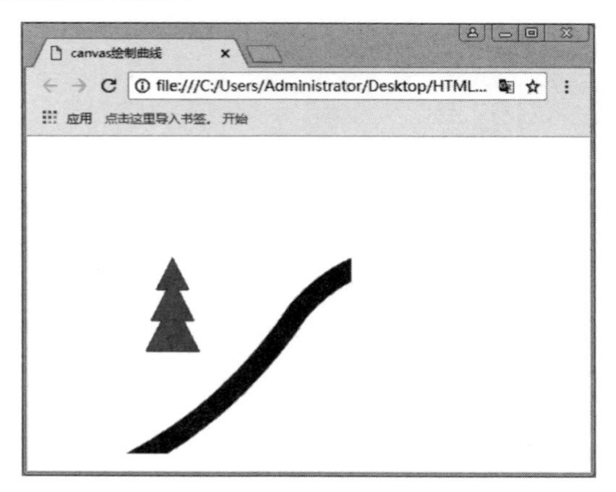

▲ 图3.10

Tips

quadraticCurveTo函数绘制曲线的起点是当前坐标，带有两组（x,y）参数。第二组是指曲线的终点，第一组代表控制点（control point）。所谓的控制点位于曲线的旁边（不是曲线之上），其作用相当于对曲线产生一个拉力。通过调整控制点的位置，就可以改变曲线的曲率。在右上方再画一条一样的曲线，以形成一条路。然后，像之前描边树冠一样把这条路绘制到canvas上（只是线条更粗了）。

HTML 5 Canvas API的其他曲线功能还涉及bezierCurveTo、arcTo和arc函数。这些函数通过多种控制点（如半径、角度等）让曲线更具可塑性。图3.10显示了绘制在canvas上的两条曲线，看起来就像是穿过树林的小路一样。

表单知识准备

表单是HTML 5最大的改进之一，HTML 5表单大大改进了表单的功能，改进了表单的语义化。对于web前端开发者而言，HTML 5表单大大提高了工作效率。那么本章我们就一起来学习下HTML 5中表单的应用。

4.1 表单的标签

在网页制作过程中，特别是动态网页，时常会用到表单。<form></form>标签用来创建一个表单。在form标签中可以设置表单的基本属性。

4.1.1 处理动作

真正处理表单的数据脚本或程序在action属性里，这个值可以是程序或者脚本的一个完整URL。

语法描述：

```
<form action=" 表单的处理程序 ">
...
</form>
```

以上语法中，表单的处理程序定义的表单是要提交的地址，也就是表单中收集到的资料将要传递的程序地址。这一地址可以是绝对地址，也可以是相对地址，还可以是一些其他的地址形式，如E-mail地址等。

4.1.2 表单名称

名称属性name用于给表单命名。这一属性不是表单的必须属性，但是为了防止表单信息在提交到后台处理程序时出现混乱，一般要设置一个与表单功能符合的名称，例如注册页面的表单可以命名为register。不同的表单尽量不用相同的名称，以避免混乱。

语法描述：

```
<form name=" 表单名称 ">
...
</form>
```

以上语法中需要注意的是，表单的名称不能包含特殊符号和空格。

4.1.3 传送方法

表单的method属性用来定义处理程序从表单中获得信息的方式，可以取值为get或者

post，它决定了表单已收集的数据是用什么方法发送到服务器的。

Method取值的含义：

- Method=get：使用这个设置时，表单数据会被视为CGI或者ASP的参数发送，也就是来访者输入的数据会附加URL之后，由用户端直接发送至服务器，所以速度上会比post快，但缺点是数据长度不能太长。在没有指定method的情形下，一般都会视为get为默认值。
- Method=post：使用这种设置时，表单数据是与URL分开发送的，用户端的计算机会通知服务器来读取数据，所以通常没有数据长度上的限制，缺点是速度上会比get慢。

语法描述：

```
<form method=" 传送方式 ">
…
</form>
```

传送的方式在实际运用中如下所示。

```
<body>
<!-- 一个没有控件的表单 -->
<form action="mail:desheng@163.com" name="register" method="post">
</form>
```

在上述代码中，表单register的内容将会以post的方式通过电子邮件的形式传送出去。传送方式只有两种方式：post和get。

4.1.4 编码方式

表单中的enctype参数用于设置表单信息提交的编码方式。

Enctype取值及含义：

Text/plain:以纯文本的形式传送。

Application/x-www-form-urlencoded:默认的编码形式。

Multipart/form-date:MIME，上传文件的表单必须选择该项。

语法描述：

```
<form enctype=" 编码方式 ">
…
</form>
```

4.1.5 目标显示方式

指定目标窗口的打开方式要用到target属性。表单的目标窗口往往用来显示表单的返回信息，例如是否成功提交了表单的内容、是否出错等。

目标窗口打开方式还有4个选项：_blank、_parent、_self、_top。_blank是将链接的文件载入到一个未命名的浏览器窗口中；_parent为将链接的文件载入含有该链接的父框架集中；_self为链接的文件载入链接所在的同一框架或窗口中；_top表示将返回信息显示在顶级浏览器窗口中。

语法描述：

```
<form enctype=" 目标窗口的打开方式 ">
…
</form>
```

使用方法如下所示。

```
<body>
<!-- 一个没有控件的表单 -->
<form action="mail:desheng@163.com" name="register" method="post"
enctype="text/plain" target="_self">
</form>
</body>
```

在此示例中，设置表单的返回信息将在同一窗口中显示。

以上所讲解的只是表单的基本结构标签，而表单的<form>标记只有和它包含的具体控件相结合才能真正实现表单收集信息的功能。

4.2 表单的控件

表单域包含了文本框、多行文本框、密码框、隐藏域、复选框、单选框和下拉选择框等，用于采集用户的输入或选择的数据。

下面为大家讲解的是表单一些控件的属性含义，以便更深入了解和使用HTML 5中的表单。

4.2.1 <input>元素

<input>元素可以生成各种带“值”的视图，用于搜集用户信息。除了可以指定全局属性外，还能指定如下几个属性：

- type：规定input元素的类型。text：单行文本；password：密码输入框；hidden：隐藏域；radio：单选框；checkbox：复选框；image：图片域；file：文件上传域；submit：提交按钮；reset：重设按钮；button：无动作按钮。
- checked：设置单选框，复选框初始状态是否处于选中状态，该属性值只能是checked，表示初始被选中。
- disabled：设置首次加载时禁用此元素。该属性值只能是disabled，表示该元素被禁用了，无法输入焦点、无法选中、无法输入值、无法响应事件等。当type=“hidden”时，不能使用该属性。
- maxLength：该属性是一个数字，代表允许输入的最大字符数。
- readonly：制定文本框的值不允许用户修改（可以使用JS脚本修改）。
- size：该属性是一个数字，指定该元素的宽度，当type=“hidden”时，不能使用该属性。

● src：指定图像域所显示图片的URL，当type="image"时，才能使用该属性。

4.2.2 <label>元素

<label>元素除了可以指定全局属性外，还能指定如下属性：

for：隐式关联<input>元素，当用于选择此元素生成的视图效果时，浏览器会自动把焦点转移到关联元素生成的视图上。当然还有显式关联，但不推荐用，所以就不介绍了。

4.2.3 <button>元素

<button>元素除了可以指定全局属性外，还能指定如下几个属性：

- disabled：指定是否禁用此按钮，该值只能是disabled，或者省略属性值。
- name：指定该按钮的唯一名称，建议该属性与id保持一致。
- type：指定该按钮属于哪种按钮，该属性只能是button、reset、submit其中的一种。
- value：指定该按钮的初始值，此值可以通过脚本修改。

4.2.4 <select>元素

<select>元素用来创建列表框或下拉菜单，该元素必须和<option>元素结合使用，每个<option>元素代表一个列表项或菜单项。元素除了可以指定全局属性外，还能指定如下几个属性：

- disabled：指定是否禁用此按钮，该值只能是disabled，或者省略属性值。
- multiple：设置该列表框和下拉菜单是否多选，该值只能是multiple，即表示多选，一旦设置成多选，<button>元素就会自动生成列表框。如果<button>元素指定了该属性，浏览器就会生产列表框，否则就是下拉菜单。
- size：指定该列表框内同时显示多少个列表项。如果<button>元素指定了该属性，浏览器就会生产列表框，否则就是下拉菜单。
- <option>元素用来定义列表框选项或菜单项。该元素里只能包含文本内容作为选项的文本。

4.2.5 <optgroup>元素

<optgroup>用于定义列表项组或菜单项组。该元素里只能包含<option>子元素，处于<optgroup>里的<option>就属于该组。元素除了可以指定全局属性外，还能指定如下几个属性：

- label：指定该选项组的标签，该属性必填。
- disabled：指定是否禁用此按钮，该值只能是disabled，或者省略属性值。

4.2.6 <textarea>元素

<textarea>元素用来生成多行文本域。元素除了可以指定全局属性外，还能指定如下几个属性：

- -cols：指定文本域的宽度，该属性必填。
- -rows：指定文本域的高度，该属性必填。
- -disabled：指定是否禁用此按钮，该值只能是disabled，或者省略属性值。
- -readonly：指定该文本域只读，该值只能是readonly。

Chapter 05 CSS轻松学

CSS是一种为网站添加布局效果以及显示样式的工具，他可以节省大量的时间，采用一种全新的方式来设计网站。CSS是每个网页开发人员必须掌握的一门技术。本章将带领大家学习有关CSS的知识。

5.1 回顾CSS

CSS在2007年之前在国内多数情况下都是用于纯粹的编写页面样式，而从2007年开始，国内赫然发现国外不少网站都已经摒弃了以前的表格布局，而采用CSS布局方式，大家都发现这种布局方式要比以前的表格布局更加好看、更加灵活。

5.1.1 什么是CSS

CSS的全称是Cascading Style Sheet（层叠样式表）。它是用于控制页面样式与布局并允许样式信息与网页内容相分离的一种标记性语言。

相对于传统的HTML表现来说，CSS能够对网页中对象的位置排版进行精确的控制，支持几乎所有的字体字号样式，拥有对网页中的对象创建盒模型的能力，并且能够进行初步的交互设计，是目前基于文本展示最优秀的表现设计语言。

同样的一个网页，不使用CSS，页面只剩下内容部分，所有的修饰部分，如字体样式背景和高度等都消失了。可以把CSS比喻成身上的衣服和化妆品，HTML就是人本身，人在没有衣服没有精心打理的时候表现出来的样式可能不是很出彩，但是配上一身裁剪得体的衣服再画上美丽的妆容，即便是普通人也可以像明星一样光彩照人。

5.1.2 CSS特点及优点

在以前网页内容的排版布局上，如果不是专业人员或特别有耐心的人，很难让网页按照自己的构思与想法来显示信息。即便是掌握了HTML语言精髓的人也要通过多次测试，才能驾驭好这些信息的排版。

CSS样式表就是在这种需求下应运而生的，它首先要做的就是为网页上的元素进行精确定位，轻易地控制文字，图片等元素。其次，它把网页上的内容结构和表现形式进行相分离的操作，制作成浏览者想要看的网页上的内容结构，而为了让浏览者更加轻松和愉快地看到这些信息，就要通过格式来控制。以前两者在网页上分布是交错结合的，查看和修改都非常不方便，而现在把两者分开就会极大地方便网页设计者进行操作。内容结构和表现形式相分离，使得网页可以只由内容结构来构成，而将所有的样式的表现形式保存到某个样式表当中。这样一来好处表现在以下两个方面：

第一：外部CSS样式表会被浏览器保存在缓存中，加快了下载显示的速度，同时减少了需要上传的代码量。

第二：当网页样式需要被修改的时候，只需要修改保存着CSS代码的样式表即可，不需要改变HTML页面的结构就能改变整个网站的表现形式和风格，这在修改数量庞大的站点时显得格外有用和重要。避免了一个一个网页地去修改，极大地减少了重复性的劳动。

5.1.3 CSS的基本语法

CSS样式表里面用到许多CSS属性都与HTML属性类似，所以，假如用户熟悉利用HTML进行布局的话，那么在使用CSS的时候许多的代码就不会陌生。下面我们就一起来看一个具体的实例。

例如，将网页的背景色设置为浅灰色，代码如下：

```
HTML: <body bgcolor="#ccc"></body>
CSS: body{background-color:#ccc;}
```

CSS语言是由选择器、属性和属性值组成的，其基本语法如下：

选择器{属性名:属性值;}，也就是selector{properties:value;}

关于CSS语法需要注意以下几点：

- 属性和属性值必须写在{}中。
- 属性和属性值中间用“:”分割开。
- 每写完一个完整的属性和属性值都需要以“;”结尾（如果只写了一个属性或者最后一个属性后面可以不写“;”，但是不建议这么做）。
- CSS书写属性时，属性与属性之间对空格、换行是不敏感的，允许空格和换行操作。
- 如果一个属性里面有多个属性值，每个属性值之间需要以空格分割开。

Tips

这里为大家介绍的是选择器、属性和属性值的解释。

选择器：选择器用来定义CSS样式名称，每种选择器都有各自的写法，在后面部分将进行具体介绍。

属性：属性是CSS的重要组成部分。它是修改网页中元素样式的根本，例如我们修改网页中的字体样式、字体颜色、背景颜色、边框线形等，这些都是属性。

属性值：属性值是CSS属性的基础。所有的属性都需要有一个或一个以上的属性值。

5.2 CSS选择器

在对页面中的元素进行样式修改的时候，需要做的是找到页面中需要修改的元素，然后再对它们进行样式修改的操作，例如需要修改页面中<div>标签的样式时，就需要在样式表当中先找到需要修改的<div>标签。然而如何才能找到这些需要修改的元素呢？这就需要CSS中的选择器来完成了，本节将带领大家一起回顾下CSS中的选择器。

5.2.1 三大基础选择器

在CSS中选择器可以分为四大种类，分别为ID选择器、类选择器、元素选择器和属性选择器，而由这些选择器衍生出来的复合选择器和后代选择器等其实都是这些选择器的扩展应用而已。

（1）元素选择器

在页面中有很多元素，这些元素也是构成页面的基础。CSS元素选择器用来声明页面中哪些元素使用将要适配的CSS样式。所以，页面中的每一个元素名都可以成为CSS元素选择器的的名称。例如，div选择器就是用来选中页面中所有的div元素。同理，还可以对页面中诸如p、ul、li等元素进行CSS元素选择器的选取，对这些被选中的元素进行CSS样式的修改。

（2）类选择器

在页面中，可能有一些元素它们的元素名并不相同，但是，依然需要它们拥有相同的样式。如果使用之前的元素选择器来操作的话就会显得非常繁琐，所以不妨换种思路来考虑这个事情。假如需要对页面中的<p>标签、<a>标签和<div>标签使用同一种文字样式，这时，就可以把这三个元素看成是同一种类型样式的元素，所以可以对它们进行归类的操作。

在CSS中，使用类操作，需要在元素内部使用class属性，而class的值就是为元素定义的“类名”。

（3）ID选择器

学习过了元素选择器和类选择器，前面两种选择器其实都是对一类元素进行选取和操作，假设需要对页面中众多的<p>标签中的某一个进行选取和操作，如果使用类选择器的话同样也可以达到目的，但是类选择器毕竟是对一类或是一群元素进行操作的选择器，很显然单独地为某一个元素使用类选择器显得不是那么合理，所以需要一个独一无二的选择器。ID选择器就是这样的一个选择器，ID属性的值是唯一的。

5.2.2 属性选择器

CSS属性选择器可以根据元素的属性和属性值来选择元素。

属性选择器的语法是把需要选择的属性写在一对中括号中，如果想把包含标题（title）的所有元素变为红色，可以写成如下代码：

```
*[title] {color:red;}
```

也可以采取与上面类似的写法，可以只对有href属性的锚应用样式：

```
a[href] {color:red;}
```

还可以根据多个属性进行选择，只需将属性选择器链接在一起即可。

例如，为了将同时有href 和 title属性的HTML超链接的文本设置为红色，可以这样写：

```
a[href][title] {color:red;}
```

以上都是属性选择器的用法，当然也可以利用以上所学的选择器组合起来，采用带有创造性的方法来使用这个特性。

5.3 CSS3基础知识

CSS即层叠样式表（Cascading StyleSheet）。在网页制作时采用层叠样式表技术，可以有效地对页面的布局、字体、颜色、背景和其他效果实现更加精确的控制。只要对相应的代码做一些简单的修改，就可以改变同一页面的不同部分，或者页数不同的网页的外观和格式。CSS3是CSS技术的升级版本，CSS3语言开发是朝着模块化发展的。以前的规范作为一个模块实在是太庞大而且比较复杂，所以，把它分解为一些小的模块，更多新的模块也被加入进来。这些模块包括：盒子模型、列表模块、超链接方式、语言模块、背景和边框、文字特效、多栏布局等。

CSS3与之前的版本相比，相同点它们都是网页样式的code，都是通过对样式表的编辑达到美化页面的效果，它们都是实现页面内容和样式相分离的手段。不同的是，CSS3引入了更多的样式选择、更多的选择器，加入了新的页面样式与动画等。

5.3.1 CSS3浏览器的支持情况

现在基本上各大浏览器厂商已经能够很好兼容CSS3新特性了，当然在一些个别的浏览器低版本还是支持不了。

浏览器对CSS3的支持大致上可以这么去看，opera是对新特性支持度最高的浏览器，其他的四大浏览器厂商的支持情况基本相同。当然在这里我们还是要提醒大家，我们在选择浏览器的时候还是尽量使用各大浏览器厂商生产的最新的浏览器，因为一般来说，各大浏览器厂商新版的浏览器对CSS3的新特性都已经支持得差不多了。

在这里再次提醒大家，大家在选用IE浏览器时一定不要选用IE9以下的浏览器，因为它们几乎不支持CSS3的新特性。

5.3.2 CSS3新增的长度单位

rem是CSS3中新增的长度单位。看见rem相信大家下意识就会想到em单位，没错它们都是表示倍数。那么rem到底是什么呢？

rem（font size of the root element）是指相对于根元素的字体大小的单位。简而言之，它就是一个相对单位。但是它与em单位所不同的是em（font size of the element）是指相对于父元素的字体大小的单位。它们之间其实很相似，只不过一个计算的规则是依赖根元素，一个是依赖父元素。

rem是一个相对单位，相对根元素字体大小的单位，再直白点就是相对于html元素字体大小的单位。

这样在计算子元素有关的尺寸时，只要根据html元素字体大小计算就好。不再像使用em时，得来回地找父元素字体大小频繁进行计算，根本就离不开计算器。

html的字体大小设置为font-size:62.5%。原因：浏览器默认字体大小是16px，rem与px关系为：1rem=10px，10/16=0.625=62.5%。为了子元素相关尺寸计算方便，这样写最合适不过了。只要将设计稿中量到的px尺寸除以10就得到了相应的rem尺寸，方便极了。

下面通过一个小案例来让大家领略下rem的风采。

实例 10 新的尺寸单位

新增的rem实际应用代码如下：

```
<style>
html{font-size: 62.5%;}
p{font-size: 2rem;}
div{font-size: 2em}
</style>
</head>
<body>
<p> 这是 <span>p 标签 </span> 内的文本 </p>
<div> 这是 <span>div 标签 </span> 中的文本 </div>
</body>
```

代码运行结果如图5.1所示。

▲ 图5.1

从以上代码现在看起来好像两种单位并没有什么区别，因为在页面中文字大小是完全相同的，如果分别对p标签和div标签中的span元素进行字体大小的设置，我们看看它们会发生什么变化。

代码如下：

```
p span{font-size: 2rem;}
div span{font-size: 2em;}
```

代码运行结果如图5.2所示。

▲ 图5.2

这里可以看出，p标签中的span元素采用了rem为单位，元素内的文本并没有任何变化，而在div中的span元素采用了em单位，其中的文本大小已经产生了二次计算的结果。这也是我们在写页面时经常会遇到的问题，经常会因为子级的不小心导致文本大小被二次计算，结果就是回头再去改以前的代码，很影响工作效率。

5.3.3 CSS3新增结构性伪类

在CSS3中新增了一些新的伪类，它们的名字叫做结构性伪类。结构性伪类选择器的公共特征是允许开发者根据文档结构来指定元素的样式。下面就为大家一一讲解这些新的结构性伪类。

（1）:root

匹配文档的根元素。在HTML中，根元素永远是HTML。

（2）E:empty

匹配没有任何子元素（包括text节点）的元素E。

实例 11 指定没有子元素的元素样式

案例代码如下：

```
<style>
div:empty{
width: 100px;
height: 100px;
background: #f0f000;
}
</style>
</head>
<body>
<div> 我是 div 的子级，我是文本 </div>
<div></div>
<div>
<span> 我是 div 的子级，我是 span 标签 </span>
</div>
</body>
```

代码运行结果如图5.3所示。

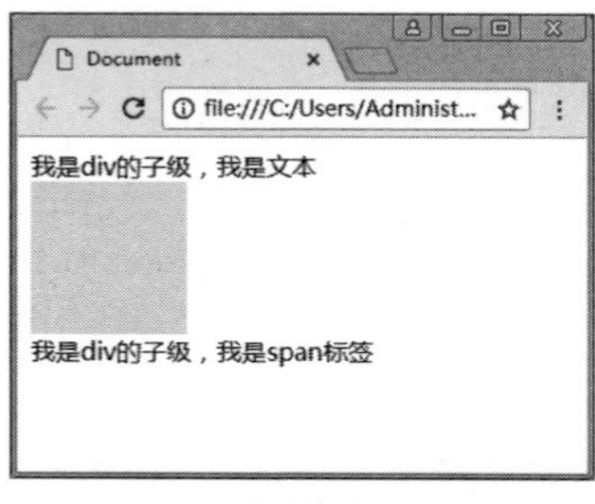

▲ 图5.3

（3）E:nth-child(n)

:nth-child(n)选择器匹配属于其父元素的第N个子元素，不论元素的类型。

n可以是数字、关键词或公式。

实例 12 选择匹配父元素的第N个子元素

案例代码如下所示。

```
<style>
ul li:nth-child(3){
color:red;
}
</style>
</head>
<body>
<ul>
<div>items0</div>
<li>items1</li>
<li>items2</li>
<li>items3</li>
<li>items4</li>
</ul>
</body>
```

代码运行结果如图5.4所示。

▲ 图5.4

（4）nth-of-type(n)

:nth-of-type(n)选择器匹配属于父元素的特定类型的第N个子元素的每个元素。

n可以是数字、关键词或公式。

这里我们需要注意的是nth-child和nth-of-type是不同的，前者是不论元素类型的，后者是从选择器的元素类型开始计数。

也就是说与上面的案例同样一段HTML代码，我们使用:nth-of-type(3)就会选到items3的元素，而不是之前的items2的元素。

实例13 :nth-of-type(n)用法

案例代码如下所示。

```
<style>
ul li:nth-of-type(3){
color:red;
}
</style>
</head>
<body>
<ul>
<div>items0</div>
<li>items1</li>
<li>items2</li>
<li>items3</li>
<li>items4</li>
</ul>
</body>
```

代码运行结果如图5.5所示。

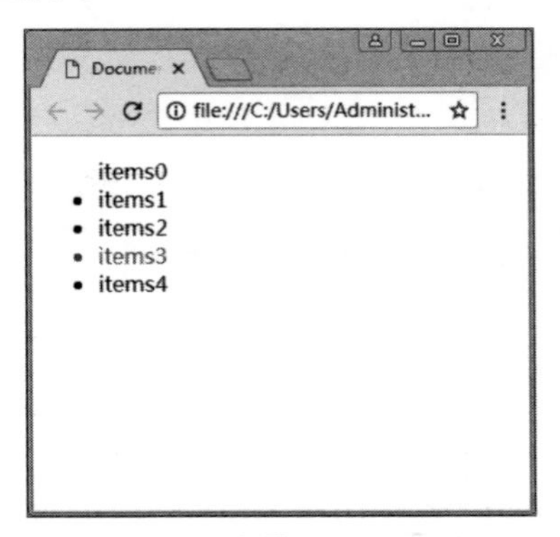

▲ 图5.5

至于括号内的参数n的用法与之前的nth-child用法相同，这里就不再举例赘述。

（5）:last-child

:last-child选择器匹配属于其父元素的最后一个子元素的每个元素。

（6）:nth-last-of-type(n)

:nth-last-of-type(n)选择器匹配属于父元素的特定类型的第N个子元素的每个元素，从最后一个子元素开始计数。

n可以是数字、关键词或公式。

（7）:nth-last-child(n)

:nth-last-child(n)选择器匹配属于其元素的第N个子元素的每个元素，不论元素的类型，从最后一个子元素开始计数。

n可以是数字、关键词或公式。

注意：p:last-child等同于p:nth-last-child(1)。

（8）:only-child

:only-child选择器匹配属于其父元素的唯一子元素的每个元素。

实例14 :only-child的用法

案例代码如下所示。

```
<style>
p:only-child{
color:red;
}
span:only-child{
color:green;
}
</style>
</head>
<body>
<div>
<p>items0</p>
</div>
<ul>
<li>items1</li>
<li>items2</li>
<li>items3</li>
<li>items4</li>
<span>items5</span>
</ul>
</body>
```

代码运行结果如图5.6所示。

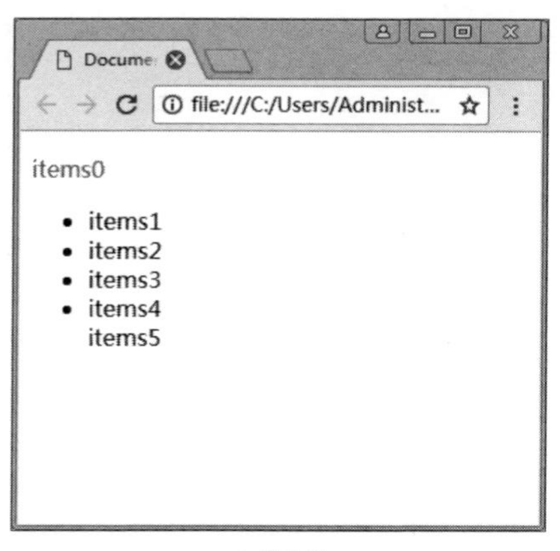

▲ 图5.6

这里我们看见，虽然我们分别对p元素和span元素设置了文本颜色属性，但是只有p元素有效，因为p元素是div下的唯一子元素。

（9）:only-of-type

:only-of-type选择器匹配属于其父元素的特定类型的唯一子元素的每个元素。

实例 15 :only-of-type的用法

案例代码如下所示。

```
<style>
p:only-of-type{
color:red;
}
span:only-of-type{
color:green;
}
</style>
</head>
<body>
<div>
<p>items0</p>
</div>
<ul>
<li>items1</li>
<li>items2</li>
<li>items3</li>
<li>items4</li>
<span>items5</span>
</ul>
</body>
```

代码运行结果如图5.7所示。

▲ 图5.7

5.3.4 CSS3新增UI元素状态伪类

CSS3新特性中为我们提供了新的UI元素状态伪类，这一些伪类为我们的表单元素提供了更多的选择。下面就为大家一一讲解。

（1）:checked

:checked选择器匹配每个已被选中的input元素（只用于单选按钮和复选框）。

（2）:enabled

:enabled选择器匹配每个已启用的元素（大多用在表单元素上）。

（3）:disabled

:disabled选择器选取所有禁用的表单元素。

与:enabled用法类似，这里不再举例赘述。

（4）::selection

::selection选择器匹配被用户选取的部分。

只能向::selection选择器应用少量CSS属性：color、background、cursor以及outline。

实例 16 ::selection使用方法

案例代码如下所示。

```
<style>
::selection{
color:red;
}
</style>
</head>
<body>
<h1> 请选择去页面中的文本 </h1>
<p> 这是一段文字 </p>
<div> 这是一段文字 </div>
<a href="#"> 这是一段文字 </a>
</body>
```

代码运行结果如图5.8所示。

▲ 图5.8

5.3.5 CSS3新增属性

CSS3中为我们准备了一些属性选择器和目标伪类选择器等，让我们一起来看一下这些增加的新特性吧。

（1）:target

:target选择器可用于选取当前活动的目标元素。

实例 17 选取当前活动的目标元素

案例代码如下所示。

```
<head>
<style>
div{
width: 200px;
height: 200px;
background: #ccc;
margin:20px;
}
:target{
background: #f46;
}
</style>
</head>
<body>
<h1> 请点击下面的链接 </h1>
<p><a href="#content1"> 跳转到第一个 div</a></p>
<p><a href="#content2"> 跳转到第二个 div</a></p>
<hr/>
<div id="content1"></div>
<div id="content2"></div>
</body>
```

代码运行结果如图5.9所示。

▲ 图5.9

在上面的案例中，我们在页面中点击第二个链接，在页面中最明显的显示就是第二个div产生了背景色的改变。

（2）:not

:not(selector)选择器匹配非指定元素/选择器的每个元素。

实例 18 如何选定非指定选择器的元素

案例代码如下所示。

```
<style>
:not(p){
border:1px solid red;
}
</style>
</head>
<body>
<span>这是 span 内的文本 </span>
<p>这是第 1 行 p 标签文本 </p>
<p>这是第 2 行 p 标签文本 </p>
<p>这是第 3 行 p 标签文本 </p>
<p>这是第 4 行 p 标签文本 </p>
</body>
```

代码运行结果如图5.10所示。

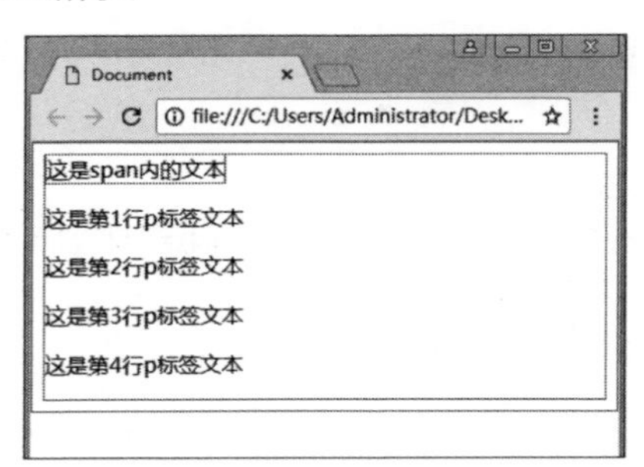

▲ 图5.10

上面这段代码我们选中了所有的非<p>元素，所以除了<span>之外，<body>和<html>也被选中了。

（3）[attribute]

[attribute]选择器用于选取带有指定属性的元素。

我们选中页面中所有带有title属性的元素，并且添加文本样式。

实例 19 选取带有指定属性的元素

案例代码如下所示。

```
<style>
[title]{
```

```
color:red;
}
</style>
</head>
<body>
<span title="">这是 span 内的文本 </span>
<p>这是第 1 行 p 标签文本 </p>
<p title="">这是第 2 行 p 标签文本 </p>
<p>这是第 3 行 p 标签文本 </p>
<p>这是第 4 行 p 标签文本 </p>
</body>
```

代码运行结果如图5.11所示。

▲ 图5.11

（4）[attribute~=value]

[attribute~=value]选择器用于选取属性值中包含指定词汇的元素。

选中所有页面中title属性带有文本“txt”的元素。

实例 20 选取属性值包含指定词汇的元素

案例代码如下所示。

```
<style>
[title~=txt]{
color:red;
}
</style>
</head>
<body>
<span title="txt">这是 span 内的文本 </span>
<p>这是第 1 行 p 标签文本 </p>
<p title="my txt">这是第 2 行 p 标签文本 </p>
<p>这是第 3 行 p 标签文本 </p>
<p>这是第 4 行 p 标签文本 </p>
</body>
```

代码运行结果如图5.12所示。

▲ 图5.12

5.4 设计文本和边框样式

在网页中，文本的样式也能够突出网页设计的风格，一个好的网页设计也必然离不开文本和一些边框的酷炫样式，该怎么去设置呢？接下来为大家讲解其中的奥妙。

5.4.1 文本阴影

text-shadow还没有出现时，大家在网页设计中阴影一般都是用photoshop做成图片，现在有了css3可以直接使用text-shadow属性来指定阴影。这个属性可以有两个作用，产生阴影和模糊主体。这样在不使用图片时也能给文字增加质感。

text-shadow属性可以向文本添加一个或多个阴影。该属性是逗号分隔的阴影列表，每个阴影有两个或三个长度值和一个可选的颜色值进行规定。省略的长度是0。

Text-shadow属性拥有四个值，它们按照顺序排列分别是：

- h-shadow：必需。水平阴影的位置。允许负值。
- v-shadow：必需。垂直阴影的位置。允许负值。
- blur：可选。模糊的距离。
- color：可选。阴影的颜色。

下面我们通过一个小案例来帮助大家理解text-shadow属性。

实例 21 文字阴影的效果

设置文字阴影的代码如下所示。

```
<style>
p{
text-align:center;
font:bold 50px Helvetica, arial, sans-serif;
color:#999;
text-shadow:0.1em 0.1em #333;
}
```

```
</style>
</head>
<body>
<p>HTML 5+CSS3</p>
</body>
```

代码的运行效果如图5.13所示。

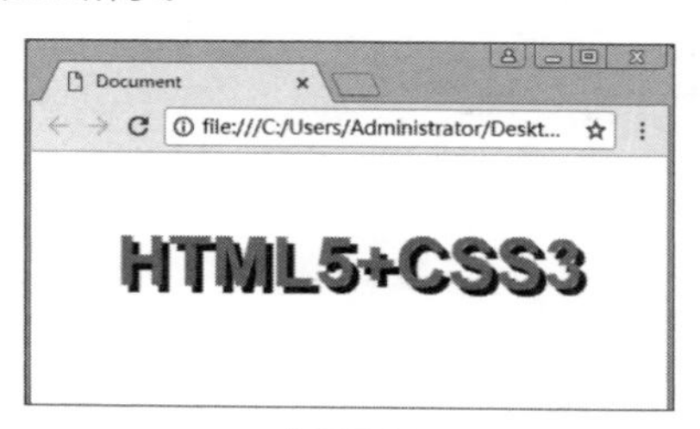

▲ 图5.13

text-shadow:-0.1em-0.1em#333;，此段代码声明了右下角文本阴影效果，如果把投影设置到左上角，则可以按照下面的方法设置，示例如下所示。

```
<style type="text/css">
p{
text-shadow:-0.1em -0.1em #333;
}
</style>
```

代码的运行效果如图5.14所示。

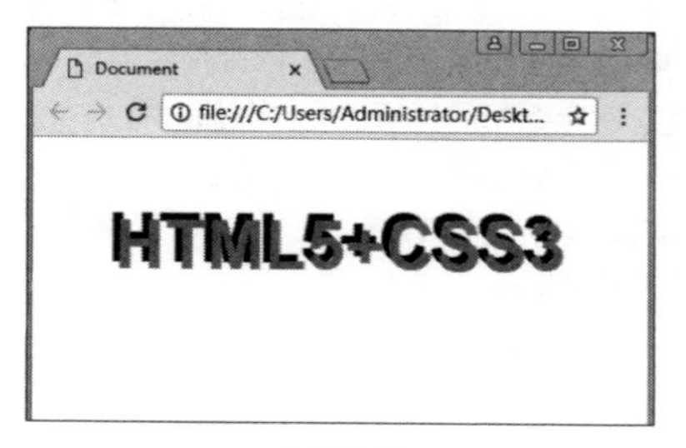

▲ 图5.14

同理，如果设置阴影的文本在左下角，则可以设置如下样式，示例代码如下：

```
<style type="text/css">
p{
text-shadow:-0.1em 0.1em #333;
}
</style>
```

代码的运行效果如图5.15所示。

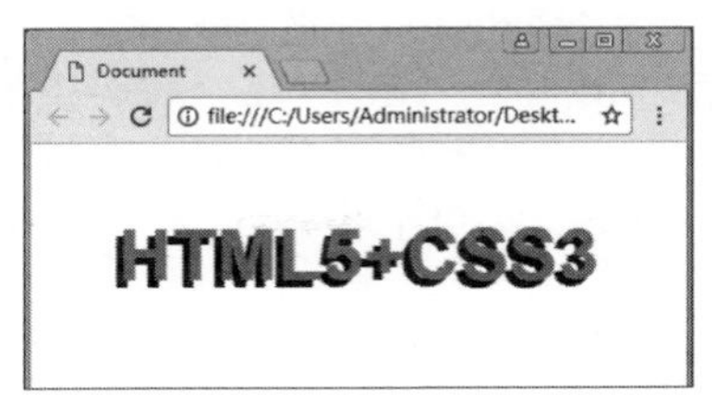

▲ 图5.15

也可以增加模糊效果的阴影，示例代码如下所示。

```
<style type="text/css">
p{
text-shadow: 0.1em 0.1em 0.3em#333;
}
</style>
```

代码的运行效果如图5.16所示。

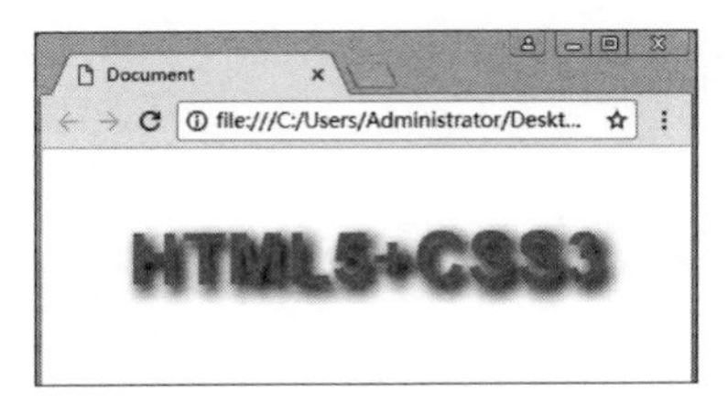

▲ 图5.16

如果想要定义模糊阴影效果，示例代码如下所示。

```
<style type="text/css">
p{
text-shadow: 0.1em 0.1em 0.2em green;
}
</style>
```

代码的运行效果如图5.17所示。

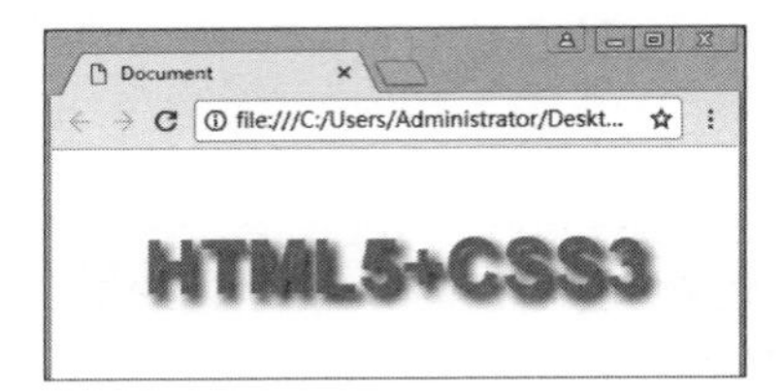

▲ 图5.17

text-shadow属性的第一个值表示水平位移，第二个值表示垂直位移，正值为偏右或者偏下，负值为偏左或偏上，第三个值表示模糊半径，该值可选，第四个值表示阴影的颜色，该值可选。在阴影偏移之后，可以指定一个模糊半径。模糊半径是一个长度值，指出模糊效果的范围。如何计算模糊效果的具体计算方法并没有指定。在阴影效果的长度值之前或之后可以选择指定一个颜色值。颜色值会被用作阴影效果的基础。如果没有指定颜色，那么将使用color属性值来替代。

灵活使用text-shadow属性可以解决网页设计中很多实际的问题，下面结合实例进行介绍。

（1）通过阴影增加前景色与背景色的对比度

在这个示例中通过阴影把文字颜色与背景颜色区分开来，让字体看起来更清晰，代码如下所示。

实例22 设置颜色对比度

设置阴影颜色的对比度代码如下所示。

```
<style>
p{
text-align:center;
font:bold 50px helvetica, arial, sans-serif;
color:#fff;
text-shadow:#999 0.1em 0.1em 0.2em;
}
</style>
</head>
<body>
<p>HTML 5+CSS3</p>
</body>
```

代码的运行效果如图5.18所示。

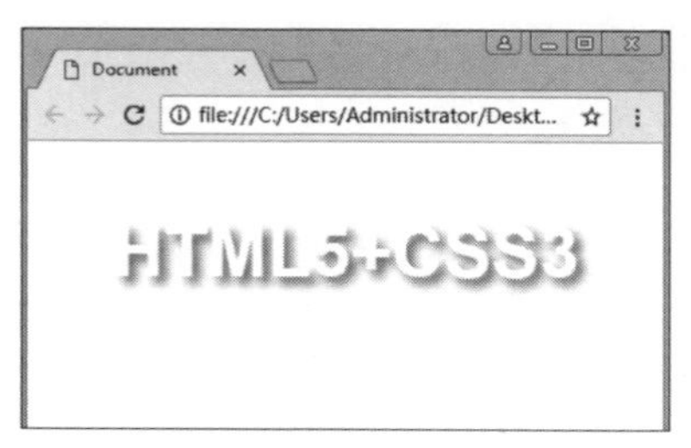

▲ 图5.18

（2）定义多色阴影

text-shadow属性可以接受一个以逗号分割的阴影效果列表，并应用到该元素的文本上。阴影效果按照给定的顺序应用，因此有可能出现互相覆盖，但是它们不会覆盖文本本身，阴影效果不会改变边框的尺寸，但可能延伸到它的边界之外。阴影效果的堆叠层次和本身层次是一样的。

下面来为红色文本定义3个不同颜色的阴影。

实例 23 文字也可以有多种阴影色

多色阴影的示例代码如下所示。

```
<style>
p{
text-align:center;
font:bold 50px helvetica, arial, sans-serif;
color:red;
text-shadow: 0.2em 0.4em 0.1em #600,
-0.3em 0.1em 0.1em #060,
0.4em -0.3em 0.1em #006;
}
</style>
<body>
<p>HTML 5+CSS3</p>
</body>
```

代码的运行效果如图5.19所示。

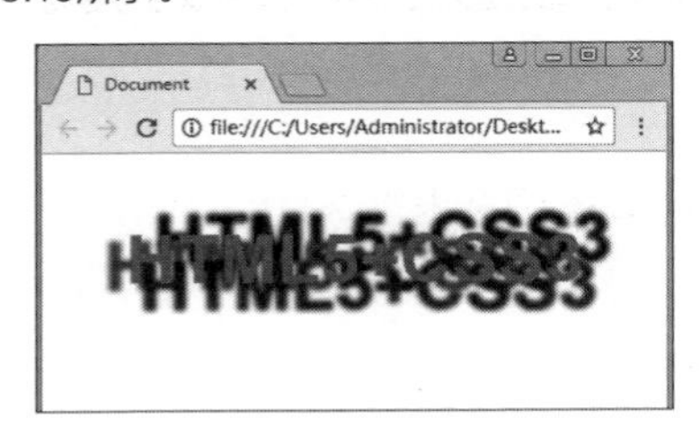

▲ 图5.19

当使用text-shadow属性定义多色阴影时，每个阴影效果必须指定阴影偏移，而模糊半径、阴影颜色是可选参数。

（3）制作火焰文字

借助阴影效果列表机制，可以使用阴影叠加出燃烧的文字特效。

实例 24 炫酷火焰字

阴影叠加出燃烧的文字特效，示例代码如下所示。

```
<style>
body{
background:#000;
}
p{
text-align:center;
font:bold 50px helvetica, arial, sans-serif;
color:green;
text-shadow: 0 0 4px white,
```

```
0 -5px 4px #ff3,
2px -10px 6px#fd3,
-2px -15px 11px #f80,
2px -25px 18px #f20;
}
</style>
<body>
<p> 文字特效 </p>
</body>
```

代码的运行效果如图5.20所示。

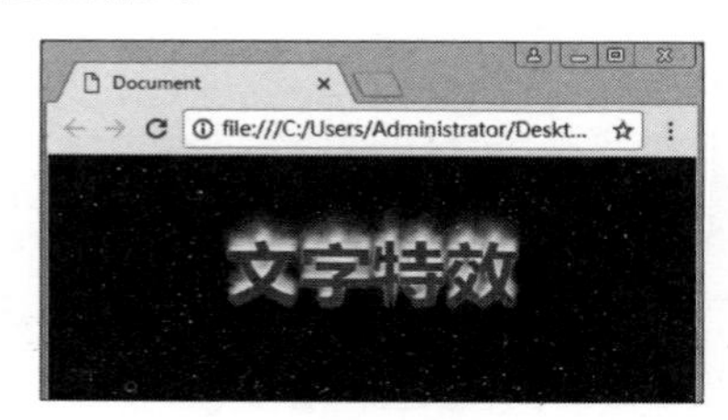

▲ 图5.20

（4）设置立体文字

text-shadow属性可以使用在:first-letter和:first-line伪元素上，同时还可以利用该属性设计立体文本。

实例 25 文字立体显示

使用阴影叠加出的立体文本特效代码如下。

```
<style>
body{
background:#000;
}
p{
text-align:center;
padding:24px
margin:0;
font: helvetica, arial, sans-serif;
font-size:75px;
font-weight:bold;
color:green;
background:#ccc;
text-shadow: -1px -1px white,
1px 1px #333;
}
</style>
<body>
```

```
<p> 文字特效 </p>
</body>
```

代码的运行效果如图5.21所示。

▲ 图5.21

通过左上和右下添加1px错位的补色阴影，营造出一种淡淡的立体效果。

（5）设置描边文字

text-shadow属性还可以为文本描边，设计方法是分别为文本的4条边添加1px的实体阴影。

实例 26 给文字描个边

描边文字的示例代码如下所示。

```
<style>
body{
background:#000;
}
p{
text-align:center;
padding:24px
margin:0;
font: helvetica, arial, sans-serif;
font-size:75px;
font-weight:bold;
color:white;
background:#ccc;
text-shadow: -1px 0 black,
0 1px black,
1px 0 black,
0 -1px black;
}
</style>
<body>
```

```
<p> 文字特效 </p>
</body>
```

代码的运行效果如图5.22所示。

▲ 图5.22

（6）文字外发光效果

设置阴影不发生位移，同时定义阴影模糊显示，这样可以模拟出文字外发光效果。

实例 27 让文字发光显示

文字发光效果的示例代码如下所示。

```
<style>
body{
background:#000;
}
p{
text-align:center;
padding:24px
margin:0;
font: helvetica, arial, sans-serif;
font-size:75px;
font-weight:bold;
color:#999;
background:#ccc;
text-shadow:0 0 0.2em #fff,
0 0 0.2em #fff;
}
</style>
<body>
<p> 文字特效 </p>
</body>
```

代码的运行效果如图5.23所示。

▲ 图5.23

5.4.2 文本溢出

在编辑网页文本时经常会遇到文字太多超出容器的尴尬问题，CSS3新特性中带来了解决方案。

text-overflow属性规定当文本溢出包含元素时发生的事情。

语法：

```
text-overflow: clip|ellipsis|string;
```

text-overflow属性的值可以是以下几种：

- clip：修剪文本；
- Ellipsis：显示省略符号来代表被修剪的文本；
- String：使用给定的字符串来代表被修剪的文本；

下面通过一个案例帮助大家理解text-overflow属性。

实例 28 文本的溢出效果

文本溢出效果代码如下所示。

```
<style>
div.test{
white-space:nowrap;
width:12em;
overflow:hidden;
border:1px solid #000000;
}
div.test:hover{
text-overflow:inherit;
overflow:visible;
}
</style>
<body>
<p>如果您把光标移动到下面两个 div 上，就能够看到全部文本。</p>
<p>这个 div 使用 "text-overflow:ellipsis" :</p>
<div class="test" style="text-overflow:ellipsis;">This is some long text
that will not fit in thebox</div>
<p>这个 div 使用 "text-overflow:clip":</p>
```

```
<div class="test" style="text-overflow:clip;">This is some long text that
will not fit in the box</div>
</body>
```

代码运行结果如图5.24所示。

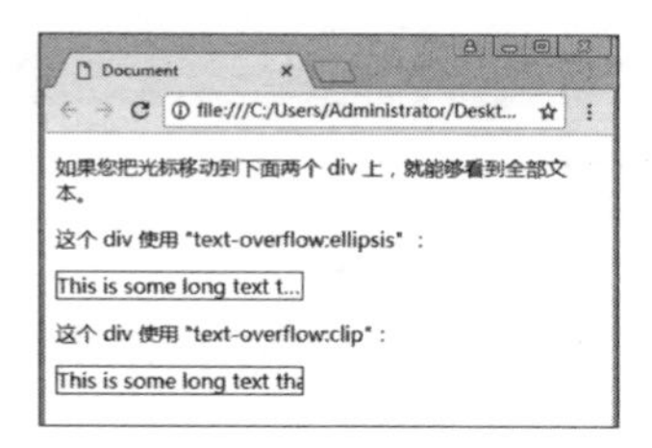

▲ 图5.24

5.4.3 文本换行

在编辑网页文本时经常会遇到单词太长超出容器一行的尴尬问题，CSS3新特性中为我们带来了解决方案。

word-wrap属性允许长单词或URL地址换行到下一行。

实例 29 给文本换行

文本换行的示例代码如下所示。

```
<style>
p.test{
width:11em;
border:1px solid #000000;
}
</style>
<body>
<p class="test">
This paragraph contains a very long word: thisisaveryveryveryveryveryvery
longword. The long word will break and wrap to the next line.
</p>
</body>
```

代码运行结果如图5.25所示。

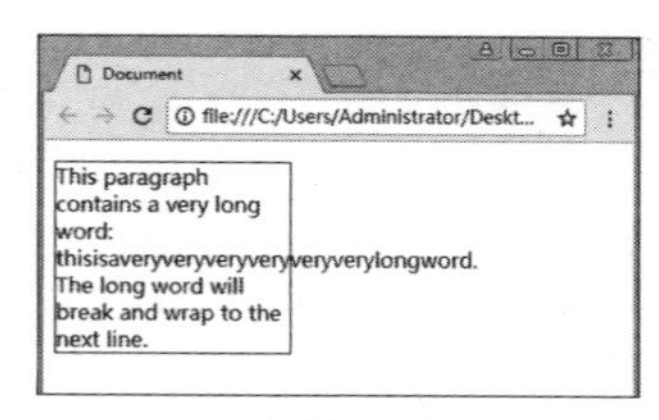

▲ 图5.25

此时可以看见，非常尴尬的一个长单词超出了容器的范围，解决方案如下：

```
word-wrap: break-word;
```

修改后的运行结果如图5.26所示。

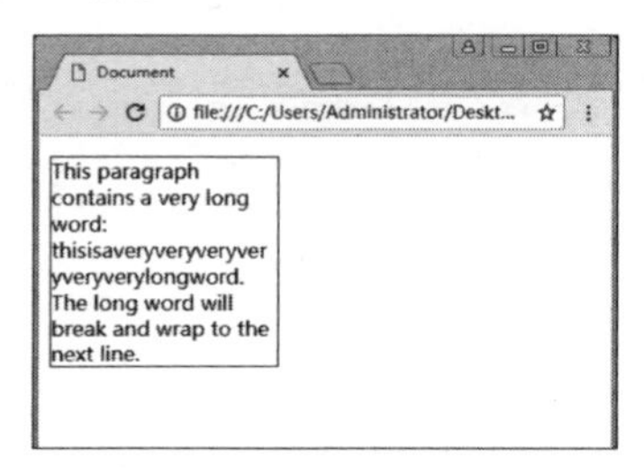

▲ 图5.26

5.4.4 单词拆分

word-break属性规定自动换行的处理方法。

通过使用word-break属性，可以让浏览器实现在任意位置的换行。

word-break属性的值可以使以下几种：

- normal：使用浏览器默认的换行规则；
- break-all：允许在单词内换行；
- keep-all：只能在半角空格或连字符处换行；

word-break属性和word-warp属性都是关于自动换行的操作，它们之间有什么区别呢？通过一个案例来帮助大家理解两者的区别。

实例 30 英文单词的拆分

单词拆分的效果代码如下所示。

```
<style>
p.test1{
width:11em;
border:1px solid #000000;
word-wrap: break-word;
}
p.test2{
width:11em;
border:1px solid #000000;
word-break:break-all;
}
</style>
</head>
<body>
<p class="test1">This is a veryveryveryveryveryveryveryveryveryvery long
paragraph.</p>
```

```
<p class="test2">This is a veryveryveryveryveryveryveryveryveryvery long
paragraph.</p>
</body>
```

代码运行结果如图5.27所示。

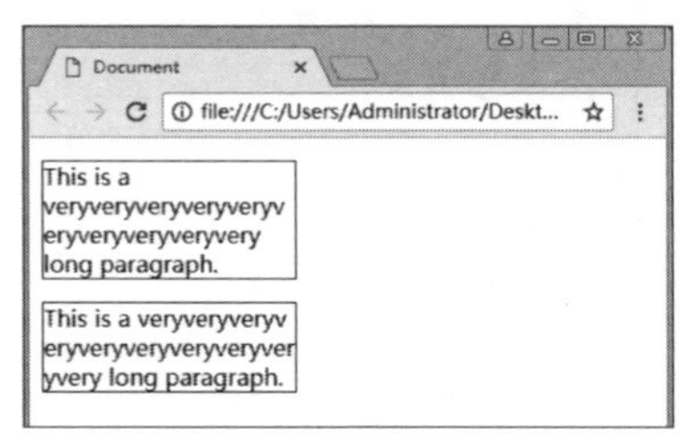

▲ 图5.27

5.4.5 圆角边框

border-radius属性是一个简写属性，用于设置四个border-*-radius属性。

语法：

```
border-radius: 1-4 length|% / 1-4 length|%;
```

四个border-*-radius属性按照顺序分别为：

- border-top-left-radius：左上。
- border-top-right-radius：右上。
- border-bottom-right-radius：右下。
- border-bottom-left-radius：左下。

在圆角边框属性出现之前，想要得到一个带有圆角边框的按钮，需要借助一些绘图软件才可以。这样做的坏处有两点，第一是一个页面中的元素需要美工和前端两个人配合才能完成，大大降低了工作效率；第二是图片的大小要比几行代码大上许多许多，这样就造成了页面加载速度变慢，用户体验也不好。

实例 31 制作扁平化按钮

使用border-radius代码如下所示。

```
<style>
body{
background: #ccc;
}
div{
width: 200px;
height: 50px;
margin:20px auto;
font-size: 30px;
```

```
line-height: 45px;
text-align: center;
color:#fff;
border:2px solid #fff;
border-radius: 10px;
}
</style>
```

代码运行结果如图5.28所示。

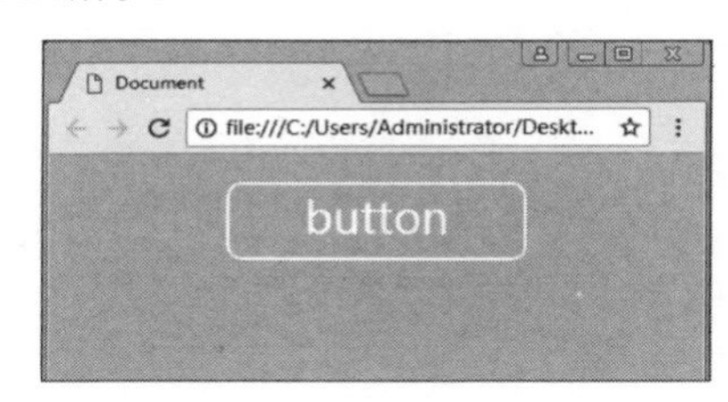

▲ 图5.28

是不是很酷？以后就可以在不借助任何绘图软件的情况下完成一个酷炫的按钮了。当然圆角边框的作用远不止制作一个圆角按钮而已，至于它的更多用法就要靠大家去发掘了。

5.4.6 盒子阴影

在前面的章节中讲解了CSS3的文本阴影，同样地，CSS3也带来了盒子阴影，利用盒子阴影可以制作出3D效果。

box-shadow属性相框添加一个或多个阴影。

语法描述：

```
box-shadow: h-shadow v-shadow blur spread color inset;
```

box-shadow相框添加一个或多个阴影。该属性是由逗号分隔的阴影列表，每个阴影由2-4个长度值、可选的颜色值以及可选的inset关键词来规定。省略长度的值是0。

box-shadow属性的值包含了以下几个：

- h-shadow：必需。水平阴影的位置。允许负值。
- v-shadow：必需。垂直阴影的位置。允许负值。
- blur：可选。模糊距离。
- spread：可选。阴影的尺寸。
- color：可选。阴影的颜色。。
- inset：可选。将外部阴影(outset)改为内部阴影。

可以结合上一章节中的圆角边框按钮制作出一个炫酷的按钮，当然这个按钮是之前的按钮的升级版。

实例 32 给按钮设置阴影的效果

使用box-shadow属性代码如下所示。

```
<style>
body{
background: #ccc;
}
div{
width: 200px;
height: 50px;
margin:30px auto;
font-size: 30px;
line-height: 45px;
text-align: center;
color:#fff;
border:5px solid #fff;
border-radius: 10px;
background: #f46;
cursor:pointer;
}
div:hover{
box-shadow: 0 10px 40px 5px #f46;
}
</style>
```

代码的运行效果如图5.29所示。

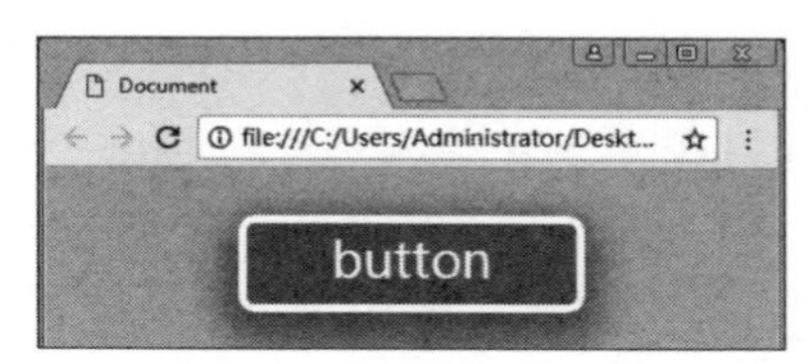

▲ 图5.29

5.4.7 边界边框

border-image属性规定可以使用图片作为元素的边框。

这个属性再次为web前端工程师带来福音，这个属性可以自定义出更加有趣美观的元素边框，而不是只能使用原来CSS预设的那些。

border-image属性是一个简写属性，用于设置以下属性：border-image-source、border-image-slice、border-image-width、border-image-outset、border-image-repeat。

如果省略值，会设置其默认值。

border-image属性的值包括以下几个：

- border-image-source：用在边框的图片的路径。
- border-image-slice：图片边框向内偏移。
- border-image-width：图片边框的宽度。

- border-image-outset：边框图像区域超出边框的量。
- border-image-repeat：图像边框是否应平铺(repeated)、铺满(rounded)或拉伸(stretched)。

实例 33 图像边框效果

使用border-image代码如下所示。

```
<style>
div{
border:15px solid transparent;
width:300px;
padding:10px 20px;
}
#round{
-moz-border-image:url(/i/border.png) 30 30 round; /* Old Firefox */
-webkit-border-image:url(/i/border.png) 30 30 round; /* Safari and Chrome */
-o-border-image:url(/i/border.png) 30 30 round; /* Opera */
border-image:url(/i/border.png) 30 30 round;
}
#stretch{
-moz-border-image:url(/i/border.png) 30 30 stretch; /* Old Firefox */
-webkit-border-image:url(/i/border.png) 30 30 stretch; /* Safari and Chrome */
-o-border-image:url(/i/border.png) 30 30 stretch; /* Opera */
border-image:url(/i/border.png) 30 30 stretch;
}
</style>
```

代码运行结果如图5.30所示。

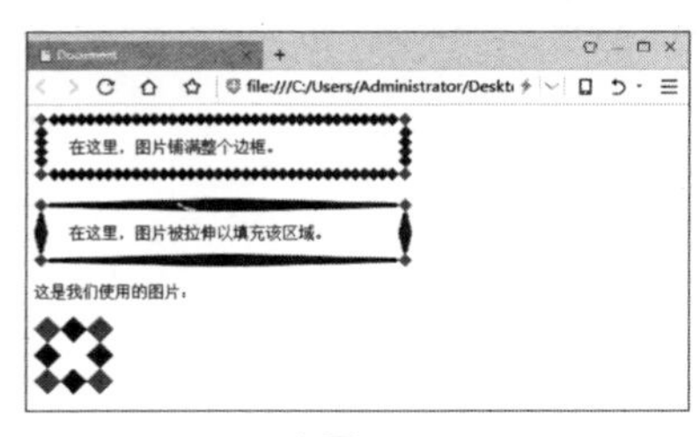

▲ 图5.30

5.5 设计颜色样式

在CSS3之前，只能使用RGB模式定义颜色值，只能通过opacity属性设置颜色的不透明度。CSS3增加了3种颜色值定义模式：RGBA颜色值、HSL颜色值和HSLA颜色值，并且允许通过对RGBA颜色值和HSLA颜色值设定Alpha通道的方法来更容易实现半透明文字与图像互相重叠的效果。

5.5.1 使用RGBA颜色值

RGBA色彩模式是RGB色彩模式的扩展，它在红、绿、蓝三色通道基础上增加了不透明度参数。其语法格式如下所示。

```
rgba(r,g,b,<opacity>)
```

其中r、g、b分别表示红色、绿色和蓝色3种所占的比重。r、g、b的值可以是正整数或者百分比分数。正整数值的取值范围为0~255，百分数值的取值范围为0.0%~100.0%。超出范围的数值将被截止其最接近的取值极限。注意，并非所有浏览器都支持使用百分数值。第四个参数<opacity>表示不透明度，取值在0~1之间。

下面来设计一个带阴影边框的表单。

实例 34 给表格边框设置颜色

设置表格边框的颜色代码如下所示。

```
<style>
input, textarea {
    padding: 4px;
    border: solid 1px #E5E5E5;
    outline: 0;
    font: normal 13px/100% Verdana, Tahoma, sans-serif;
    width: 200px;
    background: #FFFFFF;
    box-shadow: rgba(0, 0, 0, 0.1) 0px 0px 8px;
    -moz-box-shadow: rgba(0, 0, 0, 0.1) 0px 0px 8px;
    -webkit-box-shadow: rgba(0, 0, 0, 0.1) 0px 0px 8px;
}
input:hover, textarea:hover, input:focus, textarea:focus { border-color:
#C9C9C9; }
label {
    margin-left: 10px;
    color: #999999;
    display:block;
}
.submit input {
    width:auto;
    padding: 9px 15px;
    background: #617798;
    border: 0;
    font-size: 14px;
    color: #FFFFFF;
}
</style>
<body>
<form>
```

```
<p class="name">
<label for="name">姓名</label>
<input type="text" name="name" id="name" />
</p>
<p class="email">
<label for="email">邮箱</label>
<input type="text" name="email" id="email" />
</p>
<p class="submit">
<input type="submit" value="提交" />
</p>
</form>
```

代码的运行效果如图5.31所示。

▲图5.31

5.5.2 使用HSL颜色值

在CSS3中新增的HSL颜色表现方式（http://www.w3.org/TR/css3-color）。HSL色彩模式是工业界一种颜色标准，它通过对色调（H）、饱和度（S）和亮相（L）3个颜色通道的变化以及它们互相之间的叠加来获得各种颜色。这个标准几乎包括了视觉所能感知的所有颜色，在屏幕上可以重现16777216种颜色，是目前运用最广的颜色系统之一。

下面的语法是在CSS3中，HSL色彩模式表示。

语法如下：

```
hsl(<length>,<percentage>,<percentage>)
```

hsl()函数的3个参数说明如下：

- <length>：表示色调（Hue）。Hue衍生与色盘，取值可以为任意数值，其中0（或360、-360）表示红色，60表示黄色，120表示绿色，180表示青色，240表示蓝色，300表示洋红，当然可取设置其他数值来确定不同颜色。
- <percentage>：表示饱和度（Saturation），也就是说该色彩被使用了多少，或者说颜色的深浅程度、鲜艳程度。取值为0%~100%之间的值。其中0%表示灰度，即没有使用该颜色；100%饱和度最高，即颜色最艳。

- <percentage>：表示亮度（lightness）。取值为0%~100%之间的值，其中0%表示最暗，50%表示均值，100%表示最亮，显示为白色。

下面就来设计一个颜色表，因为在网页设计中利用这种方法就可以根据网页需要选择最恰当的搭配方案。

实例 35 颜色搭配方案

配置的颜色表代码如下所示。

```
<style type="text/css">
table {
    border:solid 1px red;
    background:#eee;
    padding:6px;
}
th {
    color:red;
    font-size:12px;
    font-weight:normal;
}
td {
    width:80px;
    height:30px;
}
tr:nth-child(4) td:nth-of-type(1) { background:hsl(0,100%,100%);}
tr:nth-child(4) td:nth-of-type(2) { background:hsl(0,75%,100%);}
tr:nth-child(4) td:nth-of-type(3) { background:hsl(0,50%,100%);}
tr:nth-child(4) td:nth-of-type(4) { background:hsl(0,25%,100%);}
tr:nth-child(4) td:nth-of-type(5) { background:hsl(0,0%,100%);}

tr:nth-child(5) td:nth-of-type(1) { background:hsl(0,100%,88%);}
tr:nth-child(5) td:nth-of-type(2) { background:hsl(0,75%,88%);}
tr:nth-child(5) td:nth-of-type(3) { background:hsl(0,50%,88%);}
tr:nth-child(5) td:nth-of-type(4) { background:hsl(0,25%,88%);}
tr:nth-child(5) td:nth-of-type(5) { background:hsl(0,0%,88%);}

tr:nth-child(6) td:nth-of-type(1) { background:hsl(0,100%,75%);}
tr:nth-child(6) td:nth-of-type(2) { background:hsl(0,75%,75%);}
tr:nth-child(6) td:nth-of-type(3) { background:hsl(0,50%,75%);}
tr:nth-child(6) td:nth-of-type(4) { background:hsl(0,25%,75%);}
tr:nth-child(6) td:nth-of-type(5) { background:hsl(0,0%,75%);}

tr:nth-child(7) td:nth-of-type(1) { background:hsl(0,100%,63%);}
tr:nth-child(7) td:nth-of-type(2) { background:hsl(0,75%,63%);}
tr:nth-child(7) td:nth-of-type(3) { background:hsl(0,50%,63%);}
tr:nth-child(7) td:nth-of-type(4) { background:hsl(0,25%,63%);}
tr:nth-child(7) td:nth-of-type(5) { background:hsl(0,0%,63%);}

tr:nth-child(8) td:nth-of-type(1) { background:hsl(0,100%,50%);}
```

```
tr:nth-child(8) td:nth-of-type(2) { background:hsl(0,75%,50%);}
tr:nth-child(8) td:nth-of-type(3) { background:hsl(0,50%,50%);}
tr:nth-child(8) td:nth-of-type(4) { background:hsl(0,25%,50%);}
tr:nth-child(8) td:nth-of-type(5) { background:hsl(0,0%,50%);}

tr:nth-child(9) td:nth-of-type(1) { background:hsl(0,100%,38%);}
tr:nth-child(9) td:nth-of-type(2) { background:hsl(0,75%,38%);}
tr:nth-child(9) td:nth-of-type(3) { background:hsl(0,50%,38%);}
tr:nth-child(9) td:nth-of-type(4) { background:hsl(0,25%,38%);}
tr:nth-child(9) td:nth-of-type(5) { background:hsl(0,0%,38%);}

tr:nth-child(10) td:nth-of-type(1) { background:hsl(0,100%,25%);}
tr:nth-child(10) td:nth-of-type(2) { background:hsl(0,75%,25%);}
tr:nth-child(10) td:nth-of-type(3) { background:hsl(0,50%,25%);}
tr:nth-child(10) td:nth-of-type(4) { background:hsl(0,25%,25%);}
tr:nth-child(10) td:nth-of-type(5) { background:hsl(0,0%,25%);}

tr:nth-child(11) td:nth-of-type(1) { background:hsl(0,100%,13%);}
tr:nth-child(11) td:nth-of-type(2) { background:hsl(0,75%,13%);}
tr:nth-child(11) td:nth-of-type(3) { background:hsl(0,50%,13%);}
tr:nth-child(11) td:nth-of-type(4) { background:hsl(0,25%,13%);}
tr:nth-child(11) td:nth-of-type(5) { background:hsl(0,0%,13%);}

tr:nth-child(12) td:nth-of-type(1) { background:hsl(0,100%,0%);}
tr:nth-child(12) td:nth-of-type(2) { background:hsl(0,75%,0%);}
tr:nth-child(12) td:nth-of-type(3) { background:hsl(0,50%,0%);}
tr:nth-child(12) td:nth-of-type(4) { background:hsl(0,25%,0%);}
tr:nth-child(12) td:nth-of-type(5) { background:hsl(0,0%,0%);}
</style>
```

代码的运行效果如图5.32所示。

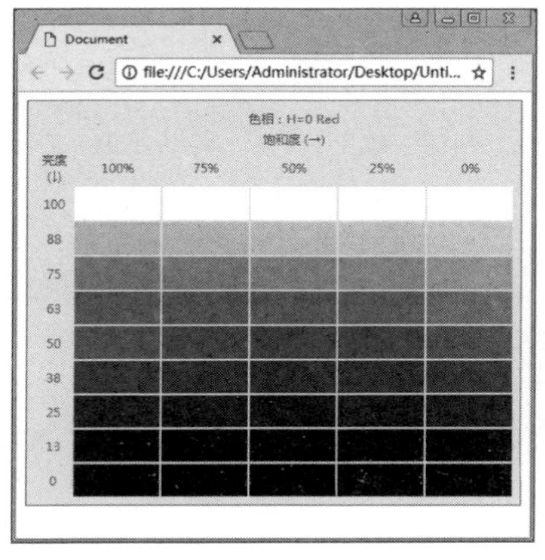

▲ 图5.32

5.5.3 使用HSLA颜色值

HSLA色彩模式是HSL色彩模式的扩展，在色相、饱和度和亮度三个要素基础上增加了不透明度参数，使用HSLA色彩模式可以定义不同透明效果。

语法描述：

```
hsla(<length>,<percentage>,<percentage>,<opacity>)
```

上述语法中的前3个参数与hsl()函数参数定义和用法相同，第4个参数<opacity>表示不透明度，取值在0~1之间。

实例 36 给颜色设置不透明度

设置不透明的的代码如下所示。

```
<style type="text/css">
li { height: 18px; }
li:nth-child(1) { background: hsla(120,50%,50%,0.1); }
li:nth-child(2) { background: hsla(120,50%,50%,0.2); }
li:nth-child(3) { background: hsla(120,50%,50%,0.3); }
li:nth-child(4) { background: hsla(120,50%,50%,0.4); }
li:nth-child(5) { background: hsla(120,50%,50%,0.5); }
li:nth-child(6) { background: hsla(120,50%,50%,0.6); }
li:nth-child(7) { background: hsla(120,50%,50%,0.7); }
li:nth-child(8) { background: hsla(120,50%,50%,0.8); }
li:nth-child(9) { background: hsla(120,50%,50%,0.9); }
li:nth-child(10) { background: hsla(120,50%,50%,1); }
</style>
```

运行这段代码，效果如图5.33所示。

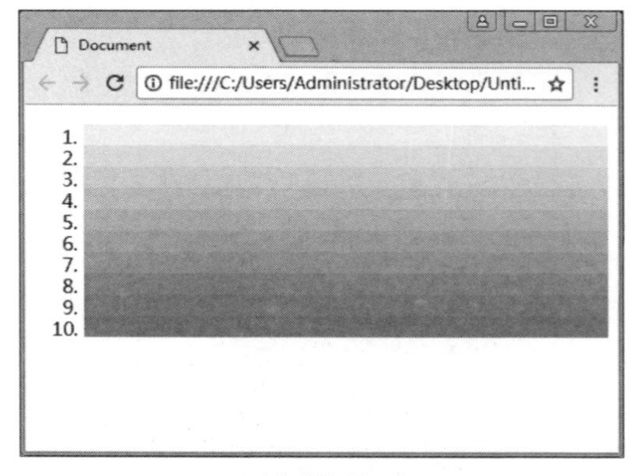

▲ 图5.33

Chapter 06 JavaScript入门必学

本章主要讲述了JavaScript的基础知识，包括JavaScript的应用方向、数据类型、以及事件等基本知识，如果想要深入了解JavaScript的知识，这些知识都是基石，所以必须牢牢掌握本章所讲解的知识。

6.1 JavaScript入门

JavaScript是一种直译式脚本语言，是一种动态类型、弱类型、基于原型的语言，内置支持类型。它的解释器被称为JavaScript引擎，为浏览器的一部分，广泛用于客户端的脚本语言，最早是在HTML（标准通用标记语言下的一个应用）网页上使用，用来给HTML网页增加动态功能。

6.1.1 JavaScript的发展

最初由Netscape的Brendan Eich设计。JavaScript是甲骨文公司的注册商标。Ecma国际以JavaScript为基础制定了ECMAScript标准。JavaScript也可以用于其他场合，如服务器端编程。完整的JavaScript实现包含三个部分：ECMAScript、文档对象模型、浏览器对象模型。

Netscape在最初将其脚本语言命名为LiveScript，后来Netscape在与Sun合作之后将其改名为JavaScript。JavaScript最初是受Java启发而开始设计的，目的之一就是“看上去像Java”，因此语法上有类似之处，一些名称和命名规范也借自Java。但JavaScript的主要设计原则源自Self和Scheme。JavaScript与Java名称上的近似，是当时Netscape为了营销考虑与Sun微系统达成协议的结果。为了取得技术优势，微软推出了JScript来迎战JavaScript的脚本语言。为了互用性，Ecma国际（前身为欧洲计算机制造商协会）创建了ECMA-262标准（ECMAScript）。两者都属于ECMAScript的实现。尽管JavaScript作为给非程序人员的脚本语言，而非作为给程序人员的脚本语言来推广和宣传，但是JavaScript具有非常丰富的特性。

发展初期，JavaScript的标准并未确定，同期有Netscape的JavaScript，微软的JScript和CEnvi的ScriptEase三足鼎立。1997年，在ECMA（欧洲计算机制造商协会）的协调下，由Netscape、Sun、微软、Borland组成的工作组确定统一标准：ECMA-262。

6.1.2 JavaScript的特点

JavaScript是一种属于网络的脚本语言,已经被广泛用于Web应用开发,常用来为网页添加各式各样的动态功能,为用户提供更流畅美观的浏览效果。通常JavaScript脚本是通过嵌入在HTML中来实现自身功能的。

Javascript脚本语言同其他语言一样，有它自身的基本数据类型、表达式和算术运算符，以及程序的基本程序框架。Javascript提供了四种基本的数据类型和两种特殊数据类型来处理数据和文字。而变量提供存放信息的地方，表达式则可以完成较复杂的信息处理。

JavaScript脚本语言具有以下特点：

- 脚本语言：JavaScript是一种解释型的脚本语言，C、C++等语言先编译后执行，而JavaScript是在程序的运行过程中逐行进行解释。
- 基于对象：JavaScript是一种基于对象的脚本语言，它不仅可以创建对象，也能使用现有的对象。
- 简单：JavaScript语言中采用的是弱类型的变量类型，对使用的数据类型未做出严格的要求，是基于Java基本语句和控制的脚本语言，其设计简单紧凑。
- 动态性：JavaScript是一种采用事件驱动的脚本语言，它不需要经过Web服务器就可以对用户的输入做出响应。在访问一个网页时，鼠标在网页中进行鼠标点击或上下移、窗口移动等操作JavaScript都可直接对这些事件给出相应的响应。
- 跨平台性：JavaScript脚本语言不依赖于操作系统，仅需要浏览器的支持。因此一个JavaScript脚本在编写后可以带到任意机器上使用，前提是机器上的浏览器支持JavaScript脚本语言，目前JavaScript已被大多数的浏览器所支持。

不同于服务器端脚本语言，例如PHP与ASP，JavaScript主要被作为客户端脚本语言在用户的浏览器上运行，不需要服务器的支持。所以在早期，程序员比较青睐于JavaScript以减少对服务器的负担，而与此同时也带来另一个问题：安全性。

而随着服务器的强壮，虽然程序员更喜欢运行于服务端的脚本以保证安全，但JavaScript仍然以其跨平台、容易上手等优势深受欢迎。同时，有些特殊功能（如AJAX）必须依赖JavaScript在客户端进行支持。随着引擎如V8和框架如Node.js的发展，以及事件驱动及异步IO等特性，JavaScript逐渐被用来编写服务器端程序。

6.1.3 JavaScript应用方向

JavaScript的作用主要有以下几个方面。

- 嵌入动态文本于HTML页面。
- 对浏览器事件做出响应。
- 读写HTML元素。
- 在数据被提交到服务器之前验证数据。
- 检测访客的浏览器信息。
- 控制cookies，包括创建和修改等。
- 基于Node.js技术进行服务器端编程。

6.1.4 JavaScript的用法

如果在HTML页面中插入JavaScript，需要使用<script>标签。HTML中的脚本必须位于<script>与</script>标签之间。脚本可被放置在HTML页面的<body>和<head>部分中。<script>和</script>之间的代码行包含了JavaScript:

```
<script>
    alert("我的第一个 JavaScript");
</script>
```

上面的代码浏览器会解释并执行位于<script>和</script>之间的JavaScript代码。

以前的实例可能会在<script>标签中使用type="text/javascript"。现在已经不必这样做了。JavaScrip是所有现代浏览器以及HTML 5中的默认脚本语言。

可以在HTML文档中放入不限数量的脚本。脚本可位于HTML的<body>或<head>部分中，或者同时存在于两个部分中。

通常的做法是把函数放入<head>部分中，或者放在页面底部。这样就可以把它们安置到同一处位置，不会干扰页面的内容。

（1）<head>中的JavaScript

把一个JavaScript函数放置到HTML页面的<head>部分，该函数会在点击按钮时被调用。

实例 37 制作调用函数

调用函数的示例代码如下所示。

```
<script>
function myFunction()
{
document.getElementById("demo").innerHTML="我的第一个 JavaScript 函数";
}
</script>
</head>
<body>
<h1>我的 Web 页面</h1>
<p id="demo">一个段落</p>
<button type="button" onclick="myFunction()">尝试一下</button>
</body>
```

代码的运行效果如图6.1所示。

▲ 图6.1

（2）<body>中的JavaScript函数

把一个JavaScript函数放置到HTML页面的<body>部分，该函数会在点击按钮时被调用。

实例 38 <body>中的函数添加方法

```
<body>
<h1> 我的 Web 页面 </h1>
<p id="demo"> 一个段落 </p>
<button type="button" onclick="myFunction()"> 尝试一下 </button>
<script>
function myFunction()
{
document.getElementById("demo").innerHTML=" 我的第一个 JavaScript 函数 ";
}
</script>
</body>
```

代码的运行效果如图6.2所示。

▲ 图6.2

点击上图按钮时会出现和图6.1一样的效果。

（3）外部的JavaScript

也可以把脚本保存到外部文件中。外部文件通常包含被多个网页使用的代码。外部JavaScript文件的文件扩展名是.js。如需使用外部文件，请在<script>标签的"src"属性中设置该.js文件。

示例代码如下所示。

```
<!DOCTYPE html>
<html>
<body>
<script src="myScript.js"></script>
</body>
</html>
```

可以将脚本放置于<head>或者<body>中，实际运行效果与在<script>标签中编写脚本完全一致。外部脚本不能包含<script>标签。

6.2 JavaScript的基本语法

通过上面的介绍，大家了解了JavaScript的发展历史、基本特点、应用方向和用法，这一小节介绍一下JavaScript的基本元素。

6.2.1 数据类型

JavaScript中有5种简单数据类型（也称为基本数据类型）：Undefined、Null、Boolean、Number和String。还有1种复杂数据类型——Object，Object本质上是由一组无序的名值对组成的。

（1）Undefined类型

Undefined类型只有一个值，即特殊的undefined。在使用var声明变量但未对其加以初始化时，这个变量的值就是undefined，例如：

```
var message;
alert(message == undefined) //true
```

（2）Null类型

Null类型是第二个只有一个值的数据类型，这个特殊的值是null。从逻辑角度来看，null值表示一个空对象指针，而这也正是使用typeof操作符检测null时会返回"object"的原因，例如：

```
var car = null;
alert(typeof car); // "object"
```

如果定义的变量准备在将来用于保存对象，那么最好将该变量初始化为null而不是其他值。这样一来，只要直接检测null值就可以知道相应的变量是否已经保存了一个对象的引用了，例如：

```
if(car != null)
{
//对 car 对象执行某些操作
}
```

实际上，undefined值是派生自null值的，因此ECMA-262规定对它们的相等性测试要返回true。

```
alert(undefined == null); //true
```

尽管null和undefined有这样的关系，但它们的用途完全不同。无论在什么情况下都没有必要把一个变量的值显式地设置为undefined，可是同样的规则对null却不适用。换句话说，只要意在保存对象的变量还没有真正保存对象，就应该明确地让该变量保存null值。这样做不仅可以体现null作为空对象指针的惯例，而且也有助于进一步区分null和undefined。

（3）Boolean类型

该类型只有两个字面值：true和false。这两个值与数字值不是一回事，因此true不一定等于1，而false也不一定等于0。

虽然Boolean类型的字面值只有两个，但JavaScript中所有类型的值都有与这两个Boolean值等价的值。要将一个值转换为其对应的Boolean值，可以调用类型转换函数Boolean()，例如：

```
var message = 'Hello World';
var messageAsBoolean = Boolean(message);
```

在这个例子中，字符串message被转换成了一个Boolean值，该值被保存在messageAsBoolean变量中。可以对任何数据类型的值调用Boolean()函数，而且总会返回一个Boolean值。至于返回的这个值是true还是false，取决于要转换值的数据类型及其实际值。表6.1给出了各种数据类型及其对象的转换规则。

表6.1 数据类型

数据类型	转换为true的值	转换为false的值
Boolean	True	False
String	任何非空字符串	（空字符串）
Object	任何对象	Null
Undefined	n/a（不适用）	Undefined

（4）Number类型

这种类型用来表示整数和浮点数值，还有一种特殊的数值，即NaN（非数值Not a Number）。这个数值用于表示一个本来要返回数值的操作数未返回数值的情况（这样就不会抛出错误了）。例如，在其他编程语言中，任何数值除以0都会导致错误，从而停止代码执行。但在JavaScript中，任何数值除以0会返回NaN，因此不会影响其他代码的执行。

NaN本身有两个非同寻常的特点。首先，任何涉及NaN的操作（例如NaN/10）都会返回NaN，这个特点在多步计算中有可能导致问题。其次，NaN与任何值都不相等，包括NaN本身。

下面的代码会返回false。

```
alert(NaN == NaN);          //false
```

JavaScript中有一个isNaN()函数，这个函数接受一个参数，该参数可以是任何类型，而函数会帮我们确定这个参数是否“不是数值”。isNaN()在接收一个值之后，会尝试将这个值转换为数值。某些不是数值的值会直接转换为数值，例如字符串“10”或Boolean值，而任何不能被转换为数值的值都会导致这个函数返回true。例如：

```
alert(isNaN(NaN));          //true
alert(isNaN(10));           //false(10 是一个数值)
alert(isNaN("10"));         //false(可能被转换为数值 10)
```

```
alert(isNaN("blue"));      //true(不能被转换为数值)
alert(isNaN(true));        //false(可能被转换为数值1)
```

有3个函数可以把非数值转换为数值：Number()、parseInt()和parseFloat()。第一个函数，即转型函数Number()可以用于任何数据类型，而另外两个函数则专门用于把字符串转换成数值。这3个函数对于同样的输入会返回不同的结果。

（5）String类型

String类型用于表示由零或多个16位Unicode字符组成的字符序列，即字符串。字符串可以由单引号(')或双引号(")表示。

```
var str1 = "Hello";
var str2 = 'Hello';
```

任何字符串的长度都可以通过访问其length属性取得。

```
alert(str1.length);       // 输出 5
```

要把一个值转换为一个字符串有两种方式。第一种是使用几乎每个值都有的toString()方法。

```
var age = 11;
var ageAsString = age.toString();          //字符串"11"
var found = true;
var foundAsString = found.toString();      //字符串"true"
```

数值、布尔值、对象和字符串值都有toString()方法，但null和undefined值没有这个方法。

多数情况下，调用toString()方法不必传递参数。但是，在调用数值的toString()方法时，可以传递一个参数：输出数值的基数。

```
var num = 10;
alert(num.toString());     //"10"
alert(num.toString(2));    //"1010"
alert(num.toString(8));    //"12"
alert(num.toString(10));   //"10"
alert(num.toString(16));   //"a"
```

通过这个例子可以看出，通过指定基数，toString()方法会改变输出的值。而数值10根据基数的不同，可以在输出时被转换为不同的数值格式。

（6）Object类型

对象其实就是一组数据和功能的集合。对象可以通过执行new操作符后跟要创建的对象类型的名称来创建。而创建Object类型的实例并为其添加属性和（或）方法，就可以创建自定义对象。

```
var o = new Object();
```

6.2.2 常量和变量

JavaScript语法与我们基础的其他程序语言声明变量的方法略有不同，但是JavaScript语法的变量应用非常强大，使用也非常简单。

常量:

在声明和初始化变量时，在标识符的前面加上关键字const，就可以把该变量指定为一个常量。顾名思义，常量是其值在使用过程中不会发生变化，实例代码如下:

```
const NUM=100;
```

NUM标识符就是常量，只能在初始化的时候被赋值，我们不能再次给NUM赋值。

变量:

在JavaScript中声明变量，是在标识符的前面加上关键字var，实例代码如下:

```
var scoreForStudent = 0.0;
```

该语句声明scoreForStudent变量，并且初始化为0.0。如果在一个语句中声明和初始化了多个变量，那么所有的变量都具有相同的数据类型:

```
var x = 10, y = 20;
```

在多个变量的声明中，我们也能指定不同的数据类型:

```
var x = 10, y = true;
```

其中x为整型，y为布尔型。

6.2.3 运算符和表达式

JavaScript代码的执行顺序是从左到右，所以在+连接的表达式中，遇到字符串型数据之后，所有出现的数值型数据（或者可以自动转换为数值型的数据）仍被用作数值来处理。为了避免这种情况，我们可以在表达式前拼一个空字符串，运算符和表达式的具体情况如下所示。

（1）运算符的类型

不同运算符对其处理的运算数存在类型要求，例如不能将两个由非数字字符组成的字符串进行乘法运算。JavaScript会在运算过程中，按需要自动转换运算数的类型，例如由数字组成的字符串在进行乘法运算时将自动转换成数字。

运算数的类型不一定与表达式的结果相同，例如比较表达式中的运算数往往不是布尔型数据，而返回结果总是布尔型数据。

根据运算数的个数，可将运算符分为三种类型：一元运算符、二元运算符和三元运算符。

- 一元运算符是指只需要一个运算数参与运算的运算符，一元运算符的典型应用是取反运算。
- 二元运算符即指需要两个运算数参与运算，JavaScript中的大部分运算符都是二元运算符，比如加法运算符、比较运算符等。
- 三元运算符（?:）是运算符中比较特殊的一种，它可以将三个表达式合并为一个复杂的表达式。

1）赋值运算符(=)

作用：给变量赋值。

语法描述：

```
result = expression
```

说明：=运算符和其他运算符一样，除了把值赋给变量外，使用它的表达式还有一个值。这就意味着可以像下面这样把赋值操作连起来写：

```
j = k = l = 0;
```

执行完该例子语句后，j、k、和l的值都等于零。

因为（=）被定义为一个运算符，所以可以将它运用于更复杂的表达式。如：

```
(a=b)==0  // 先给 a 赋值 b，再检测 a 的值是否为 0.
```

赋值运算符的结合性是从右到左的，因此可以这样用：

```
a=b=c=d=100     // 给多个变量赋同一个值
```

2）加法赋值运算符(+=)

作用：将变量值与表达式值相加，并将和赋给该变量。

语法描述：

```
result += expression
```

3）加法运算符(+)

作用：将数字表达式的值加到另一数字表达式上，或连接两个字符串。

语法描述：

```
result = expression1 + expression2
```

语法解释：如果“+”（加号）运算符表达式中一个是字符串，而另一个不是，则另一个会被自动转换为字符串；如果加号运算符中一个运算数为对象，则这个对象会被转化为可以进行加法运算的数字或可以进行连接运算的字符串，这一转化是通过调用对象的valueof()或tostring()方法来实现的。

加号运算符有将参数转化为数字的功能，如果不能转化为数字则返回NaN。

如var a="100"; var b=+a，此时b的值为数字100。

+运算符用于数字或字符串时，并不一定就都会转化成字符串进行连接，如：

```
    var a=1+2+"hello"    //结果为 3hello
    var b="hello"+1+2    //结果为 hello12
```

产生这种情况的原因是+运算符是从左到右进行运算的。

4）减法赋值运算符(-=)

作用：从变量值中减去表达式值，并将结果赋给该变量。

语法描述：

```
result -= expression
```

使用-=运算符与使用下面的语句是等效的：

```
result = result - expression
```

5）减法运算符(-)

作用：从一个表达式的值中减去另一个表达式的值，只有一个表达式时取其相反数。

语法1

```
result = number1 - number2
```

语法2

```
-number
```

在语法1中，-运算符是算术减法运算符，用来获得两个数值之间的差。在语法2中，-运算符被用作一元取负运算符，用来指出一个表达式的负值。

对于语法2，和所有一元运算符一样，表达式按照下面的规则来求值：

- 如果应用于undefined或null表达式，则会产生一个运行时错误。
- 对象被转换为字符串。
- 如果可能，则字符串被转换为数值。如果不能，则会产生一个运行时错误。
- Boolean值被当作数值（如果是false则为0，如果是true则为1）。

该运算符被用来产生数值。在语法2中，如果生成的数值不是零，则result与生成的数值颠倒符号后是相等的。如果生成的数值是零，则result是零。

如果“-”减法运算符的运算数不是数字，那么系统会自动把它们转化为数字。

也就是说加号运算数会被优先转化为字符串，而减号运算数会被优先转化为数字。以此类推，只能进行数字运算的运算符的运算数都将被转化为数字。（比较运算符也会优先转化为数字进行比较）

6）递增(++)和递减(--)运算符

作用：变量值递增一或递减一。

语法1

```
result = ++variable
result = --variable
result = variable++
result = variable—
```

语法2

```
++variable
--variable
variable++
variable—
```

语法解释：递增和递减运算符，是修改存在变量中的值的快捷方式。包含其中一个这种运算符的表达式的值，依赖于该运算符是在变量前面还是在变量后面。

递增运算符（++），只能运用于变量，如果用在变量前则为前递增运算符，如果用于变量后面则为后递增运算符。前递增运算符会用递增后的值进行计算，而后递增运算符用递增前的值进行运算。

递减运算符（--）的用法与递增运算符的用法相同。

7）乘法赋值运算符(*=)

作用：变量值乘以表达式值，并将结果赋给该变量。

语法描述：

```
result *= expression
```

使用*=运算符和使用下面的语句是等效的：

```
result = result * expression
```

8）乘法运算符(*)

作用：两个表达式的值相乘。

语法描述：

```
result = number1*number2
```

9）除法赋值运算符(/=)

作用：变量值除以表达式值，并将结果赋给该变量。

语法描述：

```
result /= expression
```

使用/=运算符和使用下面的语句是等效的：

```
result = result / expression
```

10）除法运算符(/)

作用：将两个表达式的值相除。

语法描述：

```
result = number1 / number2
```

11）逗号运算符(,)

作用：顺序执行两个表达式。

语法描述：

```
expression1, expression2
```

语法解释：,运算符使它两边的表达式以从左到右的顺序被执行，并获得右边表达式的值。,运算符最普通的用途是在for循环的递增表达式中使用。例如：

```
for (i = 0; i < 10; i++, j++)
{
    k = i + j;
}
```

每次通过循环的末端时，for语句只允许单个表达式被执行。,运算符被用来允许多个表达式被当作单个表达式，从而规避该限制。

12）取余赋值运算符(%=)

作用：变量值除以表达式值，并将余数赋给变量。

语法描述：

```
result %= expression
```

使用%=运算符与使用下面的语句是等效的：

```
result = result % expression
```

13）取余运算符(%)

一个表达式的值除以另一个表达式的值，返回余数。

语法描述：

```
Result = number1 % number2
```

语法解释：取余（或余数）运算符用number1除以number2（把浮点数四舍五入为整数），然后只返回余数作为result。例如，在下面的表达式中，A（即result）等于5。

```
A = 19 % 6.7
```

14）比较运算符

作用：返回表示比较结果的Boolean值。

语法描述：

```
expression1 comparisonoperator expression2
```

说明：比较字符串时，JScript使用字符串表达式的Unicode字符值。

15）关系运算符（<、>、<=、>=）

关于关系运算符的解释如下：

- 试图将expression1和expression 2都转换为数字。
- 如果两表达式均为字符串，则按字典序进行字符串比较。
- 如果其中一个表达式为NaN，返回false。
- 负零等于正零。
- 负无穷小于包括其本身在内的任何数。
- 正无穷大于包括其本身在内的任何数。

比较运算符如大于、小于等只能对数字或字符串进行比较，不是数字或字符串类型的，将被转化为数字或字符串类型。如果同时存在字符串和数字，则字符串优先转化为数字，如不能转化为数字，则转化为NaN，此时表达式最后结果为false。如果对象可以转化为数字或字符串，则它会被优先转化为数字。如果运算数都不能被转化为数字或字符串，则结果为false。如果运算数中有一个为NaN，或被转化为了NaN，则表达式的结果总是为false。当比较两个字符串时，是将逐个字符进行比较的，按照的是字符在Unicode编码集中的数字，因此字母的大小写也会对比较结果产生影响。

16）相等运算符（==、!=）

作用：如果两表达式的类型不同，则试图将它们转换为字符串、数字或Boolean量。

NaN与包括其本身在内的任何值都不相等。

负零等于正零。

ull与null和undefined相等。

说明：相同的字符串、数值上相等的数字、相同的对象、相同的Boolean值或者（当类型不同时）能被强制转化为上述情况之一，均被认为是相等的。

其他比较均被认为是不相等的。

关于（==），要想使等式成立，需满足的条件是：

等式两边类型不同，但经过自动转化类型后的值相同，转化时如果有一边为数字，则另一边的非数字类型会优先转化为数字类型；布尔值始终是转化为数字进行比较的，不管等式两边中有没有数字类型，true转化为1，false转化为0。对象也会被转化。

```
null==undefined
```

17）恒等运算符（===、!==）

作用：除了不进行类型转换，并且类型必须相同以外，这些运算符与相等运算符的作用是一样的。

说明：关于（===），要想使等式成立，需满足的条件是：

等式两边值相同，类型也相同。

如果等式两边是引用类型的变量，如数组、对象、函数，则要保证两边引用的是同一个对象，否则，即使是两个单独的完全相同的对象也不会完全相等。

等式两边的值都是null或undefined,但如果是NaN就不会相等。

18）条件（三目）运算符(?:)

作用：根据条件执行两个语句中的其中一个。

语法描述：

```
test ？语句 1 ：语句 2
```

语法解释：当test是true或者false时执行的语句。可以是复合语句。

19）delete运算符

作用：从对象中删除一个属性，或从数组中删除一个元素。

语法描述：

```
delete expression
```

语法解释：expression参数是一个有效的JScript表达式，通常是一个属性名或数组元素。

如果expression的结果是一个对象，且在expression中指定的属性存在，而该对象又不允许它被删除，则返回false。

在所有其他情况下，返回true。

delete是一个一元运算符，用来删除运算数指定的对象属性、数组元素或变量，如果删除成功返回true，删除失败则返回false。并不是所有的属性和变量都可以删除，比如用var声明的变量就不能删除，内部的核心属性和客户端的属性也不能删除。要注意的是，用delete删除一个不存在的属性时(或者说它的运算数不是属性、数组元素或变量时)，将返回true。

delete影响的只是属性或变量名，并不会删除属性或变量引用的对象（如果该属性或变量是一个引用类型时）。

20）in运算符

作用：测试对象中是否存在该属性。

语法描述：

```
prop in objectName
```

说明：in操作检查对象中是否有名为property的属性。也可以检查对象的原型，以便知道该属性是否为原型链的一部分。

in运算符要求其左边的运算数是一个字符串或者可以被转化为字符串，右边的运算数是一个对象或数组，如果左边的值是右边对象的一个属性名，则返回true。

21）new运算符

作用：创建一个新对象。

语法描述：

```
new constructor[(arguments)]
```

new运算符执行下面的任务：

- 一个没有成员的对象。
- 对象调用构造函数，传递一个指针给新创建的对象作为this指针。
- 构造函数根据传递给它的参数初始化该对象。

22）typeof运算符

作用：返回一个用来表示表达式的数据类型的字符串。

语法描述：

```
typeof[()expression[]] ;
```

说明：expression参数是需要查找类型信息的任意表达式。

typeof运算符把类型信息当作字符串返回。typeof返回值有六种可能："number,"、"string,"、"boolean,"、"object,"、"function,"和"undefined."。

typeof语法中的圆括号是可选项。

typeof也是一个运算符，用于返回运算数的类型，typeof也可以用括号把运算数括起来。typeof对对象和数组返回的都是object，因此它只在用来区分对象和原始数据类型时才有用。

23）instanceof运算符

作用：返回一个Boolean值，指出对象是否是特定类的一个实例。

语法描述：

```
result = object instanceof class
```

作用：如果object是class的一个实例，则instanceof运算符返回true。如果object不是指定类的一个实例，或者object是null，则返回false。

intanceof运算符要求其左边的运算数是一个对象，右边的运算数是对象类的名字，如果运算符左边的对象是右边类的一个实例，则返回true。在js中，对象类是由构造函数定义的，所以右边的运算数应该是一个构造函数的名字。注意，js中所有对象都是Object类的实例。

24）void运算符

作用：避免表达式返回值。

语法描述：

```
void expression
```

expression参数是任意有效的JScript表达式。

（2）表达式

表达式是关键字、运算符、变量以及文字的组合，用来生成字符串、数字或对象。一个表达式可以完成计算、处理字符、调用函数、或者验证数据等操作。表达式的值是表达式运算的结果，常量表达式的值就是常量本身，变量表达式的值则是变量引用的值。

在实际编程中，可以使用运算数和运算符建立复杂的表达式，运算数是一个表达式内的变量和常量，运算符是表达式中用来处理运算数的各种符号。如果表达式中存在多个运算符，那么它们总是按照一定的顺序被执行，表达式中运算符的执行顺序被称为运算符的优先级。使用运算符()可以改变默认的运算顺序，因为括号运算符的优先级高于其他运算符的优先级。赋值操作的优先级非常低，几乎总是最后才被执行。

6.2.4 基本语句

在JavaScript中主要有两种基本语句：一种是循环语句，如for、while；一种是条件语句，如if等。另外还有一些其他的程序控制语句，下面就来详细介绍基本语句的使用。

（1）if语句

条件语句用于基于不同的条件来执行不同的动作，在写代码时，总是需要为不同的决定来执行不同的动作。可以在代码中使用条件语句来完成该任务。

在JavaScript中，可使用以下条件语句：

- if语句：只有当指定条件为true时，使用该语句来执行代码。
- if...else语句：当条件为true时执行代码，当条件为false时执行其他代码。
- JavaScript三目运算：当条件为true时执行代码，当条件为false时执行其他代码。
- if...else if....else语句：使用该语句来选择多个代码块之一来执行。
- switch语句：使用该语句来选择多个代码块之一来执行。

只有当指定条件为true时，该语句才会执行代码。

语法描述：

```
if (condition)
    {
当条件为 true 时执行的代码
    }
```

需要注意的是请使用小写的if。使用大写字母（IF）会生成JavaScript错误。

实例39 点击按钮会出现问候语

示例代码如下所示。

```
<body>
<p>如果时间早于 18:00，会获得问候 "Good day"。</p>
<button onclick="myFunction()">点击这里 </button>
<p id="demo"></p>
<script>
function myFunction(){
var x="";
var time=new Date().getHours();
```

```
if (time<18){
x="Good day";
}
document.getElementById("demo").innerHTML=x;
}
</script>
</body>
```

代码的运行效果如图6.3所示。

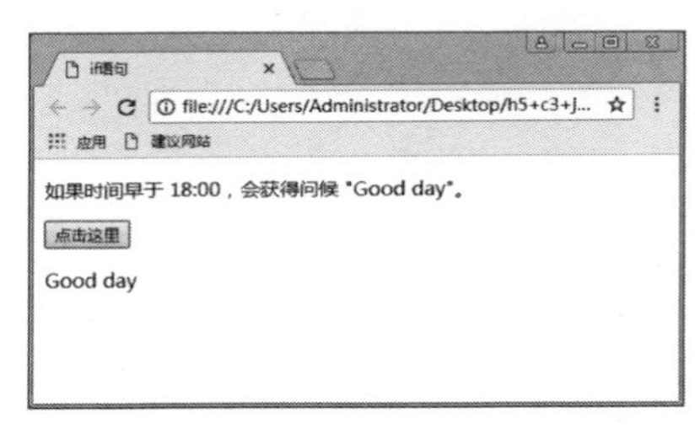

▲ 图6.3

在这个语法中，没有...else...。已经告诉浏览器只有在指定条件为true时才执行代码。

（2）if...else语句

使用if...else语句在条件为true时执行代码，在条件为false时执行其他代码。

语法描述：

```
if (condition)
    {
当条件为 true 时执行的代码
    }
else
    {
当条件不为 true 时执行的代码
    }
```

实例 40 用时间点来设置问候语

示例代码如下所示。

```
<body>
<p> 点击这个按钮，获得基于时间的问候。</p>
<button onclick="myFunction()"> 点击这里 </button>
<p id="demo"></p>
<script>
function myFunction()
{
var x="";
```

```
var time=new Date().getHours();
if (time<20)
{
x="Good day";
}
else
{
x="Good evening";
}
document.getElementById("demo").innerHTML=x;
}
</script>
</body>
```

代码的运行效果如图6.4所示。

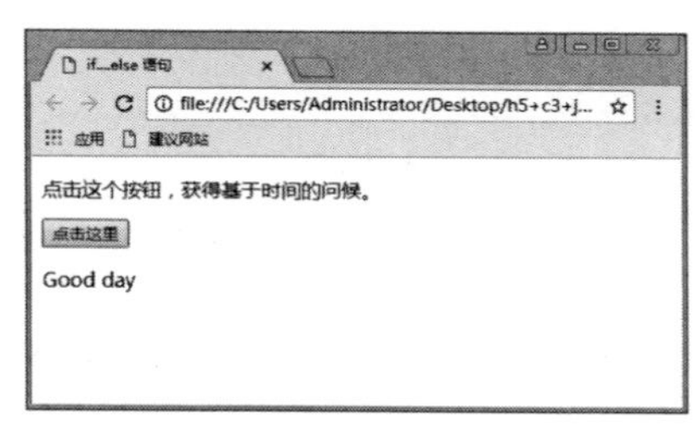

▲ 图6.4

（3）for语句

for语句的作用是循环可以将代码块执行指定的次数。

如果希望一遍又一遍地运行相同的代码，并且每次的值都不同，那么使用循环是很方便的。可以这样输出数组的值：

一般写法：

```
document.write(cars[0] + "<br>");
document.write(cars[1] + "<br>");
document.write(cars[2] + "<br>");
document.write(cars[3] + "<br>");
document.write(cars[4] + "<br>");
document.write(cars[5] + "<br>");
```

使用for循环：

```
for (var i=0;i<cars.length;i++)
{
document.write(cars[i] + "<br>");
}
```

下面是for循环的语法描述：

```
for （语句 1； 语句 2； 语句 3）
    {
被执行的代码块
    }
```

语法解释：语句1：（代码块）开始前执行starts；语句2：定义运行循环（代码块）的条件；语句3：在循环（代码块）已被执行之后执行。

通常会使用语句1初始化循环中所用的变量(var i=0)，语句1是可选的，也就是说不使用语句1也可以，可以在语句1中初始化任意（或者多个）值。

语句2用于评估初始变量的条件，语句2同样是可选的，如果语句2返回true，则循环再次开始，如果返回false，则循环将结束。如果省略了语句2，那么必须在循环内提供break。否则循环就无法停下来。这样有可能令浏览器崩溃。

语句3会增加初始变量的值，语句3也是可选的，语句3有多种用法，增量可以是负数(i--)，或者更大(i=i+15)，语句3也可以省略（比如当循环内部有相应的代码时）。

实例 41 设置循环语句的方法

循环语句方法的示例代码如下所示。

```
<body>
<p> 点击按钮循环代码 5 次。</p>
<button onclick="myFunction()"> 点击这里 </button>
<p id="demo"></p>
<script>
function myFunction(){
var x="";
for (var i=0;i<5;i++){
x=x + " 该数字为 " + i + "<br>";
}
document.getElementById("demo").innerHTML=x;
}
</script>
</body>
```

代码的运行效果如图6.5所示。

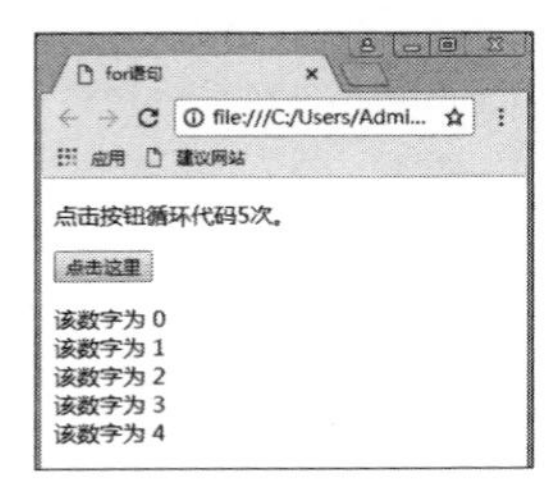

▲ 图6.5

从上面的例子中，可以看出：

- 在循环开始之前设置变量（var i=0）。
- 定义循环运行的条件（i必须小于5）。
- 在每次代码块已被执行后增加一个值（i++）。

（4）while语句

JavaScript中的while循环的目的是为了反复执行语句或代码块。只要指定条件为true，循环就可以一直执行代码块。

语法描述：

```
while （条件）
    {
需要执行的代码
    }
```

实例 42 while循环的用法

示例代码如下所示。

```
<body>
<p>点击下面的按钮，只要 i 小于 5 就一直循环代码块。</p>
<button onclick="myFunction()">点击这里</button>
<p id="demo"></p>
<script>
function myFunction(){
var x="",i=0;
while (i<5){
x=x + "该数字为 " + i + "<br>";
i++;
}
document.getElementById("demo").innerHTML=x;
}
</script>
</body>
```

代码的运行效果如图6.6所示。

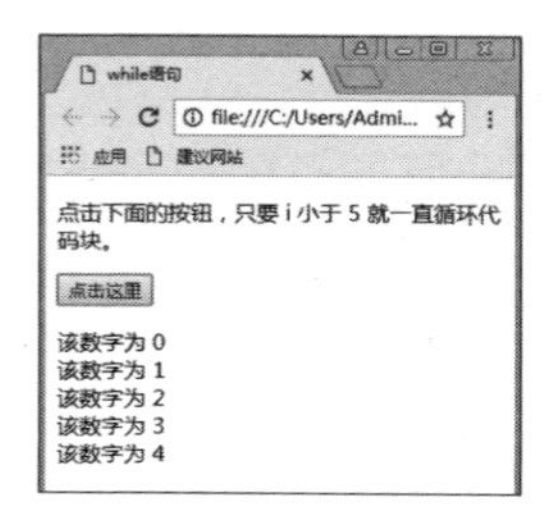

▲ 图6.6

本例中的循环将继续运行，只要变量i小于5。